科学出版社"十四五"普通高等教育研究生规划教材
西安交通大学研究生"十四五"规划精品系列教材

脑科学常用研究技术

主　审　武胜昔

主　编　李　燕　吕海侠

副主编　赵湘辉　王云鹏

编　者（以姓氏笔画为序）

于晓静	王　佳	王　勇	王云鹏	王文挺
王玉英	亢君君	田英芳	吕海侠	朱　杰
朱永生	刘利英	齐　杰	安　晶	孙宗鹏
李　燕	李旭辉	李新建	杨　睿	杨维娜
肖新莉	张　坤	张　莹	张　宽	张玉向
苑小翠	范　娟	赵伟东	赵湘辉	胡能渊
项　捷	徐　晗	高利霞	曹东元	阎春霞
梁玲利	屠　洁	解柔刚	蔡国洪	薛　磊

科　学　出　版　社

北　京

内 容 简 介

本书主要侧重神经科学实验原理与操作技术的融合，并结合最新研究进展详细阐述了脑科学基础研究领域的新方法、新技术，使复杂、深奥的脑科学实验技术变得通俗易懂。本书共九章，分别从神经细胞培养常用技术和神经组织常用染色技术等细胞水平、神经递质检测和离子通道电流记录等分子水平、神经系统疾病动物模型建立及行为学验证的整体水平进行编写，结合神经细胞学、神经分子生物学、神经形态学、神经行为学、神经电生理与细胞内钙成像、神经影像学等多学科实验技术，层层深入，利于初学者学习研究。

本书适合从事神经生物学研究的研究生和其他研究人员阅读参考。

图书在版编目（CIP）数据

脑科学常用研究技术 / 李燕，吕海侠主编 . —北京：科学出版社，2023.10
科学出版社"十四五"普通高等教育研究生规划教材·西安交通大学研究生"十四五"规划精品系列教材

ISBN 978-7-03-076364-8

Ⅰ.①脑… Ⅱ.①李…②吕… Ⅲ.①脑科学—研究生—教材 Ⅳ.① Q983

中国国家版本馆 CIP 数据核字（2023）第 177410 号

责任编辑：王锞韫 / 责任校对：宁辉彩
责任印制：吴兆东 / 封面设计：陈 敬

科学出版社 出版
北京东黄城根北街 16 号
邮政编码：100717
http://www.sciencep.com

北京九州迅驰传媒文化有限公司印刷
科学出版社发行 各地新华书店经销
*
2023 年 10 月第 一 版 开本：787×1092 1/16
2024 年 4 月第三次印刷 印张：15 1/2
字数：400 000
定价：98.00 元
（如有印装质量问题，我社负责调换）

序

人类的进化史伴随着大脑功能的日臻完善。约在 300 万年前出现的人类祖母 "Lucy" 的脑容量只有约 450cm³，约为现代人的 1/4。经过了 200 万年的发展，直立人出现，其最大的特点就是脑容量约为既往的 3 倍，接近 1100cm³。60 万年前，一个大脑容量更接近现代人类的物种——智人出现，其脑容量约为 1500cm³。最初的古埃及人并不知晓大脑发展的演化史，在他们眼中，人类所有的意识、记忆、情感、想象等认知过程，均来自于心，于是他们保留已经去世的躯体，而丢弃大脑，并制成木乃伊，希望实现灵魂找回躯体从而复活的目的。后来一部分埃及人逐渐认识到大脑可以控制动作。在埃及第一位留名医生印和阗的《艾德温·史密斯纸草文稿》中（为人类史上第一部医学外科著作），才对大脑、脑膜、脊髓、脑脊液等有了记录，甚至还记录了用以降低颅内压的开颅手术。

脑科学经历了混沌阶段（16 世纪之前）、萌芽阶段（16 世纪初至 19 世纪初）、开拓阶段（19 世纪初至 20 世纪 60 年代）和大发展阶段（20 世纪 60 年代至今），在视觉、嗅觉、温度觉和触觉、大脑的定位细胞等基本功能方面，以及学习、记忆、语言、睡眠、觉醒等高级功能方面的研究，均取得较大进展。进入 21 世纪以来，脑科学以阐明脑和神经系统的工作原理为目标，被认为是自然科学的"最后疆域"。美国、欧盟、日本、澳大利亚、韩国和中国竞相启动脑计划研究。中国脑计划制订为 15 年（2016—2030 年），分为两个方向：以探索大脑秘密、攻克大脑疾病为导向的脑科学研究，以建立和发展人工智能技术为导向的类脑研究，目标是在未来 15 年内，在脑科学、脑疾病早期诊断与干预、类脑智能器件 3 个前沿领域取得国际领先的成果。全国各地高校和研究所也着力打造一批脑科学研究实验平台。

《脑科学常用研究技术》是西安交通大学研究生"十四五"规划精品系列教材之一。该书从初学者的视角，主要介绍了神经科学各种经典和最新的实验技术。撰写团队均来自国内知名院校和研究所，有浙江大学、中国医科大学、复旦大学、南方医科大学、中国科学院深圳先进技术研究院、空军军医大学、陕西师范大学和西安交通大学。

该书的重点内容是实验步骤的详细描述、实验结果的解读和实验注意事项的提醒，图文并茂，值得推荐。

高天明
2022 年 9 月

前　言

　　脑科学是在分子、细胞、神经网络或回路、系统和整体水平上阐明神经系统特别是脑的基本活动规律的科学。各种新的实验技术与方法都在不断涌现，推动着脑科学基础研究的力量，但能够系统、完整地呈现在教材上的新实验方法却远不及技术的发展速度。目前大部分的教材未能涵盖最新的神经环路相关的光遗传、化学遗传和动物行为学实验技术。为了改变这一现状，更利于初学者顺利地完成研究计划，我们组织了一群年富力强的青年科技人员站在初学者的角度编写了这本《脑科学常用研究技术》。

　　全书共九章：第一、二章分别是神经细胞培养常用技术与神经组织常用染色技术；第三章介绍神经电生理实验技术；第四章详细阐述脑立体定位注射相关技术；第五、六、七章分别介绍神经细胞钙信号记录相关技术及光遗传学、化学遗传学技术；第八章为大小鼠神经行为学常用检测技术；第九章概括介绍脑科学常用动物模型；附录包括常用不同类型神经细胞和结构的标记物、常见工具鼠模型、各类显微镜的使用。本书有以下几个特点：一是编写团队全部为一线研究人员，能够熟练掌握相关实验技术，并且有较多的心得体会可增加教材的实用性；二是与同类教材相比，除涵盖经典神经生物学技术，同时包含光遗传学、化学遗传学、在体钙信号记录等最新技术和方法，内容更加新颖、全面，是一本有很强操作性的实验技术参考书和工具书；三是适用对象广泛，脑科学作为一门独立学科仅有几十年的历史，但它与神经解剖学、神经生理学、神经生物化学和神经药理学却有着很深的渊源。相关领域的研究生、初学者与其他研究者皆可利用本书在脑神经系统进行多层次的综合研究。

　　本书的写作和编辑凝聚了几十位编者的热情、视野、经验及专业知识。编写团队共同努力完成了这本《脑科学常用研究技术》，旨在为从事脑科学研究的研究生和其他初学者提供帮助。本书的撰写力求准确和实用，但是难免有不足之处，真诚希望本书读者提出宝贵意见和建议。

李　燕

2022 年 9 月

目　　录

第一章 神经细胞培养常用技术

第一节 神经元的分离和培养

一、基本原理及实验目的

通过将神经元和胶质细胞进行共培养，可实现低密度原代神经元的体外培养。体外培养的神经元，可用于病毒的瞬时转染、神经元形态（轴突、树突）及突触的结构观察、蛋白质在细胞内的分布观察及电生理学检测。

二、主要仪器设备、试剂及耗材

1. 仪器设备 洁净操作台、水平摇床、烤箱、解剖工具（眼科剪、尖头镊子）、37℃恒温水浴锅、体视显微镜、倒置相差显微镜、CO_2 恒温培养箱、细胞计数器等。

2. 试剂 硝酸（70% *w/w*）、100% 乙醇、石蜡、L- 多聚赖氨酸、硼酸、HBSS、2.5% 胰蛋白酶、0.25% 胰蛋白酶 -EDTA、脱氧核糖核酸酶（简称 DNA 酶）、基础培养基（MEM）、葡萄糖、马血清、胎牛血清、青霉素 - 链霉素混合抗生素、神经元培养基（neurobasal-A）、GlutaMAX-I 和 B27 添加剂、75% 乙醇、阿糖胞苷（cytosine arabinoside）、Lipofectamine 2000 转染试剂等。

3. 耗材 圆形玻片（直径 18mm）、玻片架、试管、培养皿、针头式过滤器、5ml 移液管、10ml 移液管、1ml 移液器、70μm 细胞过滤器、洁净玻璃巴斯德吸管等。

三、操作步骤

（一）细胞爬片和神经元培养皿的制备

1. 至少在培养日前 1 周，将玻片放在玻片架上（图 1-1-1），在硝酸（70% *w/w*）中浸泡 1 夜（根据实验安排可延长至几天）。

2. 将装有玻片的玻片架小心放置于盛有蒸馏水的培养皿中，置于水平摇床上低速洗涤硝酸浸泡过的玻片 2 次，每次 1 小时（摇床速度以不晃动玻片架为宜）。

3. 用 100% 乙醇冲洗玻片 10 分钟，具体操作方法同步骤 2。

4. 将玻片从玻片架转移到玻璃烧杯，并用铝箔覆盖烧杯，置于 225℃的烤箱中烘烤 14 小时，对玻片进行灭菌（在不揭开锡箔封口的情况下，玻片可以在烧杯中保存数周）。

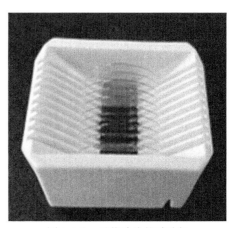

图 1-1-1 承载玻片的玻片架

5. 在洁净操作台内，用灭菌过的镊子取出玻片放置在培养皿中，然后在玻片上滴入 3 ～ 4 滴液体石蜡，作为玻片的支点。具体操作方法：将石蜡颗粒置于烧瓶中，随后置于持续沸腾的水中熔化石蜡。用洁净玻璃巴斯德吸管吸取玻璃瓶中煮沸的石蜡，快速在玻片的边缘点触 4 个石蜡点（图 1-1-2）。60mm 直径的培养皿可以容纳 4 个玻片，100mm 直径的培养皿可以容纳 10 个玻片。

图 1-1-2 点石蜡的玻片

6. 配制 0.1mol/L 的硼酸溶液，溶解 L- 多聚赖氨酸（1mg/ml），并用 0.2μm 孔径的针头过滤器进行过滤。在洁净操作台内将玻片有石蜡支点的一面浸泡在 L- 多聚赖氨酸（1mg/ml）中，6 小时后用灭菌的蒸馏水浸洗 2 次，每次 1 小时。

7. 将添加 0.6%（W/V）葡萄糖和 10%（V/V）马血清的 MEM 缓慢添加到培养皿中，然后将培养皿放入 CO_2 恒温培养箱，以备培养神经元。

（二）胶质细胞培养（培养前 2 周）

1. 出生后 1 天的小鼠，解剖分离大脑皮质，剥除脑膜。

2. 在洁净操作台上，用眼科剪在一个培养皿中将皮质组织剪碎。

3. 将切碎的组织转移到 12ml 的 HBSS 中，并加入 1.5ml 的 2.5% 胰蛋白酶和 1%（W/V）的 DNA 酶。在 37℃恒温水浴锅中孵育 15 分钟，每 5 分钟晃动 1 次。消化良好的组织会变得相互粘连，形成团块。用 10ml 移液管吹打 10 ~ 15 次，机械性分离组织和细胞，便于更好地消化。

4. 用 5ml 移液管将消化良好的组织吹打 10 ~ 15 次，直到大部分组织团块消失，培养基变浑浊。通过细胞过滤器去除未消化彻底的组织团块，以 15ml 基础培养基（MEM）重悬细胞，并添加葡萄糖 0.6%（W/V）、10% 马血清和青霉素 - 链霉素混合抗生素（1×）终止消化。

5. 离心细胞，120g 离心 5 分钟，弃去上清液，然后用新鲜 MEM 重悬细胞，进行细胞计数，按照 10^5 个 /cm^2 的密度接种于细胞培养皿中。

6. 第 2 天更换新鲜的 MEM，去除未贴壁的细胞。

7. 每 3 ~ 4 天向培养皿中注入新鲜的 MEM。在更换培养基之前，用手轻轻拍打培养皿底部 5 ~ 10 次，去除贴壁不牢的细胞。

8. 培养 10 天后，胶质细胞铺满培养皿底部的 80% 左右，用 0.25% 胰蛋白酶 -EDTA 消化，分离获取胶质细胞悬液，细胞计数后取 10^5 个细胞接种于新的 60mm 培养皿中。剩下的细胞进行冻存。

9. 神经元培养前 3 天，将胶质细胞培养基更换为神经元培养基（Neurobasal-A 培养基，加入 GlutaMAX- I 和 B27 添加剂）。

（三）神经元培养（以海马神经元培养为例，所有步骤均在室温下进行）

1. 取 6 ~ 8 只新生小鼠，75% 乙醇喷洒进行皮肤消毒。在盛有 HBSS 培养基的培养皿中分离海马（图 1-1-3），用眼科剪将海马剪成小块后转移到 15ml 的试管中。

2. 用 5ml HBSS 冲洗海马组织块 2 次，在试管内加 4.5ml HBSS、0.5ml 2.5% 胰蛋白酶，将试管置于 37℃恒温水浴锅中孵育 15 分钟，每 5 分钟翻转试管 1 次。消化良好的海马会变得黏稠并形成团（根据组织消化状态可延长消化时间 5 分钟）。

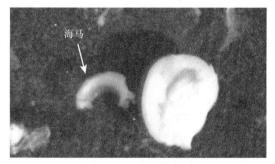

图 1-1-3 分离的海马

3. 加入适量 HBSS 清洗海马 3 次，间隔静置 5 分钟。

4. 第 3 次洗涤后留 2ml HBSS，用巴斯德吸管温和吹打海马组织块 10 ~ 15 次，注意尽量匀速、轻柔操作，避免有气泡产生。

5. 用酒精灯火焰将巴斯德吸管开口轻微熔化至直径缩小约 1/2，再次吹打组织 10 次，切忌过度吹打，否则会造成细胞损伤，影响细胞存活率。

6. 将离心管静置 5 分钟，直到未完全吹散的组织沉到底部（分散的细胞应悬浮在 HBSS 中）。使用 1ml 移液器轻轻将悬浮在 HBSS 中的神经元转移到包含培养液和细胞爬片的培养皿中（10^5 个 /60mm 培养皿），轻轻摇动培养皿使细胞均匀分布，置于 37℃的 CO_2 恒温培养箱中培养。

7. 对剩下的团块重复上述步骤 5 ～ 6 次，直到大部分组织被吹散。

8. 细胞接种 2 ～ 4 小时后，用倒置相差显微镜观察细胞贴壁情况。大多数神经元贴壁，贴壁的细胞圆而明亮（图 1-1-4）。用尖头镊子将玻片翻转，置于有神经元培养基预处理的胶质细胞培养皿上，石蜡点面朝下。

9. 神经元可与胶质细胞共培养长达 1 个月，其间每 7 天补充 1ml 新鲜神经元培养基。

10. 接种后 1 周，加入阿糖胞苷至终浓度为 5μmol/L，抑制胶质增生。此步骤可选择性使用。

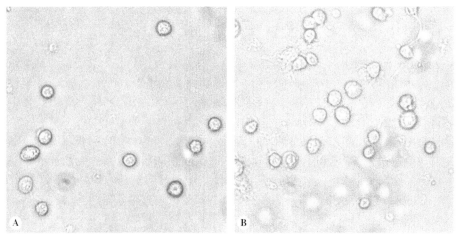

图 1-1-4　倒置相差显微镜下神经元铺板后不同时间的形态
A. 刚铺板时的神经元；B. 铺板 2 小时后的神经元，已贴壁并生出突起

（四）脂质体介导的原代培养海马神经元转染

1. 体外培养第 3 天，将盖玻片翻转到预先准备好的胶质细胞培养皿中，使石蜡点面朝上。

2. 将总量 1μg（0.25μg/ 玻片）的 DNA 混合在 1.7ml 试管中，转染 4 个玻片。加入 100μl Opti-MEM 培养基混合后置于试管架上。

3. 取新的 1.7ml 试管，将 3μl 的 Lipofectamine 2000 转染试剂（DNA 量的 3 倍）与 100μl Opti-MEM 培养基混合，室温静置 5 分钟。

4. 将步骤 2 中的 100μl DNA 溶液与步骤 3 中 100μl 的转染试剂混合，室温静置 5 ～ 10 分钟。

5. 取 50μl 步骤 4 中的转染混合液加在每个玻片上，注意将枪头插入培养基液面下但不接触玻片，缓慢将液体推出，避免 DNA 混合物扩散。缓慢移动，将培养皿放回 CO_2 恒温培养箱。

6. 30 ～ 45 分钟后再次将玻片翻转回初始胶质细胞培养皿中，石蜡点面朝下，继续培养。

四、注意事项

1. 脑组织分离后的所有步骤都应在洁净条件下进行，并严格遵守无菌操作原则；培养过程中每日观察神经元的时间应尽量缩短，以减少培养皿在 CO_2 恒温培养箱外的停留时间。

2. 接种早期神经元大量死亡的原因可能有：过度吹打细胞；胶质细胞培养基没有充分共培养。

3. 培养 3 天后神经元开始死亡，培养 7 天则仅有少量细胞存活的可能原因：玻片质量不过关；玻片处理不彻底。后者可考虑更换新的 70% 硝酸，或在 70% 硝酸处理后再用 100% 乙醇配制的饱和 KOH 浸泡，以彻底去除玻片上残留的有害物质。

4. 神经元培养体系中包含较多胶质细胞的可能原因：海马组织分离不干净；鼠龄较大，建议选择新生小鼠。

（杨　睿）

第二节　星形胶质细胞的分离和培养

一、基本原理及实验目的

星形胶质细胞数量多，在脑内分布范围广，与中枢神经系统内环境稳定及多种疾病的病理生理过程密切相关。原代培养新生鼠（出生后 1～3 天）的大脑皮质或海马，获取混合细胞；根据星形胶质细胞的生长特性，可对其进行分离纯化，为体外试验提供可行方法。

二、主要仪器设备、试剂及耗材

1. 仪器设备　超净操作台、倒置相差显微镜、体视显微镜、荧光显微镜、细胞培养箱、低速离心机、37℃恒温水浴锅、小烧杯（2 个）、眼科镊（直头 1 个、弯头 2 个）、眼科剪、小玻璃瓶、玻璃巴斯德吸管（弯头）、培养皿（2～4 个）、滤网（400 目）、$25cm^2$ 培养瓶、24 孔培养板、15ml 离心管、冰盒等。

2. 试剂　L- 多聚赖氨酸，75% 乙醇、D-Hanks 平衡盐溶液、0.25% 胰蛋白酶 -EDTA、DMEM 培养基（含 1% 青霉素 / 链霉素和 10%FBS）、细胞冻存液、0.01mol/L 磷酸盐缓冲液（PBS）、0.3% Triton、1%BSA、偶联 CY3 的二抗、DAPI 星形胶质细胞标记抗体——GFAP 抗体等。

3. 耗材　移液器、各种规格吸头、离心管、细胞计数板、马克笔等。

三、操作步骤（以昆明新生鼠为例）

（一）原代细胞混合培养

1. 培养前准备　原代培养前，进行相关试剂配制及培养瓶处理。

细胞培养所用器械均需灭菌；培养瓶和培养板使用 L- 多聚赖氨酸包被，37℃时间不少于 30 分钟，或 4℃过夜，包被后的培养瓶和培养板晾干备用或用 D-Hanks 平衡盐溶液冲洗 2 遍后直接使用。

D-Hanks 平衡盐溶液的配制：NaCl 8.00g、KCl 0.40g、$Na_2HPO_4 \cdot 2H_2O$ 0.12g、KH_2PO_4 0.06g、$NaHCO_3$ 0.35g、酚红 0.02g，调 pH 为 7.2，加去离子水定容至 1000ml，高压灭菌，4℃保存。

L- 多聚赖氨酸储存液：1mg L- 多聚赖氨酸粉末溶于 2ml 灭菌蒸馏水中，浓度为 0.5mg/ml。使用时做 50 倍稀释，终末浓度为 10mg/L，4℃保存，储液在 -20℃保存备用。

细胞培养当日，细胞室和超净操作台均提前以紫外线灭菌 30 分钟。超净操工作台内准备器械，需 3 个培养皿，1 个空培养皿用于取脑，1 个加 D-Hanks 平衡盐溶液的培养皿用于放取出的脑并剥离脑膜，1 个加 D-Hanks 平衡盐溶液的培养皿用于盛装去除脑膜后的大脑皮质和海马。超净操作台外，备 75% 乙醇，供小鼠皮肤消毒用。

2. 分离取脑　取出生后 1～3 天的新生鼠，乙醇消毒皮肤后放入超净操作台内的培养皿中，右手持眼科镊（弯头），左手压住小鼠后颈处以固定小鼠，右手用眼科镊快速夹开新生鼠头部皮肤，暴露颅骨。右手持眼科镊从枕骨大孔插入并向头端（吻侧）沿矢状缝划开，去掉左右顶骨，迅速取出完整的新生鼠脑，放入装有预冷 D-Hanks 平衡盐溶液的培养皿中。

3. 剥离脑膜　去除小脑部分，留取双侧大脑皮质和海马。在体视显微镜下仔细剥离脑膜，然后放入另一装有预冷 D-Hanks 平衡盐溶液的培养皿中，培养皿置于冰盒上。

4. 组织消化　将脑组织夹入小玻璃瓶（或小烧杯）内，用眼科剪将其剪碎，看似匀浆。加入 30

倍体积的 0.25% 胰蛋白酶 -EDTA 进行消化，注意消化时间。消化期间可摇晃小瓶，随着消化时间延长，组织碎块下沉变缓，加入等量含 10%FBS 的培养基终止消化，终止后脑组织看起来像"一团云"。

用玻璃巴斯德吸管将云雾状混悬液转移至离心管中，缓慢吹打。吹打次数视消化程度而定，若消化较轻，增加吹打次数；若消化充分则减少吹打次数。随后将离心管放入低速离心机中，1000r/min 离心 5 ～ 10 分钟，吸弃上清液，加入 D-Hanks 平衡盐溶液后再次吹打，1000r/min 离心 5 分钟。

5. 细胞悬液过滤　准备好小烧杯及滤网；离心管弃掉上清液后加入完全培养基重悬细胞，将重悬的细胞过滤到烧杯内。若过滤缓慢，可先用完全培养基润洗滤网，也可用玻璃巴斯德吸管划动液体，协助过滤。

6. 细胞接种　原代培养时可以不进行细胞计数，按 1.5 只新生鼠接种 1 瓶（T25）的计划计算所需细胞培养瓶数量。将过滤后的细胞悬液吹打混匀后平均接种入 L- 多聚赖氨酸包被的培养瓶中，以完全培养基补足所需培养基量，轻摇混匀。在倒置相差显微镜下观察，可见圆且发亮的细胞，培养瓶放入细胞培养箱中培养。

7. 细胞换液　接种第 2 天，在倒置相差显微镜下观察细胞状态，可见大部分细胞已贴壁，部分细胞伸出小突起，但不明显；另有少许细胞或团块漂浮在培养基中，此为死亡的细胞。弃掉所有培养基，进行全量换液，此后每隔 2 ～ 3 天进行 1 次半量换液，直至细胞长满瓶底。

（二）星形胶质细胞的分离与鉴定

原代培养的星形胶质细胞分离纯化采用恒温振荡分离结合差速贴壁法。本实验室采用了 2 次恒温振荡分离结合差速贴壁法，具体如下：

1. 分离纯化　星形胶质细胞早期增殖较慢，随着混合培养时间的延长，后期增殖较快，生长在混合培养细胞的最下层，贴壁牢固。当星形胶质细胞长满瓶底后，拧紧瓶盖，并用封口膜缠绕瓶口，将其置于 37℃恒温水浴锅中振荡，220r/min 振荡 12 小时（或过夜）。次日，75% 乙醇擦拭培养瓶，倒置相差显微镜下观察，可见贴壁不牢的其他细胞已漂浮在培养基中。

超净操作台内吸弃培养基，并用 D-Hanks 平衡盐溶液润洗 2 次；加入 1 ～ 2ml 0.25% 胰蛋白酶 -EDTA 消化，消化时间需在显微镜下控制，当细胞变小、细胞间出现间隙即可，切忌消化过度。立即倒掉消化液，加入 5ml 含 10% FBS 的 DMEM 培养基终止消化，轻柔吹打，重悬细胞后将培养瓶放入培养箱继续培养。每隔 2 ～ 3 天进行 1 次半量换液，直至细胞长满瓶底。为继续纯化星形胶质细胞，可重复上述振荡和消化步骤。重悬细胞后，根据星形胶质细胞沉降慢的特性进行差速黏附处理，将培养瓶放入培养箱培养 30 分钟后翻转培养瓶，吸取细胞悬液进行计数后转移至包被过 L- 多聚赖氨酸的培养瓶中继续培养，待细胞密度达到 80% 时可进行细胞传代或后续实验。

2. 细胞鉴定　纯化接种后第 2 天，于倒置相差显微镜下观察，绝大部分细胞已贴壁，星形胶质细胞胞体较大，突起不明显。随着培养时间的延长，星形胶质细胞逐渐铺展开来，细胞形态不一，呈梭形或不规则的多边形，部分星形胶质细胞长出突起，分支多且长，并相互交织成网。

鉴定星形胶质细胞纯度常用的标记物为 GFAP 抗体。以 GFAP 抗体为例，具体步骤如下：细胞接种于 24 孔培养板中的细胞爬片上，连续培养 10 天后取出，以 4% 多聚甲醛固定细胞爬片 30 分钟，用 0.01mol/L 的 PBS 洗 3 次，每次 5 分钟；用 0.3% Triton 处理 15 ～ 20 分钟，同样洗 3 次，每次 5 分钟；1%BSA 封闭 1 小时，加 GFAP 抗体，4℃过夜。次日，0.01mol/L 的 PBS 洗 3 次，每次 5 分钟；避光加偶联 CY3 的二抗，37℃恒温水浴锅孵育 2 小时，DAPI 封片，荧光显微镜下观察并拍照。随机选取 5 个视野，用 Image J 分析 GFAP 阳性细胞数进行纯度计算。

（三）星形胶质细胞的传代、冻存和复苏

1. 传代　待纯化的星形胶质细胞密度达到 80% 时可进行传代处理。以 1∶2 传代为例，操作如下：弃去培养基，用 D-Hanks 平衡盐溶液润洗细胞 2 次，加入 1 ～ 2ml 0.25% 胰蛋白酶 -EDTA 消化，消化时间需在显微镜下控制，当细胞变小、细胞间出现间隙时立即倒掉消化液，加入 5ml 含 10%FBS 的 DMEM 培养基终止消化，轻柔吹打。将 3ml 细胞悬液移到一个新的包被 L- 多聚赖氨酸的

培养瓶中，将原瓶和新瓶补足培养基后放入细胞培养箱继续培养。每隔 2 ～ 3 天进行 1 次半量换液，直至细胞长至合适密度时进行相关实验操作。星形胶质细胞多次传代后（不超过 5 代）生长减慢，可考虑弃掉，重新进行原代培养。

2. 冻存 星形胶质细胞可冻存。待纯化的细胞密度达到 80% 后，同上述步骤进行细胞消化处理，终止消化后轻柔吹打，将细胞悬液转移至 15ml 离心管，1000r/min 离心 5min，弃去上清液，加入 1.5ml 细胞冻存液重悬细胞，将细胞悬液移入冻存管，用封口膜缠绕冻存管口，瓶身上标记细胞名称和冻存时间。

细胞冻存需依次降温，冻存管先放入 4℃冰箱中 20 ～ 40 分钟，后放入 -20℃冰箱中 30 ～ 60 分钟，然后再转入 -80℃冰箱放置过夜，最后放入液氮中长期保存。新型的冻存液可免去梯度降温，直接将冻存管放入 -80℃低温冰箱冻存。

3. 复苏 提前打开 37℃恒温水浴锅，并将含 10% FBS 的 DMEM 培养基预热。从 -80℃低温冰箱或液氮中取出冻存管放置于 37℃恒温水浴锅内快速复温，待还剩黄豆大小时快速取出，将冻存管内细胞移入预先加有 5ml 预热的培养基的 15ml 离心管内，轻柔吹打，待细胞吹散后，1000r/min 离心 5min，弃去上清液，加入新的培养基进行重悬、接种，再放入细胞培养箱进行培养。

四、结 果 判 读

1. 混合培养的细胞形态观察 培养第 2 天，大部分细胞已贴壁，部分细胞伸出突起，呈现出不同形态。随着混合培养时间的延长，星形胶质细胞生长在混合培养细胞的最下层，贴壁牢固，铺满瓶底，最上面折光性强、发亮的小型细胞多为小胶质细胞（图 1-2-1）。

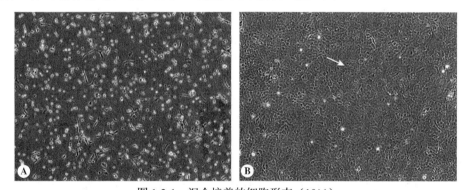

图 1-2-1 混合培养的细胞形态（10×）

A. 混合培养第 2 天的形态图；B. 混合培养至恒温振荡分离前的形态图，箭头所指为星形胶质细胞

2. 星形胶质细胞纯化后的形态观察 星形胶质细胞形态不一，呈梭形或不规则的多边形，铺展生长，胞体较大，折光性低，分支多且长，并相互交织成网（图 1-2-2）。

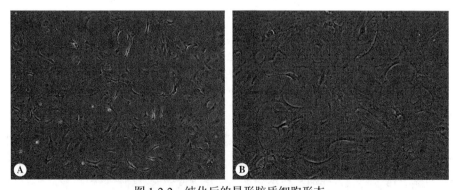

图 1-2-2 纯化后的星形胶质细胞形态

A. 纯化 3 天后的星形胶质细胞形态图（10×）；B. 纯化 3 天后的星形胶质细胞形态图（20×）

五、注意事项

1. 培养环境要求　细胞培养用的器械要求无菌，整个操作应在无菌环境下进行。

2. 培养器皿需预先包被 L- 多聚赖氨酸　原代培养用的培养皿、培养瓶、细胞爬片等一定要包被 L- 多聚赖氨酸，细胞才能更好地贴壁生长。

3. 消化时间控制　胰蛋白酶消化时间会影响细胞状态，应宁短勿长。

4. 原代培养操作整体时间控制　操作熟练程度和小鼠的数量会影响操作时间，原代培养要求迅速，时间不宜太长。

5. 细胞培养瓶振荡处理时须固定好，以防脱落。

（杨维娜　彭小倩）

第三节　小胶质细胞的分离和培养

一、基本原理及实验目的

小胶质细胞是中枢神经系统中的一类免疫细胞，占脑细胞总数的 10% ～ 15%。通过原代培养新生鼠（出生后 1 ～ 3 天）的大脑皮质或海马获取混合细胞；根据混合培养中小胶质细胞的生长特性对其进行分离纯化，为小胶质细胞的体外试验提供可行方法。

二、主要仪器设备、试剂及耗材

1. 仪器设备　超净操作台、倒置相差显微镜、体视显微镜、细胞培养箱、低速离心机、小烧杯（2个）、眼科镊（直头 1 个、弯头 2 个）、眼科剪、小玻璃瓶、玻璃巴斯德吸管（弯头）、培养皿（2 ～ 4个）、滤网（400 目）、25cm² 培养瓶、24 孔培养板、15ml 离心管、冰盒等。

2. 试剂　L- 多聚赖氨酸、75% 乙醇、D-Hanks 平衡盐溶液、0.25% 胰蛋白酶 -EDTA，DMEM培养基（含 1% 青霉素 / 链霉素和 10%FBS）、PBS 磷酸盐缓冲液、1%BSA、小胶质细胞标记抗体Iba1、CD11b 等。

3. 耗材　移液器、各种规格吸头、离心管、细胞计数板、马克笔等。

三、操作步骤（以 C57BL/6 新生鼠为例）

（一）原代细胞混合培养（同本章第二节）

小胶质细胞分离前的混合培养在接种第 2 天进行全量换液去除漂浮的死亡细胞后可不再换液，隔天补充少量 DMEM 培养基。

（二）小胶质细胞的分离与鉴定

原代培养的小胶质细胞的分离纯化方法有恒温振荡分离法及温和胰蛋白酶消化法。不同方法各有其优缺点，每个实验室有不同的优化方案。本实验室采取拍打及差速贴壁法进行分离纯化，具体如下：

1. 分离纯化　随着混合培养时间的延长，在接种后 8 ～ 9 天，小胶质细胞会经历一个增殖期，增殖期过后可进行小胶质细胞分离。小胶质细胞折光性强，生长在混合培养细胞的最上层，部分是贴壁的，也有部分是悬浮生长。拍打培养瓶数下，在显微镜下观察小胶质细胞的贴壁情况，当大部分的小胶质细胞为悬浮状态时即可。移液管吸取培养基至 15ml 离心管，1000r/min 离心 5 分钟，收集培养基备用，一方面，向原培养瓶加入部分收集的培养基和新的 DMEM 培养基继续培养；另一方面用收集的培养基或新的培养基重悬细胞团块，用细胞计数板计数，将细胞接种至包被过 L-

多聚赖氨酸的 24 孔培养板或培养瓶中。因小胶质细胞对环境敏感，一般继续用收集的原培养基培养细胞。

根据小胶质细胞贴壁不牢但沉降速率快的特性可进一步纯化小胶质细胞。将接种的细胞放入细胞培养箱培养 20 分钟后，在倒置相差显微镜下观察小胶质细胞的贴壁情况，可见大部分细胞已贴壁，此时去除培养基，加入之前收集的原培养基，若原培养基不够，可补充新的 DMEM 培养基并混匀后再加，最后将细胞放入培养箱继续培养。原培养瓶内的小胶质细胞数量多时，可再拍打纯化 1 次，一般经拍打 2 次后，混合培养的小胶质细胞数量就会很少了，可以弃掉。

2. 鉴定　纯化接种后第 2 天，在倒置相差显微镜下观察，小胶质细胞形态明显，大部分呈长梭形，小部分为圆形（似煎鸡蛋样）。鉴定小胶质细胞时常用小胶质细胞标记物，有 Iba1、CD11b 等抗体。以 Iba1 抗体为例，具体步骤与本章第二节中星形胶质细胞鉴定类似，细胞爬片经固定、洗涤后，1%BSA 封闭 1 小时，加 Iba1 抗体，4℃过夜。次日，同样经洗涤后避光加偶联 FITC 的二抗，37℃孵育 2 小时，DAPI 封片，在荧光显微镜下观察并拍照。随机选取 5 个视野，用 Image J 分析 Iba1 抗体阳性细胞数进行纯度计算。

四、结果判读

1. 混合培养第 8 天、第 10 天的形态观察　第 8 天能看到细胞呈明显分层生长，下层是几乎铺满瓶底、呈铺展生长、形态各异的星形胶质细胞；中间层有少量神经元；最上层是贴壁的折光性强的小胶质细胞。部分小胶质细胞呈悬浮生长、圆形（图 1-3-1）。

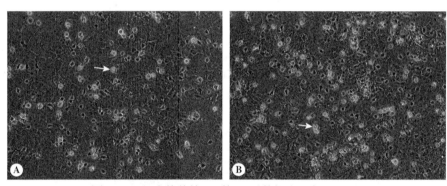

图 1-3-1　混合培养第 8、第 10 天的细胞形态（10×）

A. 混合培养第 8 天的细胞形态；B. 混合培养第 10 天的细胞形态。图中箭头所指为小胶质细胞

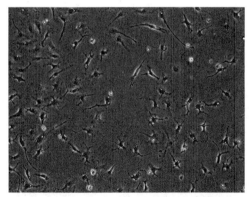

图 1-3-2　纯化后的小胶质细胞形态（20×）

2. 小胶质细胞纯化后的形态观察　细胞贴壁生长，大小比较均一，形态多为圆形，有突起（图 1-3-2）。

3. 小胶质细胞的鉴定　选用小胶质细胞特异性标记物 Iba1 抗体对纯化的小胶质细胞进行免疫细胞化学染色。Iba1 标记阳性的细胞呈绿色荧光，细胞多为圆形，细胞核呈圆形或椭圆形，细胞有突起（图 1-3-3）。

五、注意事项

无菌环境、培养器皿处理、胰蛋白酶消化及操作时长的要求同第二节中星形胶质细胞培养，除此之外，要注意以下几点。

1. 接种密度　混合培养时接种密度应适当增加，一般按照 3 ~ 4 个新生鼠（小鼠）全脑组织分离细胞接种到一瓶（T25）中进行估算。小胶质细胞数量总体较少，分离纯化后，接种时密度过低会影响细胞生长。

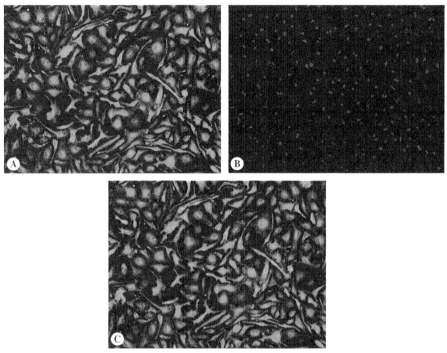

图 1-3-3 小胶质细胞 Iba1 抗体免疫荧光染色形态图（20×）

A. Iba1（绿色）；B. DAPI（蓝色）；C. 合并

2. 操作轻柔，以免激活小胶质细胞。

3. 可用 DMEM/F12 高糖培养基，或培养基中加入 B27 等细胞生长因子以促进小胶质细胞的生长，使用前预热。

（彭小倩 杨维娜）

第四节 少突胶质细胞的分离和培养

一、基本原理及实验目的

利用能够促进少突胶质前体细胞（OPC）增殖的神经母细胞瘤 B104 细胞条件性培养基，促进混合培养的胶质细胞中的 OPC 增殖，并采用 DNA 酶消化的方法将 OPC 从星形胶质细胞层上分离；再利用差速贴壁的原理，以塑料培养皿除去分离后混入的星形胶质细胞和小胶质细胞，获得高纯度的少突胶质前体细胞，体外诱导分化，获得成熟的少突胶质细胞。该方法适用于培养新生小鼠或大鼠大脑来源的少突胶质细胞。

二、主要试剂及耗材

1. 试剂 包括细胞培养液与缓冲液、细胞培养所需生长因子等。DF12 培养液（11330032）、胎牛血清（FBS，10099141）、N2 添加剂 100×（17502048）、1% 双抗、B104 细胞株条件培养液（B104CM）、HBSS（14175095）、多聚赖氨酸（A3890401）、0.25% 胰蛋白酶 -EDTA（25200072）。胰岛素（16634）、转铁蛋白（T2252）、谷氨酰胺（G8540）、丙酮酸钠（P2256）、牛血清白蛋白（BSA，

A9647)、硒酸钠（S5261）、氢化可的松（H0888）、三碘甲腺原氨酸（T$_3$-2752）、NAC（A8199）、多聚鸟氨酸（P0421）、DNA 酶Ⅰ（D5025）。血小板源性生长因子（PDGF 100-13A）、碱性成纤维细胞生长因子（bFGF 100-18B）、睫状神经营养因子（CNTF 450-50）、青霉素、生物素等。

2. 耗材 40μm 孔径一次性过滤器，以及 35mm、60mm 和 100mm 的细胞培养皿等。

三、操 作 步 骤

（一）试剂配制

1. 基础培养液 DF12+10% FBS+1% 双抗（用于原代混合胶质细胞及 B104 细胞系培养使用）。

2. B104 条件培养液（B104CM） DF12+1% N2+1% 双抗。

3. OPC 生长培养液 DF12+15% B104CM+1% N2+0.1% 胰岛素 +1% 双抗。

4. DNA 酶消化液 DNA 酶Ⅰ（200μg/ml）+0.1% 胰岛素 +1% EDTA。

5. 少突胶质细胞培养基（Sato medium） DF12+4mmol/L 谷氨酰胺 +0.1% BSA+1mmol/L 丙酮酸钠 +1% 青霉素 +5μg/ml 胰岛素 +30nmol/L 硒酸钠 +50μg/ml 转铁蛋白 +10nmol/L 氢化可的松 +10nmol/L 生物素。

OPC 增殖培养基：Sato medium+10ng/ml bFGF+10ng/ml PDGF。

OPC 分化培养基：Sato medium+10ng/ml CNTF+5μg/ml NAC+15nmol/L T$_3$。

6. 培养皿包被液 多聚鸟氨酸（50μg/ml）。

（二）神经母细胞瘤 B104 细胞系培养及其条件培养液的制备

1. B104 细胞复苏 液氮中取出冻存的 B104 细胞系，于 37℃恒温水浴锅中快速溶解，转移至含有基础培养液的 15ml 离心管中混匀。900r/min 室温离心 5 分钟，弃上清液，保留细胞沉淀。

2. B104 细胞培养 使用基础培养液重悬细胞沉淀，接种在 100mm 培养皿中，放入 37℃恒温培养箱中培养，待细胞长满后 1∶4 代，其中一个培养皿留作后续传代和冻存。

3. B104 条件培养基制备 待培养皿中细胞长至融合度约 70% 时，弃去基础培养液，更换为 B104 条件培养液，每培养皿 10ml 继续培养。培养第 4 天收集上清液，1000r/min 室温离心，0.22μm 滤器过滤后，分装于 -70℃中冻存待用。

（三）原代少突胶质细胞培养

选取新生 1～2 天的 C57 小鼠或 SD 大鼠仔鼠进行少突胶质细胞原代培养，依照本章前述方法，获取大脑组织细胞悬液后，进行如下操作。

1. 混合胶质细胞培养 在离心获得的细胞沉淀中，加入 1～2ml 的培养液并用火焰抛光的小口径滴管轻柔重悬细胞，再以基础培养液稀释细胞悬液。细胞计数后按照 $1.0×10^5$ 个 /cm^2 的密度接种于多聚赖氨酸包被的 60mm 培养皿中，混匀后放入 37℃、5% CO$_2$ 的孵育箱内培养，接种 2 天之内尽量不要晃动培养瓶，培养 4 天后进行全量换液 1 次，以后隔天在显微镜下观察细胞融合度。

2. 混合胶质细胞中 OPC 的增殖 培养至第 6～7 天时，星形胶质细胞可铺满培养皿底部，并且其上层可见胞体小、折光高、有小突起的少突胶质前体细胞。此时全量换液为 OPC 生长培养液，换液后大约第 3 天可观察到 OPC 细胞迅速增殖，可进行细胞纯化分离培养。

3. OPC 分离纯化 吸弃 OPC 生长培养液，使用 DNA 酶消化液消化细胞，37℃孵育 10 分钟后弃去消化液，加入基础培养液终止消化。利用火焰抛光的弯头玻璃滴管轻柔吹打细胞，使得星形胶质细胞上层的 OPC 分离下来并收集上清液。可以多次加入新鲜的基础培养液吹打收集 OPC，但要注意避免下层的星形胶质细胞成片脱落。将多次收集的 OPC 悬液统一经过 40μm 筛网过滤去除细胞团块，并将细胞上清液在未包被的 100mm 细胞培养皿中进行多次差速贴壁。小胶质细胞和星形胶质细胞贴壁速度较快，10 ～ 20 分钟后可以停止差速贴壁。

4. OPC 接种　收集培养皿中的 OPC 细胞上清液并计数，1000r/min 离心 5 分钟后弃上清液，以 OPC 增殖培养基重悬细胞，并按照 $5×10^4$ 个 /cm² 的密度接种于多聚鸟氨酸包被的培养皿或细胞爬片上，每天补充半量的增殖因子（PDGF 和 bFGF）。

5. OPC 的传代　OPC 接种 2 ～ 3 天后细胞增殖至铺满培养皿时直接吸弃培养液，加入少量 DNA 酶消化液消化细胞，37℃孵育 5 ～ 8 分钟，利用基础培养液终止消化，仔细吹打培养皿底部，使全部细胞脱落，然后收集细胞上清液离心。可以按照步骤 4 继续接种 OPC。

6. OPC 诱导分化　接种后的细胞可以在分化培养基内诱导 OPC 分化，并每隔 1 天补充半量的促分化因子（T_3、CNTF 和 NAC）。在分化培养基中培养 2 天后可以获得未成熟的少突胶质细胞，培养 4 ～ 5 天后可以获得成熟的少突胶质细胞。

四 、 结 果 判 读

少突胶质细胞的胞体较星形胶质细胞和小胶质细胞的小，少突前体细胞呈现为双极突起，随着分化成熟，突起分支增多，呈蛛网状（图 1-4-1）。在少突胶质细胞分化成熟过程中可特异性表达一系列的标记物，可以根据不同的标记物鉴别少突胶质细胞及所处的分化阶段，具体可参考书附录一。

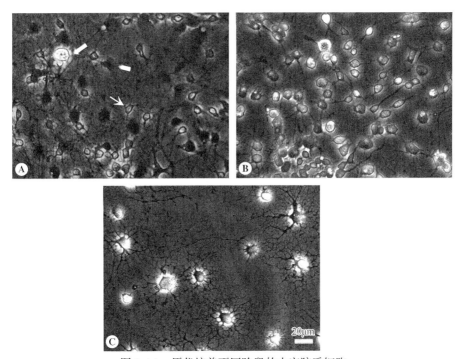

图 1-4-1　原代培养不同阶段的少突胶质细胞

A. 混合培养中的胶质细胞，其中（⬭）为星形胶质细胞，（↘）为少突胶质前体细胞，（▱）为小胶质细胞；B. 纯化后的少突胶质前体细胞；C. 诱导分化 4 天的成熟少突胶质细胞

五 、 注 意 事 项

1. 培养少突胶质细胞时，选择新生 1 ～ 2 天的仔鼠，年龄稍微偏大的仔鼠中星形胶质细胞数量过多，偏小的仔鼠中神经元数量多，都不适宜培养少突胶质细胞。

2. 原代培养时接种的密度不宜过小，一般可将 1 只新生小鼠大脑皮质的细胞悬液接种于一个 60mm 的培养皿中。

3. 培养少突胶质细胞的无血清培养基中最好不要添加链霉素，有报道认为链霉素对少突胶质细胞的活性有一定的影响；另外，配制的含各种神经因子的无血清培养基最好在 2 周内用完。

4. 纯化培养的 OPC 容易分化，如果要维持 OPC 状态，需要注意补充添加增殖因子 PDGF 和 bFGF。

（赵湘辉）

第五节　神经干细胞的分离和培养

一、基本原理及实验目的

神经干细胞（neural stem cell，NSC）是一类具有自我更新能力和分化潜能的细胞群，它可以分化成不同类型的神经细胞，包括神经元、星形胶质细胞和少突胶质细胞。NSC 可以在合适的培养条件下存活和增殖，是研究神经系统发育、疾病发生和再生修复策略的重要细胞模型。本实验主要以大鼠胚胎大脑皮质 NSC 的分离和培养为例进行阐述，包括 NSC 的分离与原代培养和 NSC 传代培养两部分内容。

二、主要仪器设备、试剂及耗材

1. 仪器设备　麻醉仪、无菌手术器械、超净操作台、离心机、恒温水浴锅、体视显微镜、倒置相差显微镜、CO_2 培养箱等。

2. 试剂　75% 乙醇、麻醉药（如戊巴比妥钠或异氟烷）、NaOH 溶液（调节 pH）、D-PBS（预冷）、DMEM/F12 基础培养基、NSC 完全培养基、0.01mol/L PBS，Accutase™ 或 TrypLE™ Express 消化液、台盼蓝溶液等。

3. 耗材　托盘、注射器、小烧杯、无菌玻璃离心管、培养皿和培养瓶、组织剪、眼科剪、眼科镊、弯镊、细胞过滤器（40μm）、移液器、枪头、血细胞计数板、马克笔等。

三、操作步骤

（一）实验前准备

1. 实验用品准备　将玻璃离心管、注射器、培养皿、培养瓶和小烧杯、手术器械等清洗干净烘干后，提前进行高压蒸汽灭菌处理。

2. 实验操作区和动物麻醉准备　实验当日超净操作台（放置手术器械盒、玻璃器皿盒、移液器、枪头和废液桶等）、细胞培养室和托盘进行紫外线照射消毒 30 分钟。选择腹腔注射 40mg/kg 戊巴比妥钠（或持续性异氟烷吸入：3% 诱导麻醉，1% 维持）麻醉孕鼠，观察孕鼠麻醉状态（呼吸、心跳、肌张力及触须反应等）。

3. 实验试剂准备　将提前配制的 NSC 完全培养基（DMEM/F12、10ng/ml bFGF、20ng/ml EGF、1% N2、2% B27、1% 双链霉素、pH 7.4）放置于 37℃ 恒温水浴锅中预热。将碎冰块平铺在消毒后的托盘内，放置 3 个直径为 60mm 的无菌培养皿和 1 个烧杯，并分别加入适量（培养皿：5ml；烧杯：20 ～ 30ml）的 4℃ 预冷的 D-PBS 溶液备用。

（二）NSC 原代培养

1. 剥离胎鼠脑组织　待孕鼠完全麻醉后（仰卧时心跳及呼吸均匀、肌肉松弛、四肢无活动，

胡须无触碰反应、踏板反射消失），使用 75% 乙醇
喷涂腹部皮肤消毒处理。用组织剪剪开腹壁，充
分暴露腹腔，检查子宫大小和胚胎数量（图 1-5-1），
迅速取出子宫并置于装有 4℃预冷的 D-PBS 溶液
的烧杯或培养皿中。

使用小眼科剪和眼科镊（弯头）仔细剪开子
宫，剥离胎盘，将完整胎鼠移置于预先准备好的
装有预冷的 D-PBS 溶液的器皿（培养皿或烧杯）
中。双手配合，沿大脑中线剪开胎鼠头部皮肤及
颅骨，暴露完整大脑，剥离周围组织，并将分离
好的完整脑组织转移至另一个含有预冷的 D-PBS
溶液的培养皿中。使用眼科镊于体视显微镜下，

图 1-5-1 孕鼠子宫呈串珠状

仔细剥离软脑膜，注意避免过度夹持造成脑组织破损（图 1-5-2）。

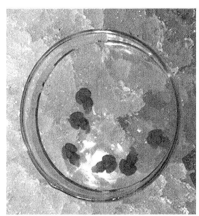

图 1-5-2 分离胚胎大鼠大脑皮质

2. 脑组织机械剪碎 使用眼科镊（弯头）小心夹取胚胎的大脑皮质，转移至另一个含有预冷
D-PBS 溶液的培养皿内，洗涤 1 次，再转移至含有预冷基础培养基的培养皿中，使用眼科剪快速
剪切至 1mm³ 的组织块。应用移液器蓝色枪头轻缓吹打 20～50 次，再以黄色枪头轻缓吹打形成
浑浊、无明显组织块的细胞悬液。

3. 过滤及离心 机械剪碎后的细胞悬液经无菌的 40μm 细胞过滤器过滤至玻璃离心管中，去
除未完全分散的组织块。以 1000r/min 低温（4℃）离心 3 分钟。

4. 细胞重悬与计数 弃掉上清液，用 1ml 的基础培养基重悬细胞团块，吹打均匀。吸取 10μl
细胞悬液与等体积台盼蓝溶液（0.4%）混合，取混合液 10μl 滴入血细胞计数板，显微镜下进行活
细胞计数（图 1-5-3），并计算活细胞的比例和细胞密度。计算公式如下：

细胞悬液细胞数 /ml=4 个大格细胞总数 /（4×10^4）×2（等体积混合时的稀释倍数）

如果获取的细胞数量多、计数时出现较多的细胞团块，可用培养基对细胞悬液进行进一步稀
释（以稀释 10 倍为例），将稀释后的细胞悬液与台盼蓝溶液等体积混合，再次计数。细胞密度计
算公式如下：

细胞悬液细胞数 /ml=4 个大格细胞总数 /（4×10^4）×2×10（稀释倍数）

5. NSC 原代培养 离心管中加入一定量的完全培养基重悬细胞，调整细胞密度为 3×10^6 个 /ml。
按照实验需求，将一定数量的 NSC 接种于 T75（10ml/ 瓶）/T25（5ml/ 瓶）玻璃培养瓶或培养皿中，
标记为 P0 代。

完成标记后将培养瓶 / 皿转至 CO_2 培养箱（5% CO_2，37℃）中进行培养，并每日观察细胞生

长状况。若培养瓶盖不带有滤膜，放入时应拧松瓶口。每隔2天补充完全培养基1～2ml，培养4～5天后，NSC即从单细胞聚集形成神经球，直径约为100μm（图1-5-4）。

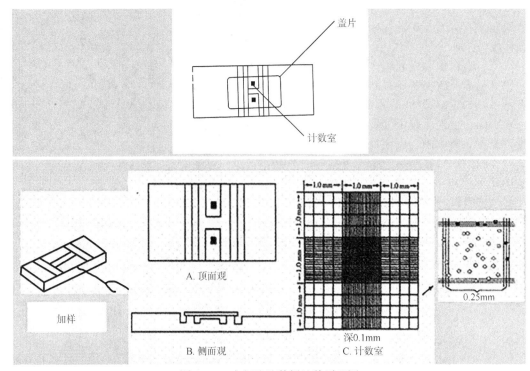

图1-5-3　血细胞计数板计数原理图

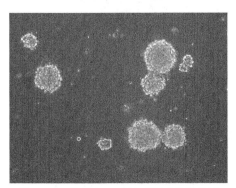

图1-5-4　培养4～5天后形成的神经球形态

（三）NSC 传代培养

1. 实验前操作区准备　实验当日，超净操作台（放置玻璃离心管和培养瓶、移液器、枪头、离心管和废液桶等）、培养室进行紫外线照射消毒30分钟。

2. 试剂准备　NSC完全培养基、0.01mol/L PBS、Accutase™或TrypLE™ Express消化液，DMEM/F12基础培养基，放置于37℃恒温水浴锅中预热。

3. 细胞收集　NSC培养5～7天后，将神经球转移至离心管，室温条件下1000r/min离心3分钟，弃掉培养基，用预热的PBS洗涤1～2次，洗涤后1000r/min离心3分钟。

4. 细胞团消化　吸弃上清液，将1ml的TrypLE™ Express消化液加入离心管中，移液器轻柔吹打30～50次，室温放置2分钟，观察神经球是否完全分散成单细胞。

5. 单细胞悬液制备　待神经球消化成单细胞后，加入基础培养基10ml终止消化，室温条件下1000r/min离心3分钟，吸弃上清液。完全培养基1ml加入离心管内，吹打分散细胞团块以重悬细胞，获得单细胞悬液。

6. 细胞计数及接种　同原代培养，进行台盼蓝染色及细胞计数。调整细胞密度为$3×10^6$个/ml，继续培养，记录为P1代。

7. 每日观察细胞，并补充新鲜培养基2ml，待形成神经球（直径为100～150μm）时可再次传代。

四、注意事项

1. 实验过程全程注意严格无菌操作，穿工作衣（白大褂）、不露足趾的鞋子，佩戴口罩和手套，防止细菌、霉菌、支原体等污染。

2. 超净操作台内物品摆放合理，划分不同的工作空间，有序操作，避免杂乱摆放致使工作空间过度拥挤，而造成气道阻挡，形成湍流，增加细胞污染的风险。

3. 操作或使用完毕后及时闭合无菌容器，如培养基瓶盖、离心管盖、器械盒和玻璃器皿盒等，避免长时间敞口造成污染。

4. 正确使用移液器，防止移液器内液体反流造成污染。

5. 使用移液器吹打细胞时，操作轻柔，避免过度吹打造成细胞破裂。

6. 使用吸管移液时，要避免产生气泡，注意消除吸管内的空气。

7. 枪头或移液管等物品在吸取溶液时不能混用，一旦碰触到容器外侧，立即更换，避免污染。

8. 在细胞转移和接种时，均需吹打细胞悬液使其混匀，确保接种的细胞数量一致。

9. 培养箱打开时尽量保持环境安静，避免说话和来回走动。

10. 每日观察细胞生长状态时，要同时注意培养箱 CO_2 浓度和盛液盘的水量，及时补充，以确保培养箱正常运行。定期更换盛液盘中的液体，更换前用 75% 乙醇擦拭消毒，待干燥后再添加无菌蒸馏水后放回培养箱。

11. 传代培养时需要注意，在使用消化酶消化细胞的过程中，应时刻注意观察细胞团块的变化和消化时间，避免消化过度导致大量细胞死亡和丢失。

（吕海侠　胡晓宣）

第六节　永生化神经细胞的培养、冻存和复苏

一、基本原理及实验目的

原代培养的神经元、星形胶质细胞和小胶质细胞虽然与动物体内细胞最为接近，但原代培养过程复杂，细胞不易存活且数量少，不能满足实验需要。本节根据几种常见永生化神经细胞的生长特性，介绍其培养、冻存和复苏，以期为体外试验提供可行方法。

二、主要仪器设备、试剂及耗材

1. 仪器设备　超净操作台、倒置相差显微镜、5% CO_2 恒温培养箱、低速离心机、水浴锅、$25cm^2$ 培养瓶、15ml 离心管、冰盒等。

2. 试剂　L- 多聚赖氨酸、75% 乙醇、D-Hanks 平衡盐溶液、0.25% 胰蛋白酶 -EDTA、DMEM 培养基（含 1% 青霉素 - 链霉素和 10%FBS）、细胞冻存液（可自配或购买）等。

3. 耗材　移液器、各种规格吸头、离心管、细胞计数板、马克笔等。

三、操作步骤（以 SH-SY5Y 细胞、PC12 细胞、BV2 细胞为例）

（一）SH-SY5Y 细胞培养

1. 传代培养　SH-SY5Y 细胞构建于 1970 年，是神经母细胞瘤患者的转移骨瘤灶细胞 SK-N-SH 经 3 次克隆后的亚系。生长方式为贴壁和悬浮同时存在，贴壁细胞呈上皮样，单层生长，胞体饱满，伸出突起，成簇生长，易成团，生长较慢。将 SH-SY5Y 细胞培养在含有 10% FBS 的 DMEM 培养基中，置于 37℃、5% CO_2 浓度的培养箱中培养。每隔 2 天换液 1 次，待细胞密度至

80% 时进行传代处理。具体操作如下。

弃去培养基，用 D-Hanks 平衡盐溶液润洗细胞 2 次，加入 1 ～ 2ml 0.25% 胰蛋白酶 -EDTA 进行消化，当细胞变小，细胞间出现间隙时立即倒掉消化液，加少量含 10% FBS 的 DMEM 培养基终止消化。轻轻拍打细胞瓶，将细胞从培养瓶底上震落，再加入 3 ～ 4ml 培养基轻柔吹打，形成细胞悬液。准备 2 个 L- 多聚赖氨酸包被的培养瓶，分别将 2ml 细胞悬液移到 2 个培养瓶中，将原瓶和新瓶的培养液补至每瓶 5ml，放入培养箱继续培养。待细胞达到合适密度后进行相关实验操作或继续传代培养。用于实验的 SH-SY5Y 细胞培养的传代次数不超过 8 代，如超过可考虑弃掉重新进行复苏。

2. SH-SY5Y 细胞冻存 选择处于对数生长期且密度为 80% 的 SH-SY5Y 细胞进行冻存，冻存前一天进行细胞换液。冻存当日弃去培养基，用 D-Hanks 平衡盐溶液润洗细胞 2 次，加入 1 ～ 2ml 0.25% 胰蛋白酶 -EDTA 进行消化，显微镜下观察控制消化时间，当细胞从瓶底大片脱落时，加入 5ml 10% FBS 的 DMEM 培养基终止消化，轻柔吹打，形成细胞悬液。将细胞悬液移至 15ml 离心管，1000r/min 离心 10 分钟，弃去上清液。冻存液重悬细胞，并移入冻存管中，标记、程序降温等步骤同本章第二节内容。

3. SH-SY5Y 细胞复苏 同本章第二节操作，将复温后的细胞移入预先加有培养基的离心管内，轻柔吹打，细胞吹散后，1000r/min 离心 10 分钟，弃去上清液，细胞沉淀中加 5ml 培养基，轻柔吹打，将细胞悬液移入 L- 多聚赖氨酸包被的培养瓶内继续培养，第 2 天观察生长情况。

（二）PC12 细胞的培养

1. 传代培养 PC12 细胞来源于成年大鼠肾上腺髓质嗜铬细胞瘤克隆的细胞，主要分泌儿茶酚胺类递质，如多巴胺、去甲肾上腺素等。细胞贴壁生长，易成团，生长较快，胞体周围有光晕。

PC12 细胞的培养与 SH-SY5Y 细胞类似，在含有神经生长因子的培养基中培养，细胞停止分裂，并逐渐分化为神经元特征的细胞，长出神经突起，随着培养时间延长，突起增多、延长并增粗。

2. PC12 细胞的冻存 同 SH-SY5Y 细胞。

3. PC12 细胞的复苏 同 SH-SY5Y 细胞。

（三）BV2 细胞的培养

1. 传代培养 BV2 细胞是 1990 年应用携带癌基因 *v-raf/v-myc* 的反转录病毒 J2 感染原代培养的小鼠小胶质细胞而获得的永生细胞系，该细胞系高度纯化，而且基本具备原代培养小胶质细胞的形态学、表型及各项功能特点，且易培养。细胞半贴壁或悬浮生长，半贴壁细胞呈圆形或多角形生长，悬浮细胞呈圆形，细胞生长较快。

将 BV2 细胞培养在含有 8% ～ 10% FBS 的 DMEM 培养基中，置于 37℃、5% CO_2 浓度的培养箱中培养。每隔 1 ～ 2 天换液 1 次，待细胞密度至 80% 时进行传代处理。弃去部分培养基，留 2 ～ 3ml 培养基轻轻吹打细胞面，不需要胰蛋白酶消化，待吹落的细胞混匀，再将细胞悬液移入 1 ～ 2 个 L- 多聚赖氨酸包被的培养瓶或培养皿内，补足完全培养基。

2. BV2 细胞的冻存 选择处于对数生长期且密度为 80% 的 BV2 细胞进行冻存，冻存前一天进行细胞换液。冻存步骤同 SH-SY5Y 细胞。

3. BV2 细胞的复苏 同 SH-SY5Y 细胞。

四、结 果 判 读

1. SH-SY5Y 细胞的形态观察 细胞贴壁生长，呈多边形，伸出突起（图 1-6-1）。

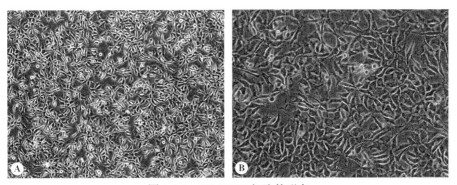

图 1-6-1　SH-SY5Y 细胞的形态
A. 10×；B. 20×

2. PC12 细胞的形态观察　细胞贴壁生长，突起较长，形成稀疏的网状（图 1-6-2）。

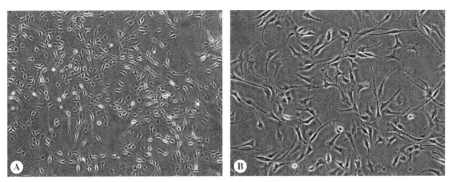

图 1-6-2　PC12 细胞的形态
A. 10×；B. 20×

3. BV2 细胞的形态观察　细胞半贴壁生长，细胞体较小，光晕明显（图 1-6-3）。

五、注意事项

1. 无菌环境要求及培养器皿处理同前。

2. 消化时间会影响细胞状态，应宁短勿长。若细胞消化速度过快可适当用 D-Hanks 平衡盐溶液稀释胰蛋白酶。吹打细胞时应动作轻柔，以免对细胞造成物理刺激。

3. SH-SY5Y 细胞消化时不要摇晃培养瓶，以免形成细胞团。

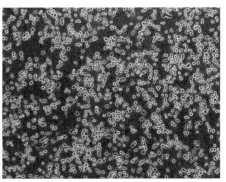

图 1-6-3　BV2 细胞的形态图（10×）

4. BV2 细胞贴壁不紧，轻轻吹打细胞面即可吹落细胞，无须胰蛋白酶消化。培养皿培养更适合吹打细胞操作，应注意动作轻柔，避免产生过多气泡。BV2 细胞生长较快，需密切关注细胞状态和密度，如密度较高、培养基有变黄趋势时应及时更换培养基。

（杨维娜）

第二章 神经组织常用染色技术

第一节 神经组织取材与组织切片的制作

一、基本原理及实验目的

提高神经组织取材的准确率，对于更好地研究神经组织的结构与功能、解释疾病的发生发展规律，加强对实验动物的有效利用十分重要。取材的成功与否，直接关系到后续实验的顺利开展，因此神经组织取材规范性尤为重要。

为避免或减少动物死亡后组织形态及结构发生变化，常在实验动物处死前对其进行灌注固定。灌注固定是通过血管途径将固定液导入所需固定的组织器官内，将活的细胞在原位及时迅速固定后，再摘取样品。经过灌注固定的组织具有一定的硬度，所有组织结构维持在生前状态。灌注固定多采用液体重力落差进行，小个体动物多用人工注射的方法进行灌注固定。

二、主要仪器设备、试剂及耗材

1. 仪器设备 手术刀、解剖台、弯盘、组织剪、止血钳、钩镊、眼科剪、咬骨钳、眼科镊、手术刀柄、灌注针（将注射用针头的针尖掐断，磨至钝圆、光滑）、培养皿、天平、冰盒、切片盒、磨钻、冰箱、液氮罐、通风橱、烘箱、冷冻切片机、包埋机、石蜡切片机、组织摊平机、手术显微镜等。

2. 试剂 20% 氨基甲酸乙酯、1% 戊巴比妥钠、生理盐水、4% 多聚甲醛固定液、30% 蔗糖、磷酸盐缓冲生理盐水（0.01mol/L PBS，pH 7.4）、磷酸盐缓冲液（0.1mol/L PB，pH 7.4）、冷冻包埋剂（Tissue-Tek OCT）、1% 肝素、10% 福尔马林（4% 甲醛）或 10% 磷酸缓冲福尔马林、乙醇溶液、二甲苯溶液、石蜡等。

3. 耗材 无菌手套、输液管、三通管、刀片、丝线、注射器、针头、滤纸、锡纸、载玻片、离心管、标签纸、马克笔等。

三、操 作 步 骤

（一）大 / 小鼠脑组织取材

1. 动物麻醉 称重，腹腔注射 1% 戊巴比妥钠 40mg/kg。具体操作：右手持注射器，左手小指和环指抓住鼠尾，另外三指抓住鼠的后颈部，使其保持腹部朝上、头低位，须注意针头刺入时防止损伤腹腔内脏器。注射后观察动物状态，当进入完全麻醉状态时，动物心跳及呼吸均匀、肌肉松弛、四肢无活动，胡须无触碰反应，翻正反射消失。

2. 新鲜脑组织取材 ①剪开头部皮肤，露出白色颅盖骨。用钩镊夹持眼眶处固定鼠的颅骨，用组织剪将颅骨和颈椎连接处剪断。②组织剪插入枕骨大孔，在枕骨大孔处横断，分别从左右两侧贴着顶骨剪到眼眶，将顶骨剪开。③左手持钩镊插入鼠的眼眶固定颅骨，用咬骨钳直接夹住枕骨大孔处顶骨，向上掀起，完整的脑组织即可显现出来。从小脑底部将脑组织向上推起，用眼科剪剪断颅底脑神经。④取出完整脑组织，清洗表面血迹。用滤纸吸去脑组织表面水分，锡纸包被，液氮冷冻或置于 -80℃低温冰箱保存。后续可进行蛋白质和核酸检测等实验。

3. 灌注固定与脑组织取材 脑组织取材前，大 / 小鼠经灌注固定。具体步骤如下：

将两个输液瓶中分别装满生理盐水和4%多聚甲醛固定液，将输液管安装在生理盐水瓶上并调整好，使管内没有气泡。灌注过程包括：①开胸。动物麻醉后沿两侧肋弓剪开皮肤，打开腹腔，用止血钳夹持剑突并向上提拉；用组织剪在膈肌与胸骨柄相连处剪一小口，造成人工气胸，再向两侧顺延，剪断膈肌及肋骨，用夹持剑突的止血钳将剑突连带胸廓上翻固定，充分暴露心脏。②固定灌注针头，剪开心包膜，分离主动脉，穿一根丝线，准备结扎灌注针。继而在左心尖用眼科剪剪开一小口，将灌注针插入左心室，并送至主动脉内（小鼠使用小号针头），插入时动作要慢，注意针尖不要刺入右心室。如果感到有阻力，则将针退后、调整方向重新进针，直到进入主动脉，用丝线结扎固定，使之不能退出。③灌注。打开调节阀，灌注生理盐水；剪开心耳，使血液排出。④观察灌注程度。当肝脏和肺脏颜色转白及右心房流出液澄清后，更换灌注液为4%多聚甲醛固定液。固定液进入血管后，鼠开始出现四肢抽动，待抽动完全停止，全身组织、器官变硬后即可取材，一般以鼠尾僵硬甚至自动翘起作为灌注成功的标准。脑组织取材方法同新鲜脑组织取材。

灌注液用量：25～35g的小鼠一般灌注生理盐水30～50ml，4%多聚甲醛固定液20～50ml；大鼠一般灌注生理盐水100～150ml，4%多聚甲醛固定液100～150ml；如果夹闭腹主动脉只灌注上肢及脑，需灌注生理盐水50～100ml，4%多聚甲醛固定液50～100ml。

脑组织取材后，在切片之前，还需进行后固定。将脑组织置于4%多聚甲醛固定液，4℃条件下后固定，之后可进行石蜡包埋、切片及染色等实验；或后固定过夜，更换为30%蔗糖溶液，进行脱水、沉糖，之后可行冷冻切片、免疫染色等。

（二）大/小鼠脊髓组织取材

1. 动物麻醉　具体方法同前。

2. 新鲜脊髓组织取材　待动物进入深度麻醉状态时处死，乙醇喷洒或浸泡消毒。背部皮肤开口，头尾双向撕开，确保无毛发粘连污染。找到需取材脊髓段，整段取出。剔除脊柱两侧肌肉，用注射器抽取冰冷的PBS，去针头注射器贴合断面。稍微用力推压，可吹出脊髓。遵循尾髓至颈髓方向推压，避免脊髓形态破坏。脊髓在液氮中速冻，-80℃下保存备用。

3. 灌注固定与脊髓组织取材　动物灌注固定方法同脑组织取材，固定后的脊髓取材方法与新鲜脊髓组织取材方法相同。4%多聚甲醛固定液4℃下固定，后续可进行切片、免疫染色等实验。

（三）兔脑组织取材与固定

1. 新鲜兔脑组织取材　以耳缘静脉注射空气栓塞法处死动物。迅速断头，并于冰上用磨钻开颅，取出新鲜脑组织（图2-1-1），铝箔包裹并保存于-80℃冰箱内。

2. 灌注固定与兔脑组织取材　20%氨基甲酸乙酯5ml/kg麻醉动物，将其仰卧固定，剪断肋骨，打开胸腔，钝性分离心包并暴露心脏，由左心尖插管，再剪开右心耳，灌注足量1%肝素生理盐水，待右心耳切口处流出液体变清亮后，换用4%多聚甲醛固定液灌注，持续固定8～12小时，直至动物体表黏膜变白，此时脑组织变硬。充分固定后打开颅骨，取出全部脑组织，浸于4%多聚甲醛固定液中4℃保存，继续进行离体后固定14～21天（图2-1-2～图2-1-5）。

图2-1-1　新鲜脑组织

（四）神经组织切片的制作

1. 冷冻切片　是组织化学常用的切片技术，固定或未固定的组织样品均可进行冷冻切片。具体方法如下。

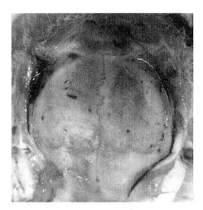

图 2-1-2　暴露颅骨

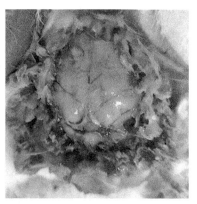

图 2-1-3　暴露脑组织

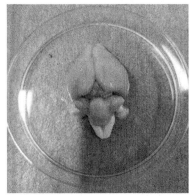

图 2-1-4　灌注后取出完整兔脑组织

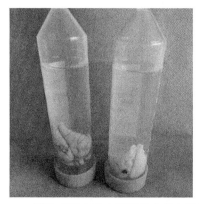

图 2-1-5　灌注后固定于多聚甲醛中的兔脑组织

（1）取材：应尽可能快速采取新鲜的材料，防止组织发生变化。

（2）速冻：①将组织块平放于特制小盒内，如组织块小可适量加 OCT 包埋剂浸没组织，然后将特制小盒缓缓平放入盛有液氮的小杯内；②当盒底部接触液氮时即开始气化沸腾，此时小盒保持原位切勿浸入液氮中，10 ～ 20 秒组织即迅速冰结成块（若需要保存，应快速以铝箔或塑料薄膜封包，立即置入 -80℃冰箱储存备用）。

（3）固定组织于样品托：①样品托上涂一层 OCT 包埋胶，将速冻组织置于其上，4℃冰箱预冷 5 ～ 10 分钟，使 OCT 胶浸透组织；②取下组织置于锡箔或者玻片上，样品托速冻；③组织置于样品托上，其上再添一层 OCT，以完全覆盖为宜，放于冷冻切片机内速冻 30 分钟。

（4）切片：用冷冻切片机以冠状位，连续切片，厚度为 14 ～ 18μm；标本片黏附于载玻片上，并保存于 -80℃冰箱内。

2. 石蜡切片　是组织学常规制片技术中广泛应用的方法。石蜡切片不仅用于观察正常细胞、组织的形态结构，也是病理学和法医学等用以研究、观察及判断细胞、组织形态变化的主要方法，已广泛用于其他许多学科领域的研究中。具体方法如下。

（1）取材：材料必须新鲜，搁置时间过久可能产生蛋白质分解变性，导致细胞自溶及细菌滋生，从而不能反映组织活体时的形态结构。材料选择时须尽可能不损伤所需要的部分，动物组织取材建议灌注后取材，以冲去过多的血液。切取组织时应使用锋利的刀、剪。组织块的厚度为 0.2 ～ 0.3cm，大小为 1.5cm×1.5cm×0.3cm。

（2）固定：固定液的种类很多，其对组织的硬化收缩程度以及组织内蛋白质、脂肪、糖类等物质的作用各不相同。应根据所要显示的内容来选择适宜的固定液。10% 福尔马林（4% 甲醛）或 10% 磷酸缓冲福尔马林是病理切片常规使用的固定液，不仅适用于常规苏木精 - 伊红（HE）染色，还可以用于组织学有关的其他技术的切片染色。固定液的用量通常为材料块的 20 倍左右，固定时间则根据材料块的大小、松密程度及固定液的穿透速度而定，可以从 1 小时至数天，通常为 1～24 小时。

（3）洗涤与脱水：固定后的组织材料需除去留在组织内的固定液及其结晶沉淀。洗涤多数用流水冲洗，数小时或过夜。乙醇为常用脱水剂，为了减少组织材料的急剧收缩，应使用从低浓度到高浓度递增的顺序进行，通常从 30% 或 50% 乙醇开始，经 70%、85%、95% 直至 100% 乙醇（无水乙醇），每次时间为 1 小时及以上，如不能及时进行各级脱水，材料可以放在 70% 乙醇中保存，因高浓度乙醇易使组织收缩硬化，不宜处理过久。正丁醇、叔丁醇、丙酮及二氧六环等也可作脱水剂。

（4）透明：常用的透明剂有二甲苯、苯、氯仿、正丁醇等，各种透明剂均是石蜡的溶剂。通常组织先经无水乙醇和透明剂各半的混合液浸渍 1～2 小时，再转入纯透明剂中浸渍。二甲苯浸渍时间依据透明状况，透明时间应由组织大小而定，一般各级停留时间在 30 分钟至 2 小时，在纯二甲苯中应更换 2 次，总时间以不超过 3 小时为宜。应避免挥发和吸收空气中的水分，并保持其无水状态。

（5）浸蜡与包埋：用石蜡取代透明剂，使石蜡浸入组织而起支持作用。通常先把组织材料块放在熔化的石蜡和二甲苯的等量混合液浸渍 1～2 小时，再先后移入 2 个熔化的石蜡液中浸渍 3 小时左右，浸蜡应在高于石蜡熔点 3℃ 左右的温箱中进行，以利于石蜡浸入组织内。浸蜡后的组织材料块放在装有蜡液的容器中（摆好在蜡中的位置），待蜡液表层凝固即迅速放入冷水中冷却，即做成含有组织块的蜡块。

（6）切片：切片前，将刀口置于放大镜下观察，选择刀口平整无缺刻的部分来进行切削。将所要切的包埋块固定在标本台上，使包埋块外切面与标本夹截面平行，并让包埋块稍露出一截。将刀台推至外缘后松开刀片夹的螺旋，上好刀片，使切片刀平面与组织切面间呈 15° 左右的夹角，包埋块上、下边与刀口平行。在微动装置上调节切片要求的厚度，调节时应注意指针不可在两个刻度之间，否则容易损伤切片机，将刀台移至近标本台处，让刀口与组织切面稍稍接触，这时就可以开始切片了。

切片操作方法：右手转动转轮，左手持毛笔在刀口稍下端接住切好的片子，并托住切下的蜡带，待蜡带形成一定长度后，右手停止转动，持另一支毛笔轻轻将蜡带挑起，平放于衬有黑纸的纸盒内，注意切片速度不宜太快，摇动转轮用力应均匀，防止切片机震动厉害引起切片厚薄不均匀，还应注意转动的方向，以防标本台后移而切不到片子。通常切片厚度为 4～7μm。切片完毕，应及时用氯仿将切片机刀片擦净。

（7）展片：将切片分割开，投入到 48℃ 的温水浴中，这时切片都浮在水面上，由于表面张力的作用使切片自然展平，将黏附性载玻片倾斜着插入水面去捞取切片，使切片贴附在载玻片的合适位置。放于切片架上，50℃ 拷片 30 分钟以上。

（8）脱蜡及复水：切片进行染色前需要进行脱蜡及复水，用水浴锅将水温控制在 60℃。将切片连同切片架放入一干燥的染色缸内，放入水浴锅中，盖上盖子（可密封），30 分钟至蜡熔化。石蜡切片经二甲苯 Ⅰ、Ⅱ脱蜡各 5 分钟，然后放入 100%、95%、90%、80%、70% 各级乙醇溶液中各 3～5 分钟，再放入蒸馏水中 3 分钟。

组织从取材、固定到封片制成玻片标本一般需要数日，但标本可以长期保存使用，并作为永久性显微玻片标本。

四、结果判读

1.完整而清晰的脑组织，见图 2-1-6。

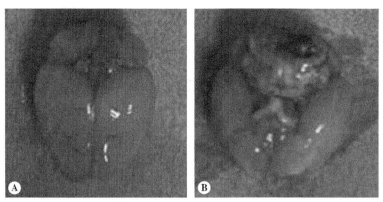

图 2-1-6　完整而清晰的脑组织

2. 不同破损程度的脑组织，见图 2-1-7。

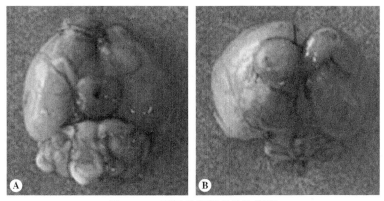

图 2-1-7　不同破损程度的脑组织

五、注意事项

1. 为防止取材过程中温度过高导致组织蛋白质降解，神经组织取材操作须在冰上进行；操作须轻柔，尽量减少取材时间，提高实验效率。保障所取组织的质量，为后期指标检测顺利开展奠定基础。

2. 多聚甲醛挥发性强，气味刺激，配制与使用时要在通风橱中进行，并做好自我防护。

3. 灌注针也可选用静脉套管针，以防脱落；灌注时注意提前排空输液管中的气泡，否则容易形成空气栓塞而影响灌注效果。

4. 灌注针插入时动作要慢，针尖方向不要偏向右侧，以免刺入右心房。当灌注针进入主动脉后可在心脏上方看到其位置，灌注针进入主动脉的长度最好为 3 ～ 5mm。灌注针插入成功后，一定要用剪刀剪开右心耳（不是右心室），以作为灌注液的出口。

5. 灌注成功的标志为大/小鼠在多聚甲醛灌注时四肢剧烈抽动（腹主动脉夹闭完全时下肢不抽动）；前肢及颈部僵硬；后肢绷直，尾部竖起成一直线（也可能不出现）；所灌注的脑组织白而硬。

6. 灌注的脑组织去颅骨后可看到大脑表面有一层硬脑膜，需要去掉。去除脑膜时，不能硬拉，否则易扯破大脑。

7. 家兔的脑组织灌注固定时间较长，为防止血液凝固导致无法完全排净血液，灌注时使用的生理盐水中需加入 1% 肝素。

8. 使用冷冻切片机时应注意防卷板及切片刀和持刀架上的板块应保持干净；放置组织块时，应视组织的形状及走势来放置；用于贴附切片的载玻片不能存放于冷冻处，于室温存放即可；载玻片贴附组织切片时，切勿上下移动。切片切出后的处理与制作切片时的操作同样重要。

（于晓静）

第二节 脑组织透明技术

一、基本原理及实验目的

近年来，基于组织透明化的高分辨显微成像技术在探索神经连接介观图谱特征与神经系统功能异常的关系中发挥了重要作用。脑组织透明化的方法不但可以在不破坏神经纤维间联系的基础上，实现对一定厚度甚至全脑的单细胞分辨率介观尺度成像，还可以与包括免疫荧光化学在内的多种细胞标记方法相匹配，从三维空间层面，实现对脑区间神经连接的长程投射和局部微环路解析。

透明化技术的关键是使光透过一定厚度组织样品时与介质的折射率（refractive index，RI）相匹配，从而减少光在组织中各个方向的非均匀散射，并且通过去除组织中的有色物质，达到组织透明的效果。现阶段透明化的方法大致可分为 3 类，即溶剂透明技术（solvent clearing technique）、水性超水合技术（aqueous hyper-hydrating clearing technique）和水凝胶包埋技术（hydrogel embedding technique）。不同的方法原理不同，在透明清除时间、荧光保存效果、样本是否形变、是否和免疫荧光技术兼容、适用组织厚度等方面的侧重也不同。本节重点介绍一种基于水凝胶组织聚合方法 -PACT（passive clarity technique）对内源性荧光样本的透明化处理的基本原理和操作步骤，此法不需要特殊仪器设备。

PACT 透明化技术借助丙烯酰胺与组织样品相互偶联形成水凝胶聚合物，之后用十二烷基硫酸钠（sodium dodecylsulfate，SDS）对组织进行脱脂，使组织达到初步透明。最后将组织浸入折射率匹配的 RIMS 透明化组织液中，以达到与 RI 匹配，从而进行成像。

二、主要仪器设备与试剂

1. 仪器设备 翘板摇床、水浴锅及安装有折射率匹配物镜的共聚焦或双光子显微镜等。

2. 试剂 丙烯酰胺、十二烷基硫酸钠、光引发剂、Nycodenz、1,4- 二氮双环 [2.2.2] 辛烷（DABCO）、吐温 -20（Tween-20）、PB、叠氮钠等。

三、操 作 步 骤

（一）试剂配制

1. A4PO 水凝胶单体溶液（4% 丙烯酰胺） 20ml 40% 丙烯酰胺溶液、100ml 0.2mol/L PBS，以 80ml 蒸馏水定容至 200ml，pH7.5，常温保存。在使用前加入 0.25% 光引发剂。

2. 8%SDS 溶液 8g SDS 粉末，溶于 100ml 0.01mol/L PBS，pH7.5，常温保存。

3. RIMS 溶液 40g Nycodenz、30ml 0.02mol/L PB、5mg 叠氮钠、50μl Tween-20、1g DABCO，常温保存。

（二）脑组织样本制备

将实验小鼠用 1% 戊巴比妥钠深度麻醉，先后经冰冷的 0.01mol/L 的 PBS 缓冲液和冰冷的 4% 多聚甲醛固定液心脏灌注固定后，去除头部皮肤与骨头，小心取出鼠脑，并置于固定液 4℃静置过夜。次日，将样品置于含 0.01%（*W/V*）叠氮钠的 PBS 中 4℃保存，备用。

可需要透明化的标本，既可以是大块组织，如全脑、脊髓，也可以是一定厚度的组织切片，如 150 ～ 300μm 的振动切片、神经等。

（三）PACT 组织透明化的步骤

1. 组织 - 水凝胶基质聚合　用 0.01mol/L 的 PBS 清洗固定好的组织，以去除残留的固定液。根据组织大小，将样本置入 5～15ml 离心管中，加入 2 倍体积的 A4PO 水凝胶单体溶液，4℃静置孵育过夜。次日，直接将样品取出在 37℃的水浴或烤箱中孵育 4～5 小时。

2. 样本清洗与脱脂透明　弃掉水凝胶单体，用 PBS 多次充分清洗组织，以除去组织表面多余的水凝胶。根据样本的厚度、大小、动物年龄，将清洗好的组织放入 2%～8% 的 SDS 溶液中，37℃轻微摇晃。通常全脑组织需要若干天，150μm 的脑片需要数小时即可以达到肉眼可见的透明。用 PBS 充分清洗组织，除去多余的 SDS。

3. 透明后样本的保存与成像　经上述 SDS 脱脂处理的样本可以保存在含 0.01% 叠氮钠的 PBS 中，4℃存放以待进行后续成像。在成像前，将组织浸入适量 RIMS 溶液中（RI=1.46），以达到与折射率匹配。对于大块组织，如全脑，应提前一天浸入 RIMS 溶液，使溶液更好地渗入组织，达到与折射率匹配。之后即可利用共聚焦显微镜或双光子显微镜观察。成像后的组织可于 4℃保存在 PBS 中，如果有需要可以再次浸入适量 RIMS 溶液并成像。

四、结 果 判 读

1. 透明后的脑组织　经 PACT 方法处理后的脑组织明显变透明（图 2-2-1）。

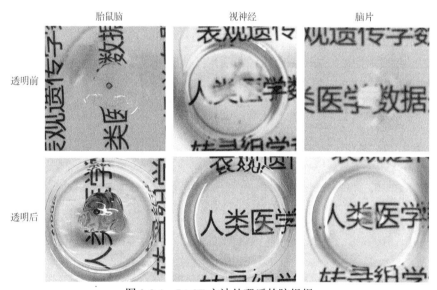

图 2-2-1　PACT 方法处理后的脑组织

2. 成像观察　见图 2-2-2。

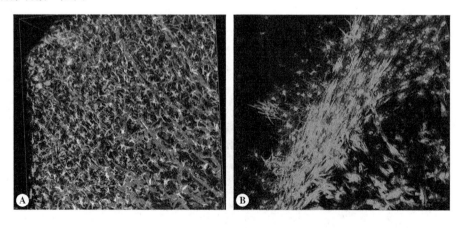

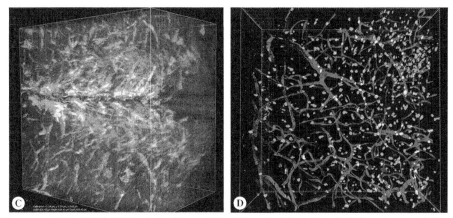

图 2-2-2 利用透明化的神经组织做特定荧光蛋白观察或免疫荧光化学染色的 3D 成像结果

A. P15 的脑组织切片（300μm）做小胶质细胞标记物 Iba1（绿色）染色和血管染料 Isolectin-B4（红色）的标记；B. P5 的脑组织切片（300μm）做髓鞘碱性蛋白 MBP（绿色）免疫荧光染色；C. e17.5 的少突胶质细胞 CNPase-mEGFP 转基因小鼠脊髓组织，动物注射染料 Isolectin-B4（红色）标记血管的成像结果；D. 7W 的血管 Tir2Cre^{ERT}-Tdtomato 转基因小鼠脑切片（200μm）做少突胶质细胞标记物 Olig2（绿色）免疫组化染色

五、注意事项

1. 经过 PACT 透明化处理的脑组织会变软，且发生一定程度的膨胀，特别是针对脑片，应注意全程轻柔操作。

2. PACT 方法对组织内源性荧光较好，整个操作过程不会造成明显的荧光猝灭，而且 PACT 方法处理的脑组织可以根据需要，对特定抗原开展进一步免疫荧光标记。通常在完成 SDS 的脱脂处理后即可按照常规的免疫荧光化学方法进行标记，需要根据组织厚度适当延长抗体孵育时间，如几百微米厚的脑片到胚胎全脑，需要 2 天到 1 周的时间。研究人员需要根据抗原的特性分别摸索。

3. 丙烯酰胺单体有毒，无论是配制的溶液还是废液处理，均要遵守实验室生物安全相关规定。

4. 观察透明化样品需要选择安装有与折射率匹配物镜的显微镜。如 PACT 方法处理的样品的折射率为 1.46，可以选择奥林巴斯 XLPLN10XSVMP 物镜（RI=1.33 ～ 1.52）观察样本。

（赵湘辉）

第三节　组织和细胞免疫化学染色

一、基本原理及实验目的

组织和细胞免疫化学染色技术，是将免疫学与组织化学或细胞化学相结合，利用抗原与抗体特异性结合的原理，通过化学反应使标记抗体的显色剂显色，从而确定组织或细胞内抗原（多肽和蛋白质）的定位、定性及定量。常用显色剂包括荧光素、酶、金属离子及同位素等。

根据标记物是否偶联在特异性第一抗体上，将免疫组织化学技术分为直接法和间接法。直接法是指将标记物（酶或荧光素）直接偶联在特异性第一抗体上，与组织细胞内相应的抗原进行特异性反应，形成抗原 - 抗体 - 酶或荧光素复合物，最后用酶底物显色形成有色沉淀，或直接利用荧光显微镜进行观察，进行抗原定位、定量研究。直接法的优点在于操作简便、特异性强；缺点是灵敏度低，对细胞或组织内含量少的抗原，难以检测到阳性结果。间接法是指将标记物（酶或荧光素）偶联在第二抗体上，与组织细胞内相应的抗原反应形成抗原＋第一抗体＋标记物（酶或荧光素）偶联的第二抗体复合物，然后进行显色。间接法在实验过程中需要依次向组织或细胞加入第一抗体和第二抗体，其优点是灵敏度增强，因为一个抗原可以结合多个抗体，而第二抗体具有放大抗原信号的作用。目前，组织和细胞免疫化学染色普遍使用间接法。

根据标记物的种类不同，可将免疫组织化学技术分为以下 4 种：第一，免疫酶组织化学法，使用酶作为标记物偶联在抗体上，再利用酶底物形成有色沉淀，光学显微镜下观察有色物质，进而对抗原进行定位、定量；第二，亲和免疫组织化学法，常采用生物素标记的第二抗体与结合有辣根过氧化物酶的链霉亲和素连接，来测定细胞及组织中的抗原；第三，免疫荧光组织化学法，采用荧光素标记已知抗体，在待测组织、细胞标本中形成带有荧光素的抗原抗体复合物，用荧光显微镜观察荧光素复合物，以达到对抗原的定位、定性和定量；第四，免疫金组织化学法，将胶体金颗粒标记在抗体上，制备成胶体金标记抗体，当特异性抗体与抗原结合后，形成抗原 + 胶体金标记抗体复合物，光镜或电镜下观察到的红色或黑褐色颗粒物，即为抗原抗体复合物，常用于免疫电镜术。

二、主要仪器设备、试剂及耗材

1. 仪器设备　切片机、普通冰箱、微波炉、玻璃染缸、镊子、光学显微镜、荧光显微镜等。

2. 试剂　第一抗体、第二抗体（不同标记）、ABC 试剂盒、DAB（diaminobezidin，3,3- 二氨基联苯胺）显色试剂盒、0.01mol/L PBS、3% H_2O_2、0.3% Triton X-100、0.01mol/L 枸橼酸缓冲液（pH 6.0）、0.1mol/L Tris-HCl 缓冲液、苏木精染液、100% 乙醇、90% 乙醇、80% 乙醇、二甲苯、中性树胶、抗猝灭荧光封片剂、50% 甘油 /PBS 封片剂等。

3. 耗材　载玻片、盖玻片、24 孔培养板、马克笔等。

三、操作步骤

（一）冷冻切片或漂片染色（以亲和素 - 生物素 - 过氧化物酶复合物法，即 ABC 法为例）

采用生物素标记的第二抗体与结合有辣根过氧化物酶的亲和素连接来测定细胞及组织中的抗原。辣根过氧化物酶与过氧化氢、3,3- 二氨基联苯胺（DAB）等底物混合时可形成有色沉淀。

1. 将保存于 -20℃ 冰箱的冷冻切片或储存于 50% 甘油 /PBS 的 24 孔培养板中的组织漂片从 -20℃ 冰箱取出，室温下晾干或复温 30 分钟，然后在玻璃染缸中（冷冻切片）或 24 孔培养板中（漂片）使用 0.01mol/L 的 PBS 在室温条件下漂洗切片 3 次，每次不少于 5 分钟。

2. 冷冻切片背面用吸水纸擦干，放入湿盒中，样品加入含 0.3% Triton X-100 的正常二抗宿主血清封闭液，室温下封闭 1 小时。

3. 吸弃封闭液，滴加以封闭液稀释的一抗，室温下摇床混合均匀后，4℃冰箱孵育过夜；阴性对照的切片不加一抗，加入等量体积的 0.01mol/L 的 PBS。

4. 次日将一抗孵育的切片从 4℃冰箱取出，在室温条件下复温 30 分钟，以 0.01mol/L 的 PBS 室温下漂洗 3 次，每次 5 分钟。

5. 滴加以 PBS 稀释的生物素标记第二抗体，在室温条件下孵育 2 小时，以 0.01mol/L 的 PBS 室温下漂洗 3 次，每次 5 分钟。

6. 滴加以 PBS 稀释的亲和素 - 辣根过氧化物酶（HRP）复合物，在室温条件下孵育 2 小时，以 0.01mol/L 的 PBS 室温下漂洗 3 次，每次 5 分钟。

7. 加入 DAB 显色液，显色 3 ～ 5 分钟，于显微镜下观察后终止显色反应，以 0.1mol/L 的 TB（Tris-HCl 缓冲液）在室温下漂洗 3 次，每次 5 分钟。

8. 将漂洗完的组织漂片裱于洁净载玻片上，室温条件下晾干过夜，以中性树胶封片，或使用苏木精复染细胞核 1～3 分钟，室温条件下晾干后以中性树胶封片。

（二）石蜡切片染色

1. 石蜡切片常规脱蜡至水，3% H_2O_2 室温孵育 10 分钟，封闭内源性过氧化氢酶后，使用 0.01mol/L 的 PBS 室温漂洗 3 次，每次不少于 5 分钟。

2. 抗原修复，组织切片放入 0.01mol/L 的枸橼酸缓冲液（pH 6.0），煮沸（微波炉，95℃，15～20 分钟），自然冷却 20 分钟以上。

3. 加入含 0.3% Triton X-100 的正常二抗宿主血清封闭液，室温下封闭 1 小时。

4. 后续步骤同前述 ABC 法的步骤 3～8。

（三）免疫荧光组织化学染色

采用荧光素标记的第二抗体，形成"抗原 + 第一抗体 + 荧光素标记的第二抗体"复合物，荧光显微镜下观察荧光素复合物，对抗原进行定位、定量。

1. 冷冻切片或漂片染色的预处理和一抗孵育过程同前述 ABC 法的步骤 1～4。石蜡切片脱蜡至水、抗原修复及封闭等过程同前述 ABC 法的步骤 1～3。

2. 滴加相应的一定稀释比例的荧光二抗，室温条件下避光孵育 2～4 小时。以下步骤均需避光。

3. 荧光显微镜下观察到带有荧光的阳性物质后，吸弃二抗，0.01mol/L 的 PBS 室温下漂洗 3 次，每次 5 分钟。

4. 细胞核衬染，以 DAPI 或者 Hoechst 稀释液衬染细胞核 10 分钟，0.01mol/L 的 PBS 室温下漂洗 3 次，每次 5 分钟，将漂洗完的组织漂片裱于洁净载玻片上。

5. 滴加抗猝灭荧光封片剂或 50% 甘油封片剂，盖玻片封片，即可在荧光显微镜下观察拍摄。

四、结 果 判 读

1. ABC 法　高质量的结果中（图 2-3-1），DAB 显色的阳性物质为呈棕色的颗粒，如果计数的切片染色同步进行，那么理论上标本中目的蛋白质含量越高，棕色颗粒数量越多，颜色越深。苏木精复染的细胞核，呈很淡的蓝色且边界清楚，切片背景干净，几乎呈白色。低质量的结果中 DAB 显色的阳性物质边界不清楚，与周围结构颜色对比度差，切片背景颜色深。

2. 免疫荧光染色法　高质量的结果中（图 2-3-2），荧光阳性物质颜色与周围结构对比度高，切片背景干净，几乎呈黑色。低质量的结果：荧光阳性物质颜色与周围结构对比度低，背景杂质多。

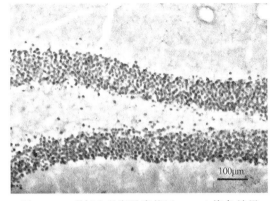

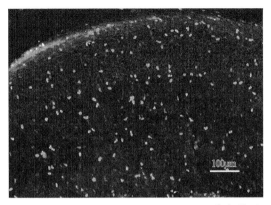

图 2-3-1　成年小鼠海马齿状回 prox-1 染色结果　　　图 2-3-2　6 日龄小鼠海马 CA1 区 BrdU 染色结果

五、注意事项

1. 在染色过程中保持切片湿润。

2. 一抗和二抗浓度在使用前根据说明书进行梯度摸索，确定合适浓度后再进行大量切片染色。

3. 加入荧光二抗后的所有步骤都需要避光，切片染色后尽快照相保存图片，在拍照间期，切片保存于 4℃冰箱。

4. DAB 显色液使用前应新鲜配制，每种抗原显色时间需要预先摸索。

5. 苏木精复染时间应尽量短，显微镜下能看见有很浅的蓝色核即可，复染颜色过深会遮盖 DAB 显色的阳性物质。

（肖新莉）

第四节　尼氏染色

一、基本原理及实验目的

尼氏染色法是由德国精神病学家和神经病理学家 Franna Nissl（1860～1919）于 1892 年创立并命名，主要用于石蜡或冷冻切片的神经元细胞质（简称胞质）中的尼氏体染色。尼氏体是神经元的特征性结构之一，位于神经细胞的细胞核周围，为呈嗜碱性染色的小体或微粒，由粗面内质网和核糖体组成，广泛存在于神经元的胞质和树突内，染色后呈蓝紫色。尼氏体大而数量多，说明神经细胞合成蛋白质的功能较强；如果在神经细胞受到损伤时，尼氏体的数量会减少。

二、主要仪器设备、试剂及耗材

1. 仪器设备　切片机、玻璃染缸、镊子、光学显微镜等。

2. 试剂　硫堇、甲苯胺蓝或焦油紫、70% 乙醇、0.9% NaCl 溶液、5% 石炭酸溶液、0.1mol/L 的 PBS 缓冲液、80% 乙醇、95% 乙醇、20% 乙醇、无水乙醇、二甲苯、中性树胶等。

3. 耗材　载玻片、盖玻片、24 孔培养板、马克笔等。

三、操作步骤

（一）神经细胞或组织取材、固定

见本章第一节。

（二）染液配制

1. 硫堇染液　0.25g 硫堇加入 25ml 70% 乙醇中溶解、离心、过滤后成 1% 硫堇醇溶液。

2. 甲苯胺蓝染液　0.25g 甲苯胺蓝加入 25ml 70% 乙醇中溶解、离心、过滤后成 1% 甲苯胺蓝醇溶液。使用前按 1∶1 比例与新鲜的 0.9% NaCl 溶液混合成工作液。

3. 焦油紫染液　焦油紫 1g 加入 5% 石炭酸溶液 80ml 和 95% 乙醇 20ml 中溶解、离心、过滤后成储备液。使用前取储备液 5ml，加入 20% 乙醇 95ml。

（三）尼氏体染色

1. 硫堇染色　石蜡切片常规脱蜡至水，入硫堇染液 5 分钟，95% 乙醇快速分化，光学显微镜观察可见尼氏体呈蓝色。经梯度乙醇脱水，二甲苯透明，中性树胶封片。冷冻切片或细胞爬片用 0.1mol/L 的 PBS 缓冲液洗 3 遍后，染色方法同石蜡切片。

2. 甲苯胺蓝染色　石蜡切片常规脱蜡至水，入甲苯胺蓝染液 30 分钟，蒸馏水洗 3 遍，80%

乙醇快速分化，光学显微镜观察尼氏体呈蓝色。梯度乙醇脱水、透明及封片步骤同上。冷冻切片或细胞爬片洗涤及染色步骤同上。

3. 焦油紫染色　石蜡切片常规脱蜡至水，入焦油紫染液 30 分钟，蒸馏水洗 3 遍，95% 乙醇快速分化，光学显微镜观察尼氏体呈紫蓝色。梯度乙醇脱水、透明及封片步骤同上。冷冻切片或细胞爬片洗涤及染色步骤同上。

4. 光学显微镜下观察　神经元尼氏体呈紫蓝色或深蓝色的颗粒状、斑块状，核仁呈蓝色，且边界清楚，细胞核呈浅蓝色且边界清楚，切片背景浅蓝色或无色。

5. 数据处理　光学显微镜下切片图像拍照后，人工计数或使用软件 Image-Pro plus 7.0 自动计数尼氏体着色呈蓝色颗粒状神经细胞的数目，根据实验需求进行统计处理。

四、结果判读

1. 高质量的尼氏染色结果　神经元尼氏体呈紫蓝色或深蓝色的颗粒状、斑块状，核仁呈蓝色，边界清楚，细胞核呈浅蓝色，边界清楚，切片背景几乎无色（图 2-4-1）。

2. 低质量的尼氏染色结果　尼氏体颗粒模糊，细胞核和核仁边界不清，切片背景颜色深。

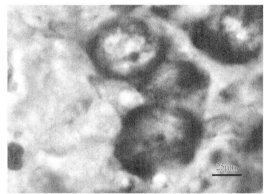

图 2-4-1　成年小鼠海马 CA3 区锥体细胞尼氏染色

五、注意事项

1. 染液最好使用前新鲜配制，现有商品化的尼氏染液，染色时间长短要进行预实验摸索。染色和分色可以重复进行，如果染色后镜下观察颜色较浅，可以再次加入染液。

2. 在染色过程中应保持切片湿润，防止组织干裂。

3. 染尼氏体的标本取材必须新鲜，固定亦应及时。

（肖新莉）

第五节　高尔基染色

一、基本原理及实验目的

神经元是神经系统结构与功能的基本单位。1873 年意大利著名神经组织学家、神经解剖学家和病理学家卡米洛·高尔基（Camillo Golgi）发现，用铬酸盐 - 硝酸银（铬酸银）溶液处理脑组织时，脑标本中部分神经组织会被染成深色，由于一些至今仍不为人知的原因，尽管只有少数神经元吸收铬酸银溶液，但染色剂会高效地被输送到神经元所有的轴突和树突，从而可以定性、定量地观察神经元的形态，称为高尔基染色（Golgi staining）。1891 年 Cox 等对高尔基染色法的固定液和染液进行改良，提高了神经元形态观察结果的可视性。1903 年西班牙神经解剖学家圣地亚哥·拉蒙·卡哈尔（Santiago Ramny Cajal）对高尔基染色进行了修改，可显示神经纤维的微细结构，获得了清晰的神经末梢图像。1906 年高尔基和卡哈尔由于他们在神经染色技术和应用此技术对神经科学理论研究的贡献，同时获得诺贝尔生理学或医学奖。

高尔基染色也称为 Golgi-Cox 浸染法（Golgi-Cox impregnation），是研究神经元形态最传统的方法，目前也是较有效方法之一。其主要原理是重铬酸钾与硝酸银发生化学反应，生成黑色的铬酸银沉淀。神经组织具有嗜银特性，铬酸银沉淀于神经元中，从而展示神经细胞形态。此方法可用于小鼠、大鼠、豚鼠等实验动物脑组织神经元的染色。

二、主要仪器设备、试剂及耗材

1. 仪器设备 无菌手术器械（外科剪刀、眼科剪、直镊、弯镊）、振动切片机（或冷冻切片机）、光学显微镜、成像系统、数字切片扫描仪、微量天平、烧杯、搅拌棒、容量瓶等。

2. 试剂 固定液、OCT 包埋剂、重铬酸钾、氯化汞、铬酸钾、NaH_2PO_4、Na_2HPO_4、NaCl、PBS、HBHS、蔗糖、PVP40、乙二醇、乙醇、二甲苯、3：1氨水、5% 硫代硫酸钠、明胶、1% 甲酚紫（可选）等。

3. 耗材 刀片、离心管、载玻片、盖玻片、玻片架、封片剂、透明指甲油、锡箔纸、一次性塑料模具、毛刷、玻璃缸等。

三、操 作 步 骤

（一）试剂准备

1. 组织浸渍液准备 配制 5% 的重铬酸钾、氯化汞、铬酸钾溶液各 300ml，即称取重铬酸钾、氯化汞、铬酸钾各 15g，分别溶于 300ml 双蒸水备用，以上 3 种溶液可在室温下避光长期保存。

量取上述 5% 的重铬酸钾 50ml 与 5% 氯化汞 50ml，将两者充分混合后，加入 5% 铬酸钾溶液 40ml 再次充分混合，再加入 100ml 双蒸水，充分混匀后备用。

混合溶液后，需要用铝箔覆盖瓶子，使用前在室温下避光静置沉淀至少 48 小时，以形成沉淀（轻拿轻放），该组织浸渍液有效期最多 1 个月。

2. 组织保护液准备 用微量天平称取 NaH_2PO_4（1.59g）、Na_2HPO_4（5.47g）、NaCl（9g），充分搅拌溶于 350ml 双蒸水，用双蒸水定容到 500ml。然后加入蔗糖（300g）、PVP40（10g）和乙二醇（300ml）后，充分搅拌溶解，用双蒸水定容到 1L。组织保护液配制完成后可于 4℃ 避光长期保存。

3. 组织显影液准备 每种液体各 300ml。组织显影液包括 50%、70%、95% 和 100% 系列乙醇，以及二甲苯、3：1氨水和 5% 硫代硫酸钠（$Na_2S_2O_3$）。3：1氨水制备为 NH_3 与 H_2O 以 3：1 混合；5% 硫代硫酸钠制备方法为将 15g 硫代硫酸钠溶解在 300ml 的双蒸水中，避光保存。以上溶液均为室温下保存，可重复使用，浑浊后应及时更换。

4. 载玻片明胶涂层制备 使用预涂明胶的成品载玻片可省略此步骤。

3% 明胶溶液制备：将 9g 明胶溶解在 300ml 双蒸水中（预先配制的明胶使用时要加热到 55℃）。载玻片彻底洗净，蒸馏水冲洗 3 次，晾干后放在玻片架上，浸入 3% 明胶 10 分钟，取出晾干（室温过夜），明胶的载玻片建议在 1 个月内使用完毕。

（二）实验动物（以 **C57/BL6J** 小鼠为例）灌注固定与脑组织浸渍

1. 实验动物的灌注固定、取材步骤参考本章第一节。脑组织于 4℃ 固定 24 小时，再以 PBS 清洗。如暂不染色切片，可将固定的脑组织于 4℃ 保存在含有叠氮化钠的 HBHS 中。

2. 取干净的 50ml 离心管（每只小鼠需要两个离心管），每管加入 15～20ml 组织浸渍液备用，抽取浸渍液时注意不要晃动，抽取上清液。

3. 提取小鼠全脑用刀片将全脑沿矢状方向一分为二。尽管大多数基于高尔基体的研究使用冠状切片，但当脑在矢状面切开时，神经元树突的树枝状结构可得到最好的保存和成像。

4. 将两个半脑分别放入两个装有浸渍液的 50ml 离心管，使其完全被浸渍液覆盖，室温下避光保存 24 小时。

5. 脑组织浸渍 24 小时后取干净的 50ml 离心管，每管加入组织浸渍液 15～20ml，转移脑组织至新的组织浸渍液，室温避光保存 7～10 天。

6. 浸渍完成后，取干净的 50ml 离心管，每管加入 10ml 的组织保护液备用。

7. 将脑组织转移至组织保护液管中，使其完全被组织保护液覆盖，4℃ 避光保存 24 小时。

8. 脑组织在保护液中浸泡 24 小时后，再取干净的 50ml 离心管，每管加入 10ml 组织保护液，将脑组织转移至新的组织保护液，4℃避光保存 4～7 天。

（三）切片制作

实验动物脑组织进行高尔基染色时，可采用冷冻切片、振动切片和石蜡切片。以振动切片为例说明切片步骤，其他切片方法参考本章第一节。

1. 配制 4% 琼脂糖。2g 琼脂糖加 50ml 双蒸水，微波炉加热溶解。

2. 取少量 4% 琼脂糖，倒入预先准备好的塑料包埋盒，在其完全冷却前，用塑料镊子将鼠脑放进模具，颅缝朝下，调整位置使其顶部先被包埋，将剩余琼脂糖倒入包埋盒，使脑组织完全被包埋，置 4℃冷却。冷却后切去模具以及周边多余的琼脂糖。

3. 切片开始前调试振动切片机，建议参数：60Hz，15mm/s。将组织块固定在样品台上，组织块周围充满组织保护液，用于保护切片截面。切片厚度根据实验需求确定，一般情况下，100～200μm 用于树突研究，50～100μm 用于树突棘研究。

4. 将切好的脑组织片用毛刷转移到预涂明胶的载玻片上，用吸水纸吸去脑片周围残存的保护液，用蘸有保护液的吸水纸轻铺在脑片上方，轻轻垂直下压，吸去脑片上多余的保护液。

5. 将贴有脑片的载玻片放在玻片架上，常温避光干燥 2～3 天。

（四）显色

1. 用蒸馏水清洗脑组织切片 2 次，每次 5 分钟。

2. 入 50% 乙醇，浸泡 5 分钟。

3. 入 3∶1 氨水，浸泡 8 分钟。

4. 用蒸馏水清洗 2 次，每次 5 分钟。

5. 入 5% 硫代硫酸钠溶液，避光浸泡 10 分钟。

6. 用蒸馏水清洗切片 2 次，每次 1 分钟。

7. 切片复染。用 1% 甲酚紫复染，溶液中保留 5 分钟。该步骤可选。

8. 切片过 70%、95% 和 100% 乙醇各 6 分钟。

9. 切片在二甲苯溶液中浸泡 6 分钟。在封片步骤之前，切片可在二甲苯中放置更长时间。

（五）封片

1. 封片时每次仅从二甲苯溶液中取出 2 个载玻片，应保持脑片间距约 1mm，达到半干状态，避免过于干燥。

2. 每个脑片加 5～10 滴封片剂，加盖洁净的盖玻片，有气泡时可通过轻压挤出。

3. 处理完所有切片以后，用中性树脂封片。

4. 水平放置玻片，避光保存 48 小时后可进行显微镜观察、拍照。

四、结果判读

高尔基染色可将神经元的轴突或树突染成黑色，使树突棘可视化，是研究神经元和胶质细胞形态最有效的方法之一，背景呈灰色或者棕黄色。

高尔基染色主要反映树突的形态（dendritic morphology）和树突复杂性（dendritic complexity）。树突的形态变化有树突变细或变粗、长度缩短或变长，以及网状交织区轴突变稀疏或密集或肿胀、断裂等（图 2-5-1）。树突复杂性统计数据有树突分支

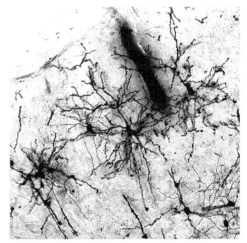

图 2-5-1　小鼠脑神经元高尔基染色（100×）

数（number of dendritic branch）、树突长度（dendritic length）、树突棘密度（density of dendritic spine）、树突分支点数（dendritic branch point）等。使用 NIH 研发的公共图像处理软件 Image J 可以分析上述指标。

五、注意事项

1. 高尔基染色法切片制作时可以用石蜡切片、冷冻切片和振动切片，其优缺点如下。

（1）振动切片显示大脑皮质神经元的分层效果最好，层次清晰，神经元数量多，锥体细胞轴突、树突和星形胶质细胞显示完整，树突棘丰富；切片厚度可以达 200μm 以上，而且厚切片层次更清晰。振动切片由于组织较厚，背景更加清晰，高尔基染色后可以延长低浓度乙醇溶液的脱水时间，减少高浓度乙醇溶液的脱水时间，封片时由于切片较厚，须增加中性树胶量才能将脑组织封固。

（2）石蜡切片染色背景干净，但是受普通轮转切片机最大切片厚度 60μm 的限制，锥体细胞的轴突、树突及星形胶质细胞显示不完整，树突棘很难显示。

（3）冷冻切片最大切片厚度为 100μm，锥体细胞轴突、树突及星形胶质细胞显示较完整，但树突棘稀疏。石蜡切片和冷冻切片要经过脱水等过程，耗时较长，程序相对振动切片复杂。

2. 切片机使用过的组织保护液可用滤纸过滤后回收，应注意这种回收的保护液只能用于切片保护，不可用于前期的组织保护。

3. 高尔基染色也可使用商业化的试剂盒，如快速染色的 Hito Golgi-Cox Optim Stain Kit，其操作流程环节简便，节省时间。

（阎春霞）

第六节　原位杂交技术

一、基本原理及实验目的

利用同位素或生物素等标记核酸分子单链探针，经过碱基序列互补原则，与待测样品中的靶核酸分子互补配对，结合成专一的核酸杂交分子，并采用放射性自显影或者非放射性检测体系，观察特定基因在细胞、组织中的定位及相对定量特征。本节以地高辛 DIG 标记的 RNA 探针为例，介绍碱性磷酸酶 -NBT/BCIP 及过氧化物酶 - 荧光素两种显色体系的原位杂交技术。

二、主要仪器设备、试剂及耗材

1. 仪器设备　冷冻切片机、烤箱、加热器、湿盒、移液器、RNA 生物安全柜、孵育箱、染色缸等。

2. 试剂　DIG 标记 RNA 探针、甲酰胺、原位杂交封闭试剂、10% 绵羊血清、SSC 储存液、DEPC、NaH_2PO_4、Na_2HPO_4、EDTA、SDS、聚乙烯醇（PVA）、NBT、BCIP、Heparin、Denhardt 缓冲液、异源核酸、马来酸、硫酸葡聚糖、柠檬酸三钠（$C_6H_5Na_3O_7 \cdot 2H_2O$）、NaCl、$MgCl_2$、Tris-HCl、Tween-20、二甲基甲酰胺（DMF）、PFA、DMEM、二甲苯、医用乙醇、原位杂交封闭试剂、TSA（酪胺信号放大）试剂盒等。

3. 耗材　无 RNA 酶枪头、载玻片、盖玻片等。

三、操作步骤

（一）用品处理及试剂准备

1. 盖玻片处理　将盖玻片放入烧杯予以铝箔纸封口，置入烤箱以 200℃烘烤 8 小时，当烤箱温度恢复室温后取出烧杯，放入无 RNA 酶用品专区。此处理可使盖玻片达到灭菌及消除 RNA 酶的效果。

2. 原位杂交所需液体的配制

（1）原位杂交缓冲液：1×SSC、50% 甲酰胺、1×Denhardt 缓冲液、0.1mg/ml 异源核酸、10% 硫酸葡聚糖。

（2）原位杂交洗涤缓冲液：1×SSC、50% 甲酰胺、0.1% Tween-20（V/V）。

（3）MABT：100nmol/L 马来酸、150mmol/L NaCl、0.1% Tween-20，调制 pH 为 7.5。

（4）原位杂交封闭缓冲液：MABT、2% 原位杂交封闭试剂、10% 绵羊血清。

（5）20×SSC：175g 的 3mol/L NaCl 和 88 g 的 0.3mol/L $C_6H_5Na_3O_7 \cdot 2H_2O$，DEPC 水添加至 1L，以 1mol/L Tris-HCl 调制 pH 到 7.0。

（6）预发育液配方：见表 2-6-1。

表 2-6-1 预发育液配方

预发育液终浓度	加液量	储存浓度
100mmol/L Tris pH 9.5	5ml	1mol/L Tris pH 9.5
100mmol/L NaCl	1ml	5mol/L NaCl
50mmol/L $MgCl_2$	2.5ml	1mol/L $MgCl_2$
0.1% Tween-20	500μl	10% Tween-20
去离子水	添加至 50ml	

（7）终发育液配方：见表 2-6-2。

表 2-6-2 终发育液配方

终发育液终浓度	加液量	储存浓度
100mmol/L Tris pH 9.5	5ml	1mol/L Tris pH 9.5
100mmol/L NaCl	1ml	5mol/L NaCl
50mmol/L $MgCl_2$	2.5ml	1mol/L $MgCl_2$
0.1% Tween-20	500μl	10% Tween-20
5% PVA	25ml	10% PVA
0.1mmol/L NBT	50μl	1mol/L NBT（100mg/ml）
0.1mmol/L BCIP	50μl	1mol/L BCIP（50mg/ml）
去离子水	添加至 50ml	

（8）10% PVA 配制：预热去离子水 400ml 至 65℃，将 50g PVA 缓慢加入预热去离子水中，并放入搅拌子充分搅拌直至完全溶解。10% PVA 应在实验前 1 周配制完成。

（9）1mol/L NBT 配制：NBT 100mg 溶入 1ml 的 70% DMEM 中，分装后于 -20℃ 下储存。

（10）1mol/L BCIP 配制：BCIP 50mg 溶入 1ml 的 100% DMF 中，分装后于 -20℃ 下储存。

（二）碱性磷酸酶（AP）-NBT/BCIP 显色方法

1. 组织固定　采用 DEPC 水配制 4% PFA 固定液，经心脏灌注固定所需样本，取出组织后继续放入 4% PFA 固定液中 4℃ 后固定 24 小时。将组织移入 DEPC 水配制的 20% 蔗糖溶液，在组织脱水沉底后，采用 OCT 包埋，将组织速冻并放入 -80℃ 低温冰箱储存。

2. DIG 标记目标基因 RNA 探针　候选基因 cDNA 的纯化质粒克隆。将 10μg cDNA 加入特定限制性内切酶，用无 RNA 酶水添加到 50μl，在 37℃ 水浴中孵育 1 小时，使其线性化;配制 1%

琼脂糖胶，将 EB 加入 50μl DNA 模板，经 200V 电压，电泳 15 分钟，利用 DNA Marker 确定线性化 DNA 的位置，切取琼脂糖凝胶显示出目的线性化 DNA 的条带；提纯 DNA：采用琼脂糖凝胶 DNA 提取试剂盒，按照说明书操作；DIG 标记目的基因 RNA 片段：采用 DIG-11-UTP 试剂盒进行 RNA 体外转录并添加 DIG 标签，按其说明书步骤，将转录得到的 RNA 探针标记上 DIG。

3. 杂交流程 杂交反应的基础成分为杂交探针、Denhardt 缓冲液、异源核酸、甲酰胺、硫酸葡聚糖、盐离子等。杂交过程需 3 天完成，详细步骤如下。

第 1 天，制作 20μm 厚度的冷冻切片，放在有盖容器中室温干燥 2 小时以上。预热原位杂交缓冲液，以 1 ∶ 1000 比例稀释 RNA（地高辛标记）探针，探针混匀后置于 95℃加热器变性 15 分钟，并迅速置于冰上冷却 5 分钟，使 RNA 探针局部双螺旋打开，形成线性 RNA 探针。每张组织片上加 350μl RNA 探针杂交稀释液，盖上无 RNA 酶盖玻片，放入湿盒。湿盒底部中加入 65℃原位杂交洗涤缓冲液，密封湿盒边缘放入 65℃烤箱过夜。

第 2 天，将组织片从烤箱取出，去掉盖玻片后，放入事先预热的 65℃原位杂交洗涤缓冲液中清洗 2 次，每次 30 分钟。将组织片移入常温 MABT 中清洗 3 次，每次 10 分钟。组织片上加 200μl 原位杂交封闭液，放置于湿盒，室温孵育 1 小时。倾倒封闭液，在组织片上加 200μl 过氧化物酶共轭抗地高辛（AP-α-DIG）抗体（以 1 ∶ 1000 比例采用原位杂交封闭液稀释抗体），放置于湿盒，4℃孵育过夜。

第 3 天，用 MABT 清洗组织片 3 次，每次 10 分钟。将组织片浸入预发育液 10 分钟。组织片移入终发育液，置于 37℃孵育箱，避光孵育 2 ~ 8 小时。其间可以镜检观察，蓝色显色明显后，用自来水冲洗终止反应。将组织片分别放入梯度乙醇（30%、50%、70%、90%、2×100%）中各 30 秒进行脱水，置入二甲苯中 2 次，每次 2 分钟进行透明，并采用中性树脂封片。

（三）过氧化物酶（POD）- 荧光素 TSA 显色方法

杂交过程分为 3 天。第 1 天，各项操作同前述 AP-NBT/BCIP 显色方法。

第 2 天，将组织片从烤箱取出，去掉盖玻片后，放入事先预热的 65℃ 原位杂交洗涤缓冲液（Wash Buffer）中清洗 2 次，每次 30 分钟。将组织片移入常温 MABT 中清洗 3 次，每次 10 分钟。组织片上加 200μl 原位杂交封闭液，放置于湿盒，室温孵育 1 小时。倾倒原位杂交封闭液，在组织片上加 200μl 过氧化物酶共轭抗地高辛（POD-α-DIG）抗体（以 1 ∶ 500 比例采用原位杂交封闭液稀释抗体），放置于湿盒，4℃孵育过夜。

第 3 天，将湿盒置于室温环境复温 1 小时，用 PBS 清洗组织片 3 次，每次 10 分钟。采用 Tyramide（TSA）试剂以 1 ∶ 50 稀释荧光素（Fluorescein、Rhodamine、Cyanine 3、Cyanine 5，根据显色需要选择），将 50μl 荧光素 TSA 混合液加到组织片上，放入湿盒避光孵育 2 小时。用 PBS 清洗组织片 3 次，每次 10 分钟。添加 200μl Hoechst 工作液到组织片上衬染细胞核，避光孵育 15 分钟。用 PBS 清洗组织片 3 次，每次 5 分钟。采用荧光素封片剂封片，封好的组织片室温避光静置 1 小时后放置于 4℃环境避光保存。

四、结 果 判 读

1. AP-NBT/BCIP 显色方法，该方法质量的好坏主要在于染色背景是否干净。高质量结果的背景应显示为浅蓝色，靶基因阳性信号显色为深蓝色，而且被标记的阳性细胞大小较均匀，分布特异。图 2-6-1 为 2 月龄 C57BL/6 小鼠经脂多糖腹腔注射后 *Lcn2* 基因在海马及脉脉体的散在表达。

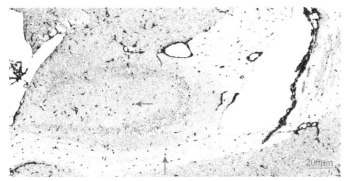

图 2-6-1 RNA 探针原位杂交的 AP-NBT/BCIP 显色

红色箭头为海马、胼胝体等区域的阳性细胞

2. POD- 荧光素显色方法质量的好坏主要在于荧光是否明显，该方法中被标记的阳性细胞显色形态较均一，分布特异。荧光显示的靶基因分布于细胞核与胞质中，表现为大小不等的密集点状物。图 2-6-2 为正常 3 月龄 C57BL/6 小鼠 *Pcdh17it* 基因在胼胝体区的散在表达（采用 TSA 试剂稀释 Cyanine 3，产生红色荧光）。

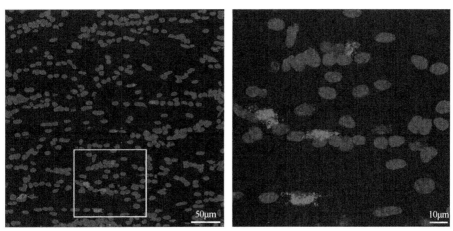

图 2-6-2 RNA 探针原位杂交的 POD- 荧光素 TSA 显色

Pcdh17it（红色荧光）在 C57BL/6 小鼠胼胝体中的表达

五、注意事项

1. RNA 探针的杂交效率较 DNA 探针高，形成的杂交体也更稳定，但是易受到 RNA 酶的污染而造成降解，故杂交所用物品要事先处理 RNA 酶。在探针杂交完成以后的步骤中，将不必特意处理 RNA 酶。

2. 组织固定液要用 DEPC 水配制，以减少 RNA 酶对灌注组织中靶基因的降解。组织固定液采用多聚甲醛，与其他醛类固定剂相比，其不容易与蛋白质产生交联，便于探针进入细胞或组织。

3. 实验所用的玻璃器皿、玻片及镊子都应于实验前事先高温烘烤，在 200℃烘烤 8 小时。杂交所用的液体均需高压消毒处理后再使用。在整个杂交前处理过程中均需要戴手套操作。

4. 事先预热杂交液至 65℃，再将探针与其充分混合。混合探针、杂交液于 85℃放置 15 分钟可使探针变性。

5. 利用 TSA 放大荧光信号时，要通过预实验确定不同目的基因的显色最佳时间，确定荧光素与 TSA 复合物的孵育时间。

（安　晶）

第七节 免疫电镜术

一、基本原理及实验目的

透射电子显微镜（简称透射电镜）是利用电子束穿透样品，经电磁透镜多级放大后成像于荧光屏而发挥作用的，它与光学显微镜的成像原理基本一致，所不同的是用电子束作光源，用电磁场作透镜。由于电子束的穿透力很弱，因此用于电镜的标本须制成厚度为 50～100nm 的超薄切片，透射电镜主要用于观察组织和细胞的超微结构特点及其病理变化。

免疫电镜术（immunoelectron microscopy，IEM），也称为电镜免疫标记技术，即运用免疫组织化学的基本原理，利用电子显微镜在超微水平上定位、定性及半定量抗原的技术方法。该方法为精确定位各种抗原的存在部位、研究细胞结构与功能的关系及其在病理情况下所发生的变化提供了有效的手段。细胞内超微结构的免疫标记技术可以分为两类，即包埋前标记和包埋后标记，本节主要介绍包埋前标记技术。标记方法包括纳米金（1.4nm）- 银加强标记技术和 DAB 标记技术，二者在电镜下的反应产物形态不同，因此也可用于做双标记。

二、主要仪器设备、试剂及耗材

1. 仪器设备 振动切片机、光学显微镜、超薄切片机、钻石刀、JEM-1230 电子显微镜、数码相机等。

2. 试剂 多聚甲醛、戊二醛、四氧化锇（锇酸）、乙酸双氧铀、0.1mol/L PB、0.01mol/L PBS、1.4nm 金标记 IgG、HQ 银加强试剂盒等。

3. 耗材 玻璃条(不含杂质和气泡的硬质玻璃，含硅量在72%以上，厚度为4.0～6.5mm)、刀片、载网、剪刀、注射器、棉签、马克笔等。

三、透射电镜生物样品制备操作步骤

透射电镜生物样品制备包括：取材、固定、漂洗、脱水、浸透、包埋、超薄切片、染色及电镜观察、图像采集和图像分析等步骤。以小鼠脑组织样品制备为例详述操作过程。

（一）相关溶液配制

1. 0.1mol/L PB Na_2HPO_4 29.01g/L 及 NaH_2PO_4 2.963g/L，pH 7.2～7.4。

2. 2%～4% 戊二醛 灌注固定液，2% 多聚甲醛和 2% 戊二醛混合液，用 0.1mol/L PB 配制。

3. 四氧化锇固定液 用去离子水配制成 20g/L 储存液，避光 4℃ 保存。使用前加等量 0.2mol/L PB，配制成 10g/L 四氧化锇固定液。

4. 包埋剂 配方见表 2-7-1。

表 2-7-1 包埋剂配方

成分	软	中	硬
Embed 812（环氧树脂）	46ml	48ml	50ml
DDSA（增塑剂）	30ml	24ml	15ml
NMA（硬化剂）	24ml	28ml	35ml
DMP-30（加速剂）	1.5ml	1.5ml	1.5ml

5. 乙酸双氧铀染液 0.2～0.3g 的乙酸双氧铀溶解于 10ml 的双蒸水，pH 约为 4.2，静置 1～2 天后使用，并避光保存。

6. 铅盐染色剂　硝酸铅 1g、醋酸铅 1g、枸橼酸铅 1g 和枸橼酸钠 2g 加入 82ml 双蒸水中振荡呈乳白色浑浊液，再滴入 4% NaOH 18ml，使其呈清澈透明液体，pH 约为 12，避光储存。

（二）灌注固定及取材

将小鼠麻醉后采用经心脏灌注固定，具体步骤参考本章第一节。取出的脑组织放入灌注固定液中 4℃固定 3 小时。应用振动切片机或脑组织分割器将脑组织切成薄片，切片方式与厚度根据实验部位要求确定。脑组织切片放在新鲜固定液 4℃固定过夜。

（三）样品漂洗及四氧化锇后固定

以下过程均在室温下进行。先用 0.1mol/L PB 清洗 5 次，每次 5 分钟，再用去离子水清洗 3～5 次，每次 5 分钟，然后用 10g/L 四氧化锇溶液在通风橱内固定 2 小时。去离子水清洗 5～10 次，每次 3～5 分钟。

（四）样品梯度脱水、包埋聚合

梯度乙醇脱水，30%、50%、70%、85%、95%、100%（3 次），每个梯度 10～15 分钟。100% 丙酮 3 次，每次 10 分钟。丙酮 - 包埋剂（1∶1）浸透 1 小时，纯包埋剂室温下过夜后进行平板包埋，将组织片放到大小合适的胶片上，再加入适量包埋剂，用另一胶片由一端至另一端小心覆盖，避免气泡产生，放入 60℃烤箱聚合 24 小时。

（五）超薄切片及染色

包埋剂聚合后，将上、下两层胶片小心揭去，取中间含有组织片的环氧树脂层在显微镜下观察，选取需要的部位用刀片刻下约 1mm×1mm 的部分贴在空白的树脂块上，将表面修成利于超薄切片的梯形后，固定在超薄切片机上，并用玻璃刀或钻石刀进行超薄切片。因超薄切片的切面及观察的区域较少，对于需要观察特定部位的组织必须做半薄切片，目的是在光镜下进行比较观察并定出需要的部位。

在做半薄切片时，修整包埋块需做记号（如去掉一角），半薄切片一般用玻璃刀切，切片厚度一般为 0.5～2μm。半薄切片染色常用甲苯胺蓝染液，用 0.1mol/L PB 配制成 5g/L 溶液，滴在半薄切片上，边加热边染色（但液体不能干），约 3 分钟后用自来水洗去多余染液，再用双蒸水清洗，烘干后在光镜下选择要观察的区域。

超薄切片机一般由专业操作人员进行切片。需要注意的事项包括：第一，刀要和样品对准，以防伤刀；第二，样品厚度的判断，超薄切片厚度一般为 60～100nm，一般利用反射光的干涉色来判断切片厚度，目前认为介乎灰色和银白色的切片厚度比较理想（图 2-7-1）；第三，要注意切片的展平和捞取，由于切片较薄，挤压容易使切片发生皱褶，所以切片不能太多；最后将切片捞在铜网上，进行乙酸双氧铀和柠檬酸铅染色，分别需 7～10 分钟，切片常温保存于样品盒中，等待上机观察。

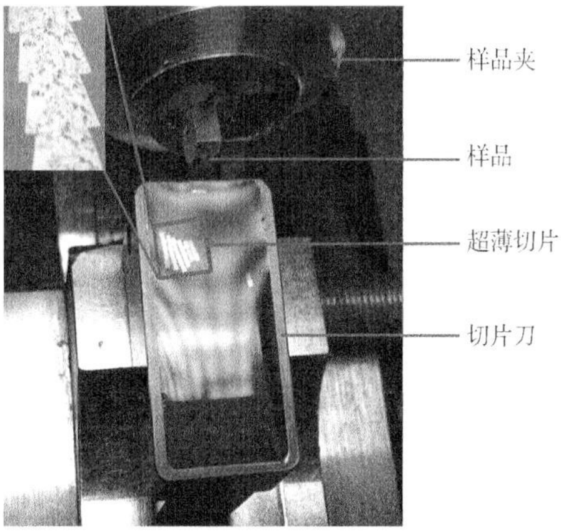

图 2-7-1　超薄切片示意图

样品夹
样品
超薄切片
切片刀

（六）结果判读

对于认识中枢神经系统的超微结构，参考相关书目。图 2-7-2 为神经元及少突胶质细胞结构。

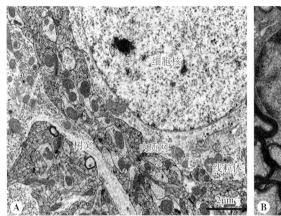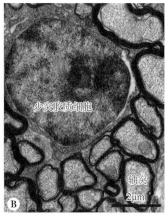

图 2-7-2　神经组织透射电镜图

A. 神经元；B. 少突胶质细胞和髓鞘结构

在透射电镜样品观察中常出现如固定不良（图 2-7-3A）、制样过程中漂洗不彻底产生锇黑（图 2-7-3B）、铅铀染色造成的超薄切片污染、刀痕和颤痕等问题，均影响结果的判读。

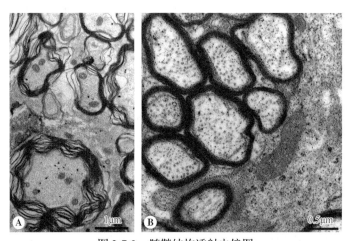

图 2-7-3　髓鞘结构透射电镜图

A. 组织固定不良，髓鞘结构破坏；B. 漂洗不彻底，切片污染

（七）注意事项

1. 取材遵循快、冷、利、准、小原则，即取材速度要快、固定液提前预冷（4℃）、取材刀片锋利、取材部位准确，取材大小以 1mm³ 或 1mm×1mm×2mm 为宜。不同组织细胞取材方法不同，如神经组织比较软，需要灌注固定并配合解剖学标志和脑图谱取材；上皮组织要注意定位和定向问题；肌肉组织取材需要注意横纵方向。培养细胞时应用胰蛋白酶消化后，1000 ～ 1500r/min，离心 10 ～ 15 分钟，去上清液并沿管壁加入固定液，4℃静置 2 小时，用针尖挑起，使其充分固定。但培养神经元时离心不超过 800r/min，10 分钟。

2. 漂洗的目的就是把组织内残余的固定剂去除，漂洗虽然操作简单，但也十分关键。如果样品漂洗不充分，会引起各种不良影响，如醛类漂洗不干净，会影响四氧化锇的固定作用，而四氧化锇漂洗不彻底，可与脱水剂发生化学反应。漂洗时间一般为 0.5 ～ 1 小时或 4℃过夜。在 0.1mol/L PB 漂洗后，脱水前一步也可用去离子水洗 2 ～ 3 次，以去除残留的四氧化锇，但组织不能在去离子水中停留时间过长。

3. 脱水是置换出组织块中的水分，脱水剂既能与水混合，又能与包埋剂混合，以保证包埋过程中包埋剂能够渗透进组织。脱水时间可以根据样品大小微调，如组织块稍大，可加长无水乙醇脱水时间。包埋的目的是利用包埋剂取代组织中的水分，使包埋剂填充到组织间隙，经加热后使组织与包埋剂聚合后形成一个聚合体，并具有一定的切割机械性能，有利于超薄切片。通常可以根据组织样品大小和形状来确定包埋形式，如果是块状组织，可将组织挑到树脂块模具内包埋；如果是片状组织，可以进行平板包埋。需根据时节和空气湿度适当调整包埋剂配方，如夏天和多雨天可适当加强包埋剂硬度。

四、免疫电镜样品制备操作步骤

（一）免疫电镜样品制备

细胞或组织内部蛋白质的包埋前标记通常可分为以下几个步骤：灌注固定、取材、破膜、免疫反应、后固定和平板包埋。以大鼠脑干组织双标记技术为例，详述操作过程如下。

1. 灌注固定和取材　将 150ml 生理盐水经心脏灌注，随后灌注 500ml 固定液（含有 4% 多聚甲醛和 0.05% 戊二醛的混合液），灌注固定时间为 1 小时，取出大鼠脑干后置于上述固定液中固定 2～4 小时。应用 VT1000S 振动切片机切片，片厚 45μm。

2. 破膜和免疫反应　切片经 PBS 清洗后，将切片浸入含有 5% BSA 和 0.05%Triton X-100 的封闭液中室温封闭 3 小时。切片经 PBS 清洗后，将两种不同种属来源的一抗（如兔源和鼠源抗体）混合加入，室温孵育 24 小时。PBS 清洗后，加相应种属的二抗：纳米金二抗（1∶100）和 HRP二抗（1∶300），室温孵育过夜，抗体稀释液为含 1% BSA 和 0.05% Triton X-100 的 PBS 溶液。清洗 15 分钟，切片置于 2% 戊二醛中固定 45 分钟，PBS 清洗 5～10 次，去离子水清洗 10 次以上，避光条件下，应用 HQ 银加强试剂盒显色 10～15 分钟，用冷的去离子水终止反应，清洗 10 次左右，将切片浸入 PBS 中，进行 DAB 显色 15～20 分钟，清洗 10 次左右。0.01mol/L PBS：NaCl 8g/L、KCl 0.2 g/L、Na_2HPO_4 2.94 g/L、NaH_2PO_4 0.295 g/L，pH 7.2～7.4。

3. 后固定和平板包埋　将切片浸入 0.5% 四氧化锇中固定 2 小时，0.1mol/L PB 清洗后，50%～100% 乙醇梯度脱水、浸透、平板包埋，60℃聚合 24 小时。在光镜下选取阳性神经元部位，贴于空白包埋块上，应用 EM UC6 超薄切片机进行超薄切片，经铀和铅染色（同透射电镜生物样品制备步骤）。

（二）结果判读

应用电子显微镜观察切片，Gatan 数码相机进行图像采集和图像分析（图 2-7-4）。

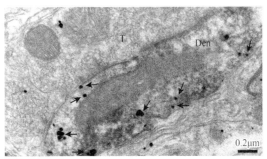

图 2-7-4　免疫电镜双标记

纳米金 - 银加强颗粒（↑），免疫过氧化物酶产物（*）。T：轴突终末；Den：树突

（三）注意事项

1. 固定液为 4% 多聚甲醛和 0.05% 戊二醛混合固定液，4℃后固定 2 小时以上，进行振动切片。如果组织较软，可适当加长后固定时间。切片厚度根据组织情况而定，一般大鼠脑组织为

35 ~ 50μm。将切片置于漂片盒中，0.01mol/L PBS 缓冲液漂洗固定液，可放摇床上，换液 8 ~ 10 次，共 30 分钟。

2. 破膜通常用 Triton X-100，其对于蛋白质的结构和生物活性影响很小，而对细胞膜的结构影响很大，很低的浓度就能有效地去除细胞膜中的脂质，常用浓度是 0.05%。一抗的浓度通常是根据免疫组化或免疫荧光结果来确定的，做免疫电镜双标记前，建议先摸索抗体单标记反应浓度和条件，找到两种抗体的最佳反应条件，再进行免疫双标记。一般目的蛋白质选择纳米金标记，在每一步骤之间，均需用 0.01mol/L PBS 缓冲液漂洗 3 ~ 5 次，每次 3 ~ 5 分钟，尤其是一抗和二抗之间，要漂洗彻底。

3. 银加强前先用 2% 戊二醛固定 45 分钟，以助于固定纳米金颗粒，再用 0.01mol/L PBS 缓冲液漂洗数次，洗去残留的戊二醛。准备干净的容器，用去离子水将切片彻底洗净，组织片在超纯水中的时间不宜过长，否则组织片变形严重，一般换液 8 ~ 10 次。应用银加强显色试剂盒（HQ Silver Kit）避光显色，银加强试剂按照说明书混合均匀（要求现用现配），吸干去离子水，加入银加强混合液，避光反应至切片呈焦黄色（约 10 分钟）。DAB 显色液（1mg DAB+2μl H_2O_2+5ml PBS）要充足，显色时间通常为 15 ~ 20 分钟，可根据免疫组化显色时间调整。

4. 四氧化锇固定前，用去离子水快速清洗 3 次，将切片展平后再加入 0.5% 四氧化锇，如果液体颜色变成紫或黑色，要迅速吸出，重新清洗切片后，再加入四氧化锇。固定结束后，0.1mol/L PB 缓冲液漂洗 6 次，每次 5 分钟，再用去离子水快速清洗 3 ~ 5 次，进行梯度脱水。组织片在四氧化锇中会变硬变脆，所以在加入四氧化锇之前最好将片子展平，避免弯曲、折叠，之后的步骤中也要注意不要将组织片弄碎或折断。

（亢君君）

第八节　Image J 分析软件的应用

一、Image J 软件简介

Image J 是由美国国立卫生研究院（National Institutes of Health，NIH）基于 Java 开发出的一款功能强大的图像处理软件，在科研中应用极为广泛，2021 年被 *Nature* 杂志评为十大影响科学的代码之一，是研究人员必备的重要科研工具。

Image J 为永久开源软件，可通过官方网站免费下载和使用所有功能。经过全球科研人员多年的努力完善，目前已经开发出了众多针对不同需求的插件，可以直接安装调用。Image J 目前官方命名为 Fiji，源于"Fiji is just Image J"的首字母，它自动包含了多种实用插件，而 Image J 需要手动安装插件。Fiji 下载后不需要安装，解压后即可使用。

Image J 功能强大，其用于图像分析的基本功能包括荧光照片的合并、分割，以及比例尺的批量添加、图像基本信息的获取、图片序列转 GIF 和视频、快速区域选取、明场图片白平衡、角度测量、背景校正、自动图片拼接、图像标注、nCoV 电镜图像上色、轴向光照不均校正、添加伪彩色与 Calibration bar、视频的剪辑与制作、荧光比率图制作等。本节以荧光图像的平均荧光强度分析、共定位分析为例，介绍 Image J 的使用方法。

二、Image J 平均荧光强度分析方法

免疫荧光染色的结果不仅可以做形态学分析，还可以通过检测平均荧光强度，从而对特异性蛋白质表达进行半定量分析。对于单通道（单色）荧光图片，每个像素的灰度值代表了该点的荧光强度大小，特定区域的平均荧光强度（mean fluorescence intensity）等于该区域荧光强度总和除以该区域面积。下面通过一张荧光显微镜照片，实例介绍如何利用 Image J 进行平均荧光

强度的检测。

（一）测量前图片的处理

1. 打开 Fiji，点击"File—Open"选择待分析的荧光图像（图 2-8-1）。

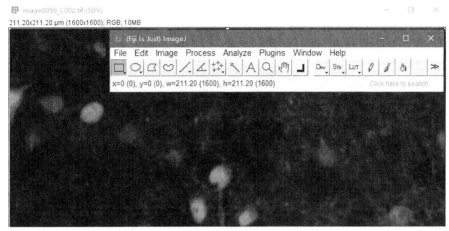

图 2-8-1 打开待分析的荧光图像

2. 打开图像后，点击"Image—Color—Split Channels"提取出单一通道。如果图像储存时为 RGB 格式，"Split Channels"命令会分割出红、绿、蓝 3 个通道。图 2-8-1 中荧光为绿色，后续需要对分离出的绿色通道进行操作（图 2-8-2）。如果图像是 16bit 或者 8bit，可以直接通过"Image—Adjust—Threshold"进行操作。

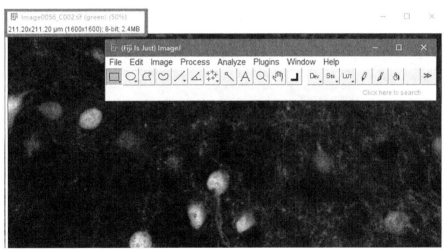

图 2-8-2 提取出绿色荧光通道

3. 通过"Image—Adjust—Threshold"命令调整阈值，去除非必要的背景信号。此处可通过拖拽滑动条或在右方输入具体数值来调整阈值，也可点击左下方的"Auto"按钮让软件自动选取一个默认值（图 2-8-3）。为了消除不同图像因为手动选取阈值造成的误差，最好使用统一默认的阈值。如果仅需要对图像中某一部分区域进行分析，可先使用 Fiji 的选区工具（包括矩形、圆形、多边形、自由选区工具等）先进行选择后，再调整阈值。

需要注意，在 Threshold 下方提供了更多功能设置。不同 Threshold 算法会带来不同的结果，如果默认算法"Default"设定的阈值不符合要求，需要重新选择合适的算法。务必选择"Red"来表征选中区域。荧光图片的背景通常是黑的，所以需要勾选"Dark background"选项。如果图像中有比例尺，则必须调节"Threshold"，或者选中比例尺的区域通过"Edit—Fill"命令填充颜色从而去掉比例尺，否则会对图像分析结果造成影响。

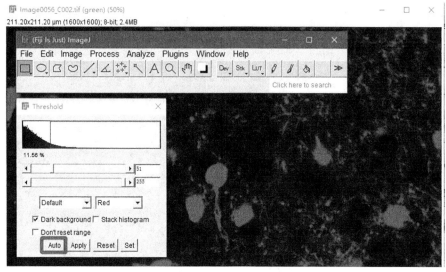

图 2-8-3　Threshold 命令调整图像阈值

也可以通过"Image—Adjust—Auto Threshold"选择合适的阈值算法，方法中选择"Tryall"，确定后会列出所有算法设定的阈值，根据结果判断选择合适的算法即可（图 2-8-4）。

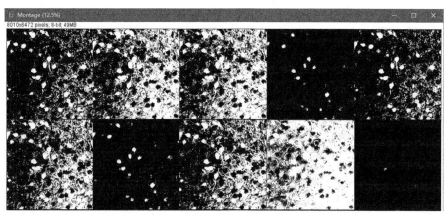

图 2-8-4　所有阈值算法的典型图像处理结果

图 2-8-5　所有阈值算法的图像处理结果

4. 通过"Analyze—Set Measurements"命令设定需要测量的参数。注意此处需要确认勾选"Mean gray value"和"Limit to threshold"。此处十分重要，如果没有勾选则测量的是整张图片的平均荧光强度（图 2-8-5）。

（二）平均荧光强度的数据分析

通过"Analyze—Measure"命令进行计算分析，弹出 Result 面板显示分析结果。可以将结果复制到 Excel 或者直接导出生成 csv 文件（Results 窗口—File—Save as）。

（三）平均荧光强度的结果判读

平均荧光强度的计算结果见图 2-8-6。

"Mean"即为平均荧光强度，即Mean gray value，其计算方式等于Integrated density（荧光强度总和）除以Area（面积），所得结果为图片的平均荧光强度，其单位为AU（arbitrary units）。需要注意的是，免疫荧光是半定量分析，平均荧光强度只能半定量地表征特异性蛋白质的表达，其原因为免疫荧光相关实验中人为因素较多，如拍照时的曝光、焦距等，而且非特异性结合的因素也不能完全消除，所以在拍照以及处理数据时，需要制定统一标准流程从而减小误差。平均荧光强度并不等于免疫组化中的光密度（optical density），所以不需要"Invert"以及"Calibration"功能。

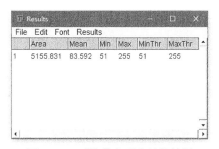

图2-8-6　平均荧光强度计算结果

三、Image J荧光照片的荧光共定位分析

荧光共定位（colocalization）分析是一种脑科学实验中常用且重要的荧光分析方法，其本质是分析不同荧光标记的蛋白质（标记荧光必须有独立的发射波长，能进行有效区分）在空间中的重叠，从而判断这两种蛋白质是否处于同一区域，换言之，即在图像的同一像素上是否同时出现了两种不同的荧光分子。需要注意的是，荧光共定位分析仅间接说明两个蛋白质可能与同一结构存在关联，并不是两种蛋白质有相互作用的直接证据。下面通过一组荧光显微镜照片，通过Fiji自带的共定位分析插件"Analyze-Colocalization-Coloc 2"，实例介绍如何利用Image J进行荧光照片的荧光共定位分析。

（一）测量前图片的处理

1. 打开Fiji，点击"File—Open"选择待分析的荧光图像（图2-8-7）。

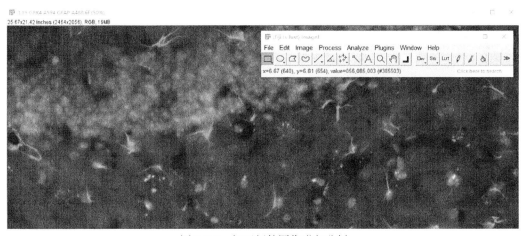

图2-8-7　打开新的图像进行分析

2. 通过"Image—Color—Split Channels"分离通道，保留有目的蛋白质的两个通道。此示例图像为背侧海马齿状回区域，包括3种荧光：红色标记谷胱甘肽过氧化物酶4（GPx4），绿色标记胶质纤维酸性蛋白（GFAP），蓝色为细胞核标记物DAPI。因此，通过Split Channels命令可分别得到Red、Green、Blue 3张分离通道的黑白图像，分别对应GPx4、GFAP和DAPI（图2-8-8）。

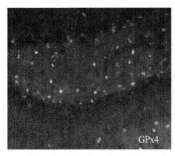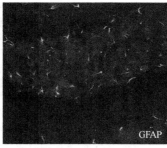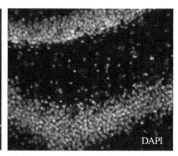

图 2-8-8　通道分离后的荧光图像

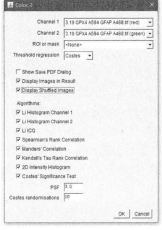

图 2-8-9　Coloc 2 插件的设置

3. 通过"Image—Color—ChannelTools"给通道分别添加伪色。此例中要对 GPx4 和 GFAP 两个蛋白质进行共定位分析，所以点击 Channels 界面里的"More"，对 Red、Green 两个通道分别添加红、绿伪色。

4. 通过"Analyze—Colocalization—Coloc 2"打开 Coloc 2 插件，选好两个 Channel，其他设置可按图 2-8-9 所示，点击 OK 进行运算，稍等片刻后即可查看结果。

（二）荧光共定位的数据分析

通过 Coloc 2 插件进行荧光共定位的计算分析后，会得到包含有斯皮尔曼等级相关（Spearman's rank correlation）、曼德斯相关（Manders correlation）等结果的报告（图 2-8-10），这些结果可以保存为 pdf，也可以将数据导出。结果报告上方选择"2D intensity histogram"即可得到散点图（scatter plot）。

Name	Result
Coloc_Job_Name	Colocalization_of_3.19 GPX4 A594 GFAP A488.tif (red)_versus_3.19 GPX4 A594 GFAP A488.tif (green)_972306607
% zero-zero pixels	0.00
% saturated ch1 pixels	0.02
% saturated ch2 pixels	0.17
Channel 1 Max	255.000
Channel 2 Max	255.000
Channel 1 Min	0.000
Channel 2 Min	0.000
Channel 1 Mean	58.757
Channel 2 Mean	83.224
Channel 1 Integrated (Sum) Intensity	297664285.000
Channel 2 Integrated (Sum) Intensity	421608948.000
Mask Type Used	none
Mask ID Used	972306607
m (slope)	27.06

图 2-8-10　Coloc 2 插件的结果报告

（三）荧光共定位的结果判读

Coloc 2 插件进行荧光共定位分析的结果报告中包括了一系列不同的参数，现在常用的两种共定位表征参数是皮尔逊相关系数（Pearson correlation coefficient，PCC）和曼德斯共定位系数（Manders colocalization coefficient，MCC），其中 MCC 这一参数使用最为广泛。

$$PCC = \frac{\sum_i (R_i - \bar{R}) \times (G_i - \bar{G})}{\sqrt{\sum_i (R_i - \bar{R})^2 \times (G_i - \bar{G})^2}}$$

PCC 的取值在 -1 ～ 1，1 表示完美相关，-1 表示完全负相关，零表示随机关系（蛋白质 A 和蛋白质 B 随机分布，无相关性）。当荧光 A、B 同时出现时比例相近，含量有线性比例关系时 PCC 有更高的效率。

$$M_1 = \frac{\sum_i R_{i,\text{colocal}}}{\sum_i R_i} \qquad M_2 = \frac{\sum_i G_{i,\text{colocal}}}{\sum_i G_i}$$

MCC 中 M_1、M_2 分别代表了一种蛋白质与另一种蛋白质共定位的部分占该蛋白质总量的比例，相当于确定了两种荧光分子的重叠比例。例如，公式中的 M_1 表示和绿色荧光 G 共定位的红色荧光 R 部分占总红色荧光区域的比例；M_2 表示和红色荧光 R 共定位的绿荧光部分 G 占总绿色荧光区域的比例。当荧光信号有一定强度且能和背景很好地区分开，或两种荧光呈非线性比例关系时，MCC 能更直观地衡量共定位并显示荧光之间的重叠比例。

荧光共定位分析除了 PCC 和 MCC 两种计算方法外还有其他的一些参数，如 Spearman、Kendall's Tau、Li's ICQ 等，可以参阅相关文献学习，此处不再赘述。

四、注 意 事 项

1. Coloc 2 不能处理两张单张的图片，不能以 Stack 的形式进行分析，所以需要 Split Channels 命令把这两张图片分别提取出来，再进行后续的分析。

2. 使用 Coloc 2 插件对两个 Channel 进行计算时，图片如果为 16bit 则应该提前转为 8bit，否则计算时间会非常长且结果有误。

3. 进行图像分析时可先将想要分析的区域框选出来，即选择特定的感兴趣区（region of interest，ROI），而不是对整张照片进行分析。

（王云鹏）

第三章 神经电生理实验技术

第一节 脑电监测技术

一、基本原理及实验目的

脑电监测技术是通过给动物大脑皮质或者特定脑区植入一个或多个精密电极，以有线或无线方式将采集到的电信号传输给分析系统，进而对大脑的生理状态及认知活动进行观察和分析。主要针对自由活动大小鼠的睡眠、癫痫和其他行为学进行研究。

二、主要仪器设备、试剂及耗材

1. 仪器设备 脑立体定位仪、麻醉仪、小动物加热毯、颅骨钻、手持电动剃须刀、螺丝刀、无菌手术器械、电极和对应规格的不锈钢螺丝钉（提前 24 小时将螺丝钉放入 75% 乙醇中充分浸泡清洗）、牙科调刀等。

2. 试剂 75% 乙醇、碘伏、乙醇棉球、红霉素眼膏、无菌生理盐水、牙科水泥、异氟烷或戊巴比妥钠等麻醉药、银漆、3M 组织胶水等。

3. 耗材 （颅骨钻）钻头、医用缝合针线、注射器、棉签、洗耳球、马克笔等。

三、操作步骤（以小鼠大脑皮质脑电波有线监测为例）

（一）脑部电极植入

1. 麻醉和术区准备 先将小鼠麻醉（持续性异氟烷吸入：3% 诱导麻醉，1% 维持，或者腹腔注射 40mg/kg 戊巴比妥钠），待进入完全麻醉状态，即仰卧时心跳及呼吸均匀、肌肉松弛、四肢无活动，胡须无触碰反应，踏板反射消失时，手术视野区皮肤剃毛。

2. 小鼠固定和颅骨暴露 将小鼠平稳固定于脑立体定位仪上，眼部涂一层红霉素眼膏。依次使用 75% 乙醇、碘伏、75% 乙醇清理手术视野。小心地将头部皮肤剪开，去除颅骨表面的结缔组织，暴露前、后囟。根据电极大小，也可剪去部分皮肤，方便后期植入。待颅骨完全暴露后，用棉签不断摩擦颅骨表面，直到骨质层充分暴露。

3. 电极植入 在体视显微镜下找到并标记前囟 Bregma 点（图 3-1-1A），将 Type B 电极放置于正中央。准确标记固定电极螺丝的 4 个孔的位置 [A/P: ±2.935mm，M/L: ±1.42mm，深度为 1mm，以前囟 Bregma 为 0 点。具体位置和深度由脑电波（EEG）待测区域和定制电极大小决定]，随后使用颅骨钻在标记的位置进行打孔，并用洗耳球清除粉末。颅骨被打穿时会有落空感，应立即停止钻孔。打孔同时要观察动物状态，部分动物术中可能出现呼吸抑制而死亡。若动物出现呼吸急促、明显醒转迹象，应马上停止手术，将其置于加热毯上恢复。当钻孔发生出血时，可用棉球按压止血。然后用螺丝刀将 4 个不锈钢螺丝钉在相应位置拧紧，将电极固定于头部（图 3-1-1B）。将少量银漆涂抹于各螺丝钉与电极板的连接处，增强其导电性。钻孔过大会导致螺丝钉松动或滑丝，后续该孔对应位置的电信号可能存在检测不到或该位置电极掉落的风险，因此如发现钻孔过大，需果断舍弃该孔，重新定位或更换新的动物。成功的电极植入手术，要求做到术中出血少，电极牢固，在脑电信号采集记录期间不存在掉落或松动风险，一般应至少维持 1 个月。

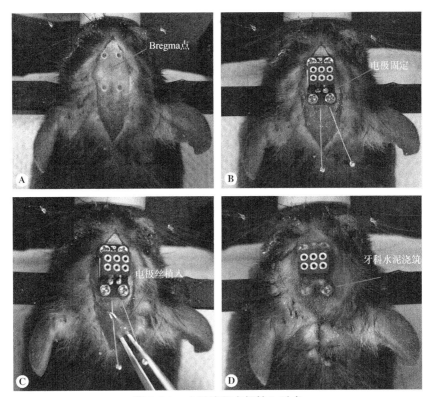

图 3-1-1　小鼠脑部电极植入手术

A. 根据前图 Bregma 点确定电极螺丝打孔位置；B. 用电极螺丝固定电极；C. 植入肌电电极丝；D. 用牙科水泥加固电极

4. 肌电电极丝植入　将两根电极丝分别埋入小鼠颈后肌肉（图 3-1-1C）。

5. 缝合伤口　将肌肉暴露处的皮肤缝合。

6. 电极加固　将混合好的牙科水泥浇筑在电极板和颅骨上（图 3-1-1D），加固电极。待牙科水泥变硬后，将小鼠从脑立体定位仪上取下，放于加热毯上，复苏醒转后回笼饲养。为防止电极脱落，可在浇筑牙科水泥之前，于颅骨上涂一层 3M 组织胶水或 502 胶水增加其黏性。术后关注小鼠状态，短暂性分笼饲养，以降低死亡率或减少因过于活跃而导致的电极松动。

（二）信号采集

小鼠休息 3 ～ 5 天后，可开始进行脑电监测实验。休养时间小于 3 天，可能会导致采集到的信号噪声大，因此要避免过早地投入实验。

1. 环境适应　正式记录前，提前 24 小时将小鼠放入实验箱（配有节律灯、饲料和饮水）中适应环境。缺乏适应可能会产生应激，采集的信号不稳定。

2. 设备连接和信号采集　小心地将头部电极与脑电监测设备软硬件（包括前置放大器、脑电监测系统、Athena 记录软件等）进行连接并采集信号。设置好每个通道的记录参数，包括采样率、滤波等。点击"Input"，开始数据采集；点击"信号自适应"，将信号调制到最佳的显示幅度，确认所有通道的脑电信号都显示正常。可根据需要对信号参数进行调整，包括滤波和走纸速度等，同时打开摄像，记录小鼠行为（图 3-1-2）。

注意脑电设备前置放大器（headstage，图 3-1-3A）（Gnd）与小鼠头部的（Ref）Type B 电极（图 3-1-3B）连接时，放大器上突起的电容方向应朝左，跟电极中接地和参考电信号的设计一致。正常情况下，系统显示的 EEG 信号 =EEGx-（Ref-Gnd），当放大器接反时，得到的信号变成 EEGx-（EMG$_1$ -EMG$_2$），导致最后得到的信号不准确。前置放大器针脚及电极定义见图 3-1-3。

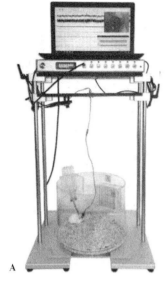

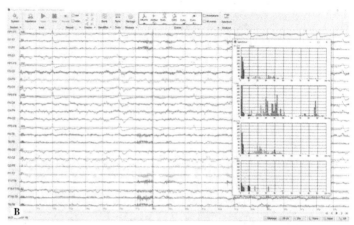

图 3-1-2　小动物脑电与肌电记录系统

A. 小动物脑电与肌电系统；B. 数据采集

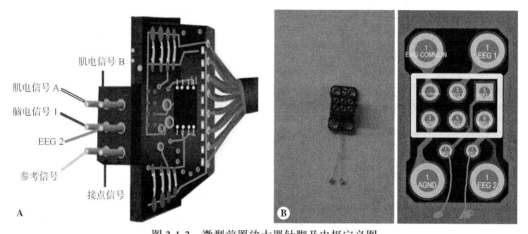

图 3-1-3　微型前置放大器针脚及电极定义图

A. 与脑电设备连接的前置放大器；B. 与小鼠头部连接的 Type B 电极

（三）数据分析

将采集到的脑电数据转化为国际通用的一种标准文件格式——欧洲数据格式（European data format，EDF），导入脑电波专业分析软件或其他在线软件（如 Lunion Stage）进行分析作图。

四、结 果 判 读

1. 高质量脑电数据　脑电数据质量的好坏在监测时就能进行初步判定（图 3-1-4A），良好的数据不会出现贯穿所有频率的噪声，且脑电频谱和肌电变化规律相对应（图 3-1-4B）。

2. 低质量脑电数据　异常脑电数据：当记录及数据分析出现以下问题时，可认为数据质量较差，应考虑舍弃。①频谱出现多处噪声。由于设备和小鼠接触不良产生大量噪声（图 3-1-5A）；②大量数据缺失，且出现高能量噪声，由于设备故障，只记录部分数据（图 3-1-5B）；③某频率出现高能噪声，由于设备受到某频率的干扰（图 3-1-5C）；④所有频率都有杂乱分布的能量，无法分析，为设备故障所致（图 3-1-5D）。

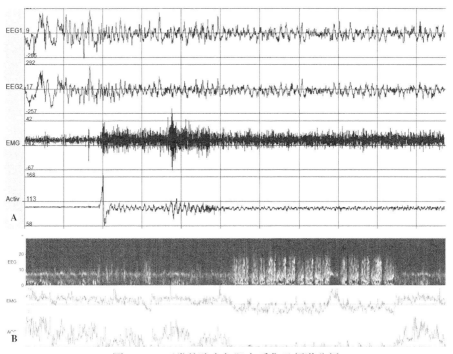

图 3-1-4 正常的脑电与肌电采集及频谱分析

A.脑电监测系统中质量良好的小鼠脑电与肌电数据采集;B.质量良好的脑电与肌电频谱分析

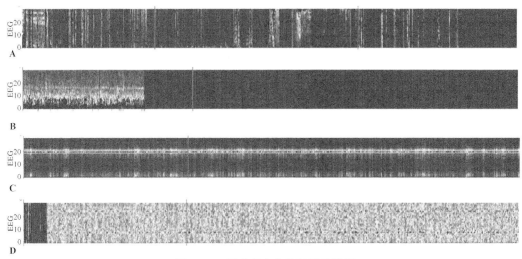

图 3-1-5 需考虑舍弃的记录及数据

A.频谱出现多处噪声;B.大量数据缺失;C.某频率出现高能噪声;D.所有频率存在杂乱分布的能量。频谱图由 Lunion Stage 睡眠
分期软件分析获得

五、注意事项

1. 头部若未固定好,后续颅骨打孔或深部脑区电极植入时很可能出现意外,导致动物死亡或植入位置出错。因此,正确使用脑立体定位仪及固定动物头部非常重要。脑立体定位仪的使用参考第四章第一节。

2. 采集脑电信号时,应认真检查电极,正确连接放大器及软硬件系统,避免接反。

3. 大小鼠应选用各自适配的电极、螺丝钉、放大器等,当大鼠使用小鼠配件时,会出现电极脱落、连接线被咬断、信号采集中断等。

4.脑电监测设备应放于安静的环境中，避免噪声、地面震动等，并且注意箱体内部加隔音棉、实验中仪器接地线接地、记录时加滤波、使用稳定电流等来排除外界环境对信号采集的影响。

（李　燕　张林娟）

第二节　在体单个细胞外场电位记录

一、基本原理及实验目的

在体记录单个神经元或其他可兴奋细胞的电活动是基础和临床电生理研究的重要方法。因跨膜记录方式的技术难度和非必要性，研究者常选择细胞外记录的方式来开展实验。单细胞外记录的方式可以很好地监测、记录动作电位出现的时间、频率和放电形式。

二、主要仪器设备、试剂及耗材

1.仪器设备　脑立体定位仪、麻醉机、小动物加热毯、体温监测仪、手术显微镜、防震台、法拉第屏蔽罩、颅骨钻、无菌手术器械、电极拉制仪、电极夹持器、电极微推进器、前置放大器、示波器和生物物理放大器、刺激器和刺激隔离器、音频监测器、生物电信号采集（含模数转化卡）、计算机及分析软件等。

2.试剂　75% 乙醇、碘伏、乙醇棉球、保湿眼膏、无菌生理盐水、异氟烷或戊巴比妥钠等麻醉药、液体石蜡等。

3.耗材　玻璃微电极毛胚或其他适用电极、银丝或铂丝、注射器、棉签、洗耳球、油性记号笔等。

三、操作步骤（以大鼠脑内核团单细胞外记录为例）

（一）电生理记录前准备

1.麻醉和术区准备　先将大鼠麻醉，采用持续性异氟烷吸入，即 5% 诱导麻醉，1% 维持，或者腹腔注射 40mg/kg 戊巴比妥钠。待大鼠进入理想麻醉状态后（参考第三章第一节）行手术视野区皮肤剃毛。如计划记录时间较长，可行气管插管以保障记录过程中动物呼吸道通畅。行颈外静脉插管，可在记录期间缓慢补给林格液或葡萄糖林格液。

2.大鼠固定和颅骨暴露　将大鼠头部通过耳杆和门齿夹平稳固定于脑立体定位仪上，眼部可涂一层保湿眼膏。依次使用 75% 乙醇、碘伏、75% 乙醇清理手术视野。小心将头部皮肤沿中线剪开，去除颅骨表面结缔组织，暴露前、后囟并用棉签擦净颅骨表面，直到骨质层充分暴露。使用洗耳球干燥骨面，直至可以清楚地显示各骨面定位参照结构。用粗电极在体视显微镜下测量前、后囟高度，调整门齿夹高度，使前、后囟处于同一水平面（高度差＜0.05mm）。测量并比较矢状缝左、右两侧（矢状缝旁开 2mm）的颅骨高度，调整耳杆高度，使左、右两侧颅骨高度一致。

3.电极插入区准备　在体视显微镜下找到并标记靶核团相对于前囟点的前/后和旁开位置并用记号笔在颅骨上标记，随后使用颅骨钻在标记的位置进行打孔，并用洗耳球清除粉末，充分暴露靶核团上方的硬膜组织。使用游丝镊和弯针头彻底去除开孔区的硬脑膜和蛛网膜。术后清除脑组织表面的过多脑脊液，滴加液体石蜡避免组织干燥。

4.微电极毛胚的拉制和电极液充灌　使用垂直或水平玻璃微电极拉制仪拉制玻璃微电极毛胚，根据电极的目标电阻值（根据不同实验需求，一般为 5～20MΩ）调整拉制仪的加热参数、初始拉力和触发拉力。得到玻璃微电极成品后，使用微充灌针将电极液充灌入微电极。充灌针头端放置在微电极壶腹部位缓慢推注电极液，使电极液充分充灌电极的尖端和尾段并排出气泡。普通电生理记录所用电极液通常为 1% 的滂胺天蓝溶液,生物素标记用电极的电极液成分为含 1.5% 神经生物素的氯化钠溶液。将充灌后的电极尖端向下垂直悬挂入湿盒以进一步排除电极液中的微气泡。

5. 记录系统的连接和微电极插入 将夹有玻璃微电极的电极夹持器固定在带有微推进器的三维微操控臂上,将连接微电极放大器输入端的铂丝或银丝尖端置入微电极尾段的电极液内。通过手控微操控臂的 X 和 Y 轴旋钮,将微电极尖端移动到目标记录位点的正上方。打开微电极放大器、生物物理放大器和与之连接的音频监听器。缓慢转动微操控臂的 Z 轴旋钮,通过解剖显微镜观察和音频监听确定电极尖端与脑表面接触后,打开电极微推进器,以中速步进的方式将电极尖端移动至目标记录核团的上方,把微电极放大器和生物物理放大器调整到记录工作模式(放大倍率为 1000 ~ 5000 倍,单细胞放电的带通滤波为 50 ~ 3000Hz)。打开电信号采集硬件和与之连接的电脑。确认实验动物、微推进器和各种记录设备接地良好(图 3-2-1)。

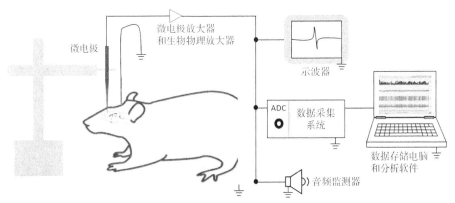

图 3-2-1 大鼠在体胞外单个神经元电生理记录模式图

(二)信号采集

在动物和记录设备稳定约 30 分钟后,可开始电生理记录。记录前应确认麻醉程度理想,动物状态平稳。

1. 单细胞放电信号的寻找 将微推进器调整到低速步进模式,同时打开示波器、音频监听和软件记录窗,当记录电极尖端逐渐接近活动中的神经元时可在记录窗内看到高于基线且幅度逐渐增高的波形,通过监听器可听到间隔放电声音信号逐渐增强。这时需进一步减慢推进器步进速度至单步模式,当放电信号与背景信号的信噪比达到约 3∶1 时,停止推进器。进一步观察确认信号幅度稳定,神经元放电平稳规律后即可准备信号采集。

2. 信号采集(以 Spike2 软件为例) 在 Spike2 软件主菜单内点击 Samplenow 进入采样波形设置窗口内,通过调整上下采样阈值线,可将神经元放电信号与背景信号有效区分(图 3-2-2)。确认每次单位放电信号可被有效采集,背景波动信号被有效排除后,即可点 "SampleData—Start" 键开始信号采样和存储(采样频率为 20 ~ 25kHz)。当电极同时采集到 2 个或多个放电信号时,软件会自动将不同放电特征的信号进行区分,实验者也可以根据不同单位信号的质量进行取舍,保留 1 ~ 2 个信噪比较高的理想信号进行采集。如果需要同时采集核团附近的局部场电位(local field potential,LFP)信号,则需要将电极导出信号通过并行银丝电极接入另一个独立放大器(LFP 滤波参数为 0.1 ~ 50Hz),并将放大器的输出信号接入数据采集器的另一个输入接口,与单细胞信号并行处理(采样频率为 1kHz)。通过采样前的预先设置,软件通常可以在记录的实时完成单细胞放电波形信号呈现和发放频率直方图等的绘制(图 3-2-3)。根据不同实验设计的需要,完成相应时长信号记录后,即可将记录产生的数据文件以 .kcl 格式(同时会生成同名的 .S2R 和 .s2rx 文件)进行存储,用于离线分析。

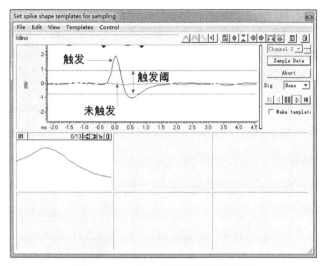

图 3-2-2　Spike2 波形采集设置界面

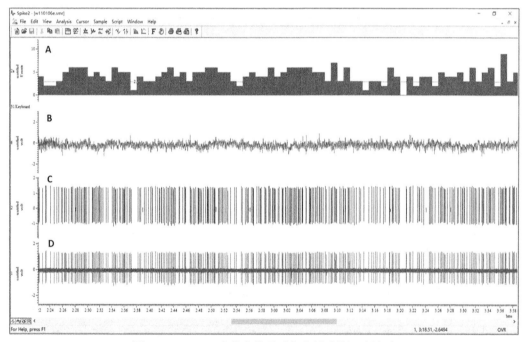

图 3-2-3　Spike2 生物电信号采集分析系统记录界面

A. 发放频率直方图；B. 核团局部场电位（LFP）信号；C. 单细胞放电序列；D. 单细胞放电原始记录信号

3. 记录位点和记录神经元标记　为了标记被记录神经元的位置，可以使用含有滂胺天蓝的电极液，在记录结束后向记录电极施加 -20μA 的电流 10 分钟，即可将滂胺天蓝染料沉积在记录位点周围。动物灌注、取脑和切片后，可根据组织切片上滂胺天蓝标记位点的位置，进一步确定所记录神经元的坐标。如需要准确标记被记录的神经元并确定神经元类型，则可使用含有神经生物素的电极液。在记录结束后，向电极施加 1 ～ 15nA 逐渐增加的正向电流，电泳 5 ～ 10 分钟，即完成细胞旁标记。

（三）数据分析

Spike2 等专业软件有丰富的电信号离线分析功能，也可将采集到的数据转化为 Matlab 兼容

的 .mat 格式导入到 Matlab 软件或其他软件进行分析作图。Spike2 软件的基本分析模块可以完成频率直方图、放电间隔图、事件相关图、功率谱和波形相关等的分析、数据存储和作图。

此外，CED 网站和其他相关论坛还提供了丰富的高级分析插件（Scripts）的下载。详细使用方法参见本章第七节电生理记录常用软件的使用。

四、结果判读

1. 高质量的单细胞放电数据　理想的单细胞电信号在寻找和监测时就能进行初步判定，良好的信号有较高的信噪比（＞3∶1即可），放电波幅稳定，无邻近神经元信号或可以很好地与邻近神经元信号进行区分（图 3-2-4）。

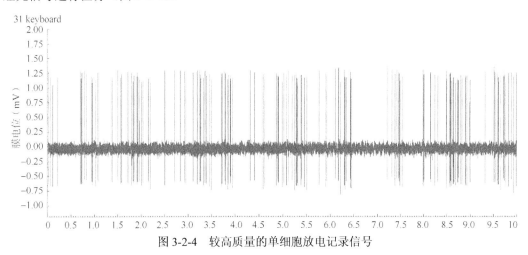

图 3-2-4　较高质量的单细胞放电记录信号

2. 低质量的单细胞放电数据　对于信噪比不高、放电幅度不断波动的信号可以尝试使用微调微推进器电极尖端的位置，如信号仍不理想则可视为低质量信号予以舍弃。如电极同时采集到邻近多个神经元的电活动信号，可以尝试使用软件的波形分类功能完成对不同单位信号的区分，保留和存储信噪比理想的单位信号（图 3-2-5）。

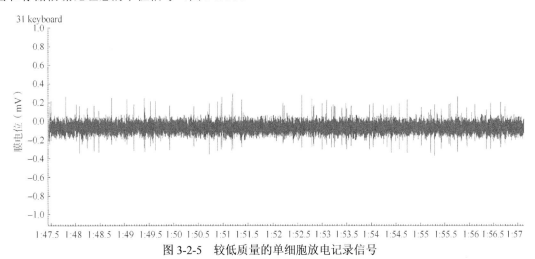

图 3-2-5　较低质量的单细胞放电记录信号

五、注意事项

1. 记录前的手术操作要精细熟练，尽量减少对动物组织的不必要损伤，缩短手术时间。这对于保持神经系统的功能稳定十分关键，也是在体电生理记录能够顺利开展的前提。错误或缓慢的手术操作会影响神经系统活动和后续的记录工作。

2. 麻醉药物的选择和麻醉程度的控制也是影响在体记录的重要因素。实验者应根据所记录神经元的特点，根据参考文献和预实验结果选择合适的麻醉药物。电生理记录过程中需要维持理想和稳定的麻醉程度，对于吸入气体需要根据动物麻醉的具体情况微调维持流量，对于短效静脉麻醉药可以使用蠕动泵维持给药。过深的麻醉程度会抑制部分神经元的电活动，而过浅麻醉水平的动物在记录过程中可能会出现躯体活动，导致记录失败。

3. 电生理记录的全套设备都需要有良好的接地，同时要使用法拉第屏蔽罩屏蔽周围的电磁信号干扰。

4. 8～20MΩ 电阻的玻璃微电极适合单细胞外电活动记录，5～10MΩ 的玻璃微电极适用于 LFP 的记录。

（王　勇）

第三节　在体多通道电生理记录技术

一、基本原理及实验目的

将微电极阵列植入动物的单个或多个大脑皮质或者特定脑区，采集到的神经生理信号经高灵敏度的无线或有线放大器，将模拟信号转换成数字信号记录到电生理记录系统。神经信号采集记录系统可同步来自其他设备的事件信号，如行为学或光遗传刺激设备等，进而研究不同脑区神经活动与行为间的关系及对光遗传刺激的反应等。

二、主要仪器设备、试剂及耗材

1. 仪器设备　电生理记录设备、脑立体定位仪及夹持器、小动物手术显微镜、动物麻醉机、剃毛器、微型手持式颅骨钻、小动物加热毯、卤素光纤冷光源、无菌手术器械、骨刀、血管夹、牙科光固化机、干热玻璃珠快速灭菌器、电极（术前需确认作为电极地线的银线已焊接）、颅骨钉（需提前 24 小时将颅骨钉放入 75% 乙醇中浸泡消毒）及适配的螺丝刀等。

2. 试剂　异氟烷、75% 乙醇、碘伏、红霉素眼膏、无菌生理盐水、光固化树脂、牙科水泥、氯胺酮、右美托咪定麻醉剂、卡洛芬、双氧水、组织黏合剂（Kwik-cast）等。

3. 耗材　（颅骨钻）钻头、医用缝合针线、注射器、止血海绵、乙醇棉球、棉签、洗耳球、马克笔等。

三、操作步骤（以大鼠大脑皮质有线神经电生理记录为例）

（一）电极植入

1. 麻醉和大鼠手术部位备皮　用含 3% 异氟烷的富氧空气将大鼠麻醉，持续性异氟烷吸入，浓度先高后低，即 3%～5% 诱导麻醉，1%～3% 维持；或腹腔注射氯胺酮/右美托咪定混合麻醉剂（氯胺酮 120mg/kg＋右美托咪定 50μg/kg）。待大鼠进入完全麻醉状态时（参考第三章第一节），迅速对手术区及周围区域皮肤进行剃毛。

2. 大鼠头部固定和颅骨暴露　将大鼠放置于定位仪中的加热毯上，头部固定于脑立体定位仪上，大鼠门齿扣在脑立体定位仪的适配器上，嘴部放在麻醉面罩中。用碘伏和乙醇棉球擦拭手术区皮肤，在眼部涂红霉素眼膏，手术过程中间断检查眼部是否被红霉素眼膏覆盖，同时避免冷光源直接照射眼部。电热毯温度探头消毒后插入直肠内。手术正式开始前皮下注射卡洛芬镇痛（10mg/kg）。

用手术刀在头部皮肤切出一个切口，血管钳夹住切口以充分暴露颅骨增加操作空间。对颅骨表面结缔组织进行清理并用双氧水擦拭，暴露前、后囟。将注射针固定在定位仪夹持器上，在手术显微镜下找到 Bregma 前囟点，将前囟点设为原点，再找到 Lambda 点，测量 Lambda 点与 Bregma 点处颅骨高度差，若两点颅骨高度差大于 0.03mm 或者 Bregma 点左右两侧 2.3mm 处颅骨高度大于 0.03mm 需调整鼻夹高度以确保颅骨处于水平位置。

3. 埋植颅骨钉　利用脑立体定位仪找到植入点并用马克笔粗略标记电极植入位点，确定颅钉植入位置不干扰后续电极植入。标记颅骨钉位置，并在颅骨位置上钻孔，钻头直径需要小于颅骨钉螺丝，钻孔过程中用洗耳球和棉签清理颅骨碎屑。颅骨即将被钻穿时应小心钻孔，防止破坏颅骨下脑组织，当颅骨被钻穿后立即停止钻孔。若钻孔过程中发生出血可用棉球或止血海绵止血，用生理盐水清理颅骨表面。用螺丝刀分别将 4 个颅骨钉拧入相应位置，若由于钻孔过大等导致颅骨钉松动，需在别处重新定位打孔，固定颅骨钉。

4. 植入电极　在标记的电极植入位置范围内开大小合适的骨窗，骨窗要在确保不妨碍植入的前提下尽量小，且要避开作为原点的前囟点。若需要植入多个电极或光纤（图 3-3-1A），可事先用颅骨 3D 模型对植入位置或角度进行模拟，以便优化手术方案（图 3-3-1B）。用颅钻小心地在此范围内将颅骨打薄，然后用医用注射器针头或镊子将骨组织去除，打开骨窗。此过程要十分小心，避免损伤脑膜、血管和脑组织（图 3-3-1C），此后要保持其湿润。

利用骨刀彻底清理颅骨，为增加牙科水泥在颅骨的固着力防止电极脱落，可在颅骨表面刻出划痕并确保颅骨表面干燥。将电极固定在定位仪夹持器上，在显微镜下找到前囟点，小心调零，防止损伤电极。用医用注射器针头去除脑膜，将电极调整到目标坐标，如果此坐标点有血管需微调植入位置（图 3-3-1C），避免损伤血管以减少出血。将电极匀速、缓慢插入脑组织。之后用组织黏合剂密封胶覆盖骨窗以保护脑组织。

5. 固定电极　用光固化树脂迅速将电极固定在颅骨上，并将地线银丝缠绕在作为参照和地线的颅骨钉上，此过程要避免紫外线照射到大鼠眼睛。之后用牙科水泥浇筑，其间根据电极接口位置适时将电极从定位仪夹持器取下，继续牙科水泥浇筑，直至电极和颅骨钉均被覆盖。水泥变硬后用颅骨钻小心打磨牙科水泥使边缘平滑。

6. 缝合伤口皮肤，用碘伏对缝合处进行消毒。将大鼠从脑立体定位仪取下，待出现苏醒迹象时转移到饲养笼内。如需同时开展光遗传实验，为减少水泥浇筑透光对行为的潜在影响，可以将其涂成黑色（图 3-3-1A）。

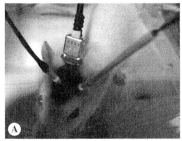  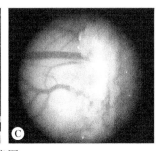

图 3-3-1　大鼠脑部电极和光纤植入手术示意图

A. 同时植入两根光纤以及一根电极的动物示意图；B. 植入多根电极时，利用 3D 打印的颅骨设计规划光纤植入角度和路径；C. 去除骨组织或脑膜时要十分小心，避免损伤脑组织和血管

（二）电生理信号记录

大鼠术后恢复 5 ～ 7 天后开始进行电生理记录实验。连接好记录系统：将电极与记录设备的放大器相连，确认打开换向器（commutator）、电生理记录设备和电脑等设备。打开 Tucker-Davis Technologies（TDT）记录系统适配的 Synapse 软件，设置记录参数。对于 Spike 活动信号分别用

300Hz 高通滤波、5000Hz 低通滤波，采样频率为 24 414Hz。对于局部场电位（LFP），低通滤波 500Hz，采样频率为 976.5625Hz。连接前置放大器与电极时，需确认放大器与接地和参考接口连接正确。如需运行行为范式，打开行为设备，检查各通道神经活动信号及行为系统与电生理记录系统连接是否正常，开始行为和电生理数据采集。

（三）数据分析

使用 Plexon Offline Sorter 和 Wave-Clus 软件或 KiloSort 软件包进行 spike sorting。将采集到的电生理数据转变成 MAT 文件格式，将其与分离出的 Spike 数据一起导入 Matlab 软件进行分析。LFP 数据用 FieldTrip 开源 Matlab 工具包或自己编程的 Matlab 代码进行分析。

四、结果判读

（一）动作电位

利用 spike sorting 将记录到的不同神经元的动作电位（spike）进行分选，图 3-3-2A 展示的是同一通道记录到的两个神经元，每个神经元的动作电位用不同颜色的星号表示；图 3-3-2B 分别展示了这两个神经元 50 个动作电位的波形（spike waveform），分选群组内的神经元动作电位高度相似，证明神经元分选成功。将分选出的峰电位序列（spike train）对齐到行为事件（本例中为动作起始），并计算神经元发放频率（firing rate）（图 3-3-2C）。

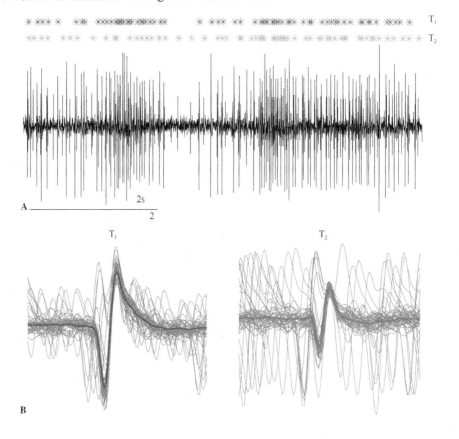

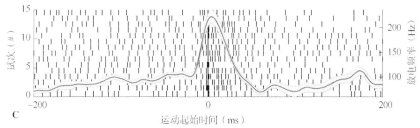

图 3-3-2 神经元动作电位分选和发放频率分析

A. 在示例时间窗口内记录的动作电位发放情况，经过 spike sorting 分选出的单个神经元的动作电位分别被上方不同颜色的星号标注。B. 两个神经元的 50 个动作电位的平均波形分别用红色和蓝色表示，单个动作电位用灰色表示。C. 神经元在行为动作执行时的放电情况。红色曲线是神经元的发放频率（平均 ± 标准误，红色是平均发放频率曲线，粉红色代表标准误）。图中短的黑色竖线代表 1 个动作电位。左侧纵坐标是试次数，右侧纵坐标是发放频率

（二）局部场电位

行为试次中 LFP 原始信号及单侧幅值频谱和能量谱（图 3-3-3）。须注意某些频率的高能噪声，如 50Hz 的工频干扰。

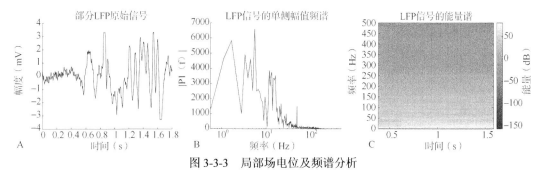

图 3-3-3 局部场电位及频谱分析

A. 示例时间窗口的 LFP 信号；B. A 图中 LFP 信号的单侧幅值频谱；C. A 图中 LFP 信号的能量谱图

五、注意事项

1. 无论是为确保动物安全还是为保障动物的行为表现，手术过程中应避免强光照射动物眼睛。

2. 大多数情况下，由于在手术后需要在一只动物身体上开展长期记录实验，因此应注意保护种植体，如用夹子保护电极接口，让动物单独在一个高的饲养笼内，防止笼盖摩擦电极帽；同时，让牙科水泥表面光滑可减少动物抓挠电极种植体。如果出现生理信号质量突然下降，应检查接口处是否被脏物或伤口分泌物堵塞。

3. 如果手术中需要移除部分脑膜，需要保证脑组织表面保持湿润。

4. 在手术过程中避免长时间在一处钻孔，以免造成局部温度过高，可间歇钻孔或用生理盐水清洗降温。

5. 缓慢电极插入有助于脑组织恢复和神经元存活，因此电极插入脑组织的过程要尽量缓慢且匀速。

6. 异氟烷吸入麻醉可能会导致脑水肿，因此，对于浅层大脑皮质的皮质特异电生理记录，应避免过度换气或改用注射麻醉。

（孙宗鹏）

第四节　在体尖电极细胞内记录技术

一、基本原理及实验目的

尖电极细胞内记录是同时记录神经元的膜电位动态变化和动作电位发放的电生理记录方法。该方法需要使用尖端细且长的电极（直径为 0.9μm、长度为 9～10mm），通过立体定向显微操纵器推动电极做小幅移动（步进 1～4μm），从而使电极尖端扎入细胞，进行电活动的稳定记录。该方法适用于清醒动物深部脑区神经元的基本生物和物理特性研究。

二、主要仪器设备、试剂及耗材

1. 仪器设备　电磁屏蔽室、防震实验台、放大器、前置探头、滤波器、模拟/数字信号转换器、数据采集系统、动物固定装置（如麻醉动物脑立体定位仪或清醒动物头部固定装置等）、单轴电动微操、立体定位显微操纵器、玻璃微电极水平拉制仪、手术显微镜。无菌手术器械（包括剃毛刀、手术刀、止血钳、镊子、弯头剪刀、直头剪刀、眼科剪、螺丝钉、骨蜡、颅骨钻、凝胶等）。

2. 试剂　醋酸钾（3.0mol/L，pH 7.6）、生理盐水、戊巴比妥钠（50～80mg/kg）、加拉碘铵、氯胺酮、乙酰丙嗪、硫酸阿托品（0.045mg/kg，0.54mg/ml）、2% 盐酸利多卡因、普鲁卡因、地塞米松、拜有利等。

3. 耗材　石英玻璃毛细管、硼硅酸盐玻璃毛细管、瓷片、玻璃电极夹持器、一次性薄膜过滤器、电极液灌注器等。

三、操作步骤

（一）麻醉状态实验动物准备（以成年豚鼠听觉丘脑记录为例）

1. 抓取豚鼠，肌内注射硫酸阿托品（0.045mg/kg）0.1ml，以防豚鼠喉部分泌过多的黏液。

2. 10～15 分钟后，腹腔注射戊巴比妥钠（40mg/kg）进行首次麻醉，之后注射同种麻醉药 [5～10mg/（kg·h）] 维持豚鼠在稳定的麻醉状态。

3. 豚鼠头顶部、喉部和腋下剃毛（选做步骤）。

4. 给豚鼠行气管插管，然后通过呼吸机进行人工通气（选做步骤）。

5. 注射肌肉松弛药加拉碘铵（gallamine triethiodide），使豚鼠全身肌肉处于完全松弛状态，从而减少细胞内记录时豚鼠运动产生的机械波动。

6. 上耳杆，将豚鼠放于保温毯（37～38℃）上，头部固定在脑立体定位仪上，注意保持其头部略微高于身体。

7. 头顶消毒，皮下注射利多卡因进行局部麻醉。

8. 手术刀切开头皮，止血钳分离皮肤和皮下结缔组织，暴露头顶骨，清理皮下结缔组织。

9. 用铅笔画出中线位置及右侧半脑颅骨开窗位置，以前囟为坐标零点，右侧听觉丘脑坐标为（-5.6，-4.0），即零点向后 5.6mm，沿中线向右侧旁开 4.0mm，开窗大小为 2mm×2mm，用颅骨钻去除颅骨和硬脑膜。记录时电极从正上方垂直方向接近丘脑。

（二）清醒状态实验动物准备（以普通狨猴听觉大脑皮质记录为例）

1. 狨猴坐猴椅训练，时间长度为 1 周。

2. 头柱植入，全程无菌操作。肌内注射氯胺酮（40mg/kg）和乙酰丙嗪（0.75mg/kg）进行诱导麻醉，用异氟烷（0.5%～2.0%，混合 50% 氧气和 50% 一氧化二氮）进行全程麻醉维持。肌内注射硫酸阿托品（0.045mg/kg）、地塞米松（1.5mg/kg）和拜有利（10mg/kg）。手术过程中皮下注射 10ml 的糖盐水注射液；使用电热毯保暖，并持续监测心率、血氧、呼吸频率和体温。

3. 将狝猴头部固定在脑立体定位仪上，头皮进行局部麻醉（2% 盐酸利多卡因），做正中线切口，切除部分皮肤，剔除颞侧肌，露出听觉大脑皮质。

4. 用牙科水泥将两根头柱粘在头骨顶部,沿颞骨 - 顶骨脊线将 9 枚短螺丝钉植入暴露的颅骨中，植入深度为 1mm；将 1 枚长螺丝钉植入颅骨侧前方作为电生理信号地接点，用牙科水泥盖住螺丝，长螺丝顶端保留在外。在听觉皮质筑两个记录窗，并在记录窗的内侧面覆盖一层薄薄的牙科水泥，形成一个头帽装置（图 3-4-1）。

5. 手术后注射镇痛药和一个疗程的抗生素，连续护理 7 ~ 10 天至创面完全愈合。此后，可以将动物头部固定，从而进行日常伤口护理和一些简单的实验操作。术后 1 个月动物伤口已完全恢复，可以开始进行每天 4 ~ 5 小时的头部固定情况下的细胞内记录。

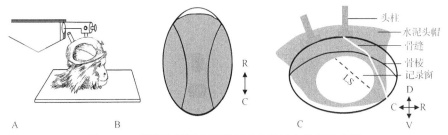

图 3-4-1　狝猴头部固定装置以及头柱植入位置示意图

A. 狝猴头部通过头柱被固定后侧面观；B. 头柱固定到脑颅骨的位置俯视图；C. 狝猴头帽装置侧面观

（三）电极内液制备及同心圆玻璃套管电极装置

制备浓度为 3.0mol/L 的醋酸钾缓冲液（pH 7.6）作为电极内液，使用前用一次性滤膜过滤，也可以提前制备后放置于玻璃瓶，4℃冰箱保存，3 个月内使用。

进行细胞内记录前拉制石英电极，提前拉制的电极储存在防尘电极盒里，不建议放置太久，避免灰尘进入电极尖端影响电极的电阻和导通情况。

1. 石英尖电极拉制参数　Sutter Instrument，P-2000；Ramp=695，Heat=700，Fil=5，Vel=50，Del=145，Pull=150。

2. 同心圆玻璃套管电极拉制参数　Sutter Instrument，P-97，box filament：2.5mm×2.5mm；Ramp=509，Heat=511，Pull=0，Vel=70，Time=250。

3. 同心圆玻璃套管电极尖端用瓷砖切成斜面，并在酒精灯外焰中加热，将尖端打磨，以防止任何碎片或锋利边缘损坏脑组织。套管电极尖端直径为 0.1 ~ 0.15mm，切割后尖端长度应为 4mm。将套管电极放在电极盒中备用，无尘环境下可保存 3 个月。

4. 将充满电极内液（3.0mol/L 醋酸钾，pH 7.6）的电极液灌注器软管从尾端插入尖电极直至颈部，用缓冲液缓慢填充尖电极尖部、颈部和尾端，如果尖端有气泡，则轻轻敲击电极一侧使气泡上移直至消失，避免气泡导致溶液不连续，影响电极电导。如无法从电极尖端移除气泡，需更换电极。

5. 用 Axon 2A 或 Axon 2B 放大器测量尖电极的电阻，将尖电极的尖端放入生理盐水中，另一端与放大器相连，参考电极放入生理盐水中。尖电极的电阻应在 40 ~ 90MΩ 范围内。

6. 将尖电极由尾部装入电极夹持器的狭槽中，并用螺丝将尖电极固定在电极座上，同样将套管电极的尾部装入电极座的狭槽中，使用螺丝将其固定到电极座上，装入电极夹持器的同心圆玻璃套管电极（图 3-4-2）。

7. 在显微镜下观察尖电极的尖端，首先确保尖电极的尖端没有折断，然后确保同心圆玻璃套管电极两个尖端同轴对齐，最后确认两个尖端之间的距离大于 1mm。

8. 将组装好的同心圆玻璃套管电极放在干净、防尘的电极盒里备用。记录前可以根据情况组装 2 ~ 3 个电极套装。

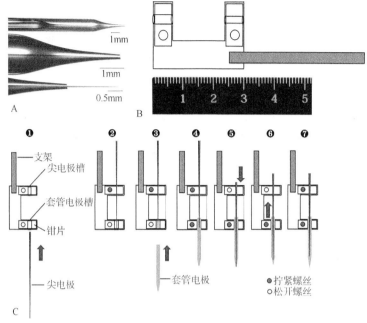

图 3-4-2　同心圆玻璃套管电极装置

A. 尖电极和引导电极固定到电极夹持器后同心圆玻璃套管尖端示意图；B. 电极夹持器示意图；C. 尖电极组件在电极夹持器上的安装流程图

（四）记录小孔的制备

1. 将电动牙科钻锚定在立体定位显微操纵器上，装上直径为 1mm 的钻头，在手术显微镜下在脑颅骨上打直径为 1mm 的小洞。具体操作：通过旋转立体定位显微操纵器手轮向前推进电钻，并通过读数了解电钻行进深度，当液体从小孔中流出时表明颅骨穿破，停止钻洞。该操作需要在手术显微镜下小心完成，避免钻孔过度。任何出血或脑损伤都可能降低细胞内记录的成功率。

2. 在不改变立体定位显微操纵器位置的情况下，更换直径为 2mm 钻头，在手术显微镜下在脑颅骨上打直径 2mm 的小洞，深度为前面小洞的 1/2 即可。

3. 用无菌生理盐水冲洗小洞，在显微镜下以 25 ~ 40 倍的放大倍数手动取出孔底的小骨块，记录用小孔（图 3-4-3）。

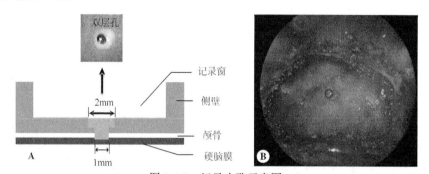

图 3-4-3　记录小孔示意图

A. 记录小孔侧面结构图；B. 猕猴左半脑记录窗全景及记录小孔照片，右上 - 左下方向的模糊黑线为听觉皮质上方的外侧沟位置标记

（五）细胞内记录全过程

1. 将电极夹持器固定在电动微操上，并将电极尖端对准颅骨上的小洞。

2. 将镀有氯化银的记录电极丝放入尖电极的尾部，与电极内液接触。

3. 将参考电极丝连接到动物头部皮肤或颅骨上植入的螺丝钉上。

4. 通过电动微操缓慢推进电极组件，当套管电极尖端碰到硬脑膜并继续前进 300～400μm 时停止移动电极。

5. 用两层黏性材料将套管电极固定在记录窗中，第一层是牙印模材料，第二层是牙科水泥，滴 1～2 滴牙科水泥固定电极与牙印模结合部，防止牙科水泥接触到动物头部的任何部位。

6. 松开电极夹持器上固定套管电极的螺丝，将套管电极与电极夹持器分离。

7. 继续使用电动微操推动尖电极向前移动，通过细胞内记录系统随时测量尖电极的电阻，过程见图 3-4-4。

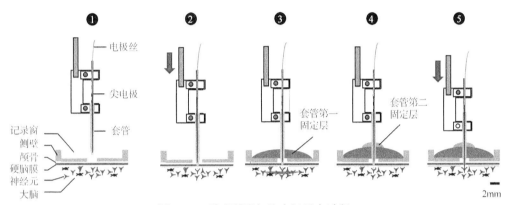

图 3-4-4 清醒狨猴细胞内记录全过程

8. 在记录面板上将电压的基线调整为零。以 4μm 的步进推动尖电极向前移动，电极每移动一步，通过细胞内记录放大器立即施加短暂的"buzz"（50 毫秒电流注入），从而引起电极尖端的微小振动，以促进尖电极穿透细胞膜。

9. 以 4μm 的步进推进电极，如果记录电极穿透细胞膜会导致记录电压突然下降，此时可通过细胞内记录放大器给细胞注入一个微小的负电流（0.1～0.5nA），以抵消由于细胞膜破裂引起离子外漏的去极化电流。观察细胞膜电位变化，如果细胞膜电位逐步降低，达到 -50mV 以下，细胞放电幅值达到 40mV 以上，说明记录细胞状态良好，逐步减小直至去掉负向外加电流，开始细胞内记录。

10. 在完成对当前神经元的记录后，向前或向后移动电极并给予多个"buzz"电流，使电极离开所记录细胞，记录此时的膜电位，用以矫正电极在细胞内外所记录到的膜电位差值。

11. 继续推进电极搜索其他神经元，注意尖电极记录时，电极可以多次前进和后退，在同一个通道记录多个神经元的细胞内反应。

12. 当所有记录完成后，将套管电极重新固定到电极夹持器上，并慢慢将电极组件从小孔中拉出。

13. 用无菌生理盐水冲洗记录小孔，并用抗生素填充小孔后用牙印膜覆盖小孔加以保护。

14. 将动物从头部固定装置中解除固定，并给予食物奖励。

15. 以上过程在同一个小孔中可以重复 5～7 天。

16. 在同一个动物上可以钻不同的小孔进行记录。

四、结 果 判 读

利用本文中提到的细胞内记录方法，能够在同一个清醒动物上多次记录多个皮质神经元的膜电位和动作电位变化过程。平均记录时间大于 10 分钟（11.3±21.5 分钟，n=147），个别神经元可以保持大于 1 小时的稳定记录。通常从一个小孔能够完成 5～10 个高质量的神经元记录

（图 3-4-5）。此外，该技术还允许研究人员在不同皮质深度记录多个神经元的电活动而不用替换记录电极。

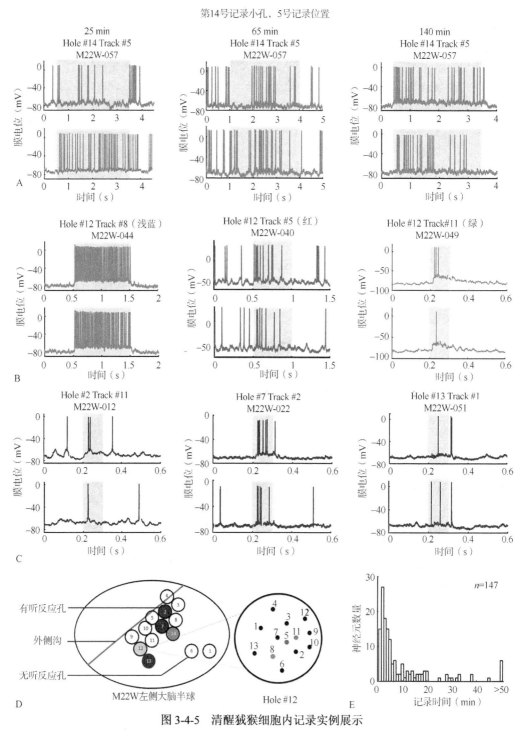

图 3-4-5　清醒猕猴细胞内记录实例展示

A. 听觉皮质神经元记录时间超过 2 小时的实例，分别展示记录了 25、65 和 140 分钟时细胞膜电位和锋电位的信号变化；B. 同一记录小孔中 3 个不同位置的神经元的细胞内记录电信号（神经元位置在 D 中用同颜色实心点标注，编号分别为 8、5、11）；C. 左半脑 3 个不同记录小孔中 3 个听觉皮质神经元记录示例，A ~ C 的上下两排代表相同听觉刺激诱发反应的两次重复，灰色矩形框代表声刺激时程；D. 左图为一只猕猴的左半脑所有记录小孔的位置示意图，右图为第 12 号记录小孔内不同记录位置的示意图，数字代表记录位置的编号；E. 147 个皮质神经元进行细胞内记录时长的分布直方图

五、注意事项

1. 向细胞内记录电极充入内液时，在尖电极的颈部有气泡，在充液前应排掉充液软管中的气泡；充液软管要向下一直伸进尖电极的颈部最深处；在向电极充液时需施加一定压力，一边充液一边慢慢地将软管退出。

2. 注意小孔制备过程中的出血，可将转速设定在 12 000r/s 左右；钻洞声音和阻力可以帮助判断钻头穿过牙科水泥层或是颅骨层；如果是初学者，速度可设置在稍慢一挡；之前制备相邻小孔的深度可以作为当前小孔的参考。

3. 注意避免尖电极在接触到脑组织之前折断，尖电极和套管电极不对称的套装组合需丢弃。导管的开口稍微大些可避免尖电极在套管内推出来时断掉。

4. 如果记录神经元的膜电位高于正常的静息膜电位，应耐心等待膜电位自发下降。如电位不降，可给予小幅度的负电流，或向前或向后小幅移动电极（±1μm），再进一步查看膜电位的变化。

（高利霞　贾国强）

第五节　单细胞膜片钳技术

一、基本原理及实验目的

单细胞膜片钳技术是以单个细胞为实验对象，通过玻璃微电极经负压吸引，使电极尖端与细胞膜表面形成高阻抗封接，给予刺激电流记录膜电位；或给予命令电压记录膜电流，从而对单个细胞的电生理学特性进行分析的技术。

（一）膜片钳技术原理

膜片钳技术是用玻璃管微电极（尖端直径为 1 ～ 5μm）接触细胞膜，然后在微电极另一开口端施加适当的负压，使与电极尖端接触的细胞膜片与微电极开口处的玻璃边缘之间，形成紧密的封接，其电阻可达千兆欧姆（giga ohm，GΩ）以上，使得与电极尖端开口处相连的这一小块膜片与其周围的细胞膜在电学上完全分隔，从而可以对此膜片上的离子通道的电流进行检测。

根据膜片钳工作原理不同，将其可分为电压钳（voltage clamp）和电流钳（current clamp）两种记录模式。电压钳是指通过控制膜两侧的电位差，来测定通过细胞膜的电流；电流钳是向膜内注入不同大小的电流，然后测定膜电位变化。

（二）膜片钳的记录方式

常用膜片钳的记录方式有 4 种。

1. 细胞贴附式（cell-attached mode） 是指将玻璃微电极吸附在细胞膜上，对单个离子通道进行记录的模式。其优点是在细胞内环境保持正常的条件下，对离子通道的活动进行观察记录；缺点是不能人为地控制细胞内环境条件。

2. 内面向外模式（inside-out mode） 是指在细胞贴附式的基础上，将已形成高阻封接的膜片微电极轻轻提起，使其与细胞分离。此种模式可以通过改变灌注液成分的方法，达到改变细胞内液成分的目的，以观测外加物质从细胞内对通道的作用。

3. 全细胞模式（whole-cell mode） 是指在细胞贴附式的基础上，继续施以负压抽吸，使玻璃电极内的细胞膜破裂，电极内液与细胞内液直接相通。此方式既可记录膜电位，又可记录膜电流，常用于研究细胞外物质对整个细胞膜的电生理特性的影响。

4. 外面向外模式（outside-out mode） 是指在全细胞模式的基础上，将全细胞膜片微电极向上提起，以得到切割分离的膜片，因其断端游离部分可自行融合成脂质双层，从而形成外面向外模式。该模式可以自由改变细胞外液的情况，主要用于记录单通道电流。

（三）膜片钳技术的应用

1. 静息膜电位和动作电位记录 在全细胞模式下，利用电流钳给予细胞电流刺激后，可以记录到细胞膜电位的变化。利用这种方法可以测量细胞的静息膜电位，也可以通过给予细胞阈上刺激，诱发神经元等可兴奋细胞产生动作电位，从而记录动作电位的变化。

2. 全细胞模式离子通道电流的记录 当全细胞记录方式形成后，在电压钳模式下，将钳制电位（holding potential）设为 -80mV，去极化电压为 -80 ~ +80mV，步阶电压为 10mV，此时可记录到在不同膜电压下的膜电流。

根据实验数据制作电流 - 电压（current-voltage，I-V）曲线，即不同电压下所对应的离子通道电流值，从中可以找到离子通道的激活电位、反转电位和最大电流的电压区域等。由于电压门控离子通道是依赖于膜两侧电压差的变化来激活的，通常用激活曲线来反映离子通道开启的速度和难易程度。可以根据 I-V 曲线的数据来制作激活动力学曲线，以去极化电压（V_m）为横轴，全细胞通道电导（g）为纵轴，作出通道的激活曲线。采用如下的玻尔兹曼（Boltzmann）方程对激活曲线进行拟合：

$$g/g_{max}=\{1+\exp[（V_{1/2}-V_m）/k]\}^{-1}$$

其中，g 为通道电导；g_{max} 为全细胞通道最大激活电导；$V_{1/2}$ 为通道激活 50% 时的去极化电压，反映通道开启的难易程度；k 为斜率因子，反映通道开启的速度。

3. 单通道电流记录 当形成细胞贴附式记录方式，钳制电位与去极化电压的设置同全细胞记录方式时，可记录到单通道电流。单通道电流记录的主要观察指标包括：单通道电导（conductance）、开放概率（open probability）、平均开放时间（mean open time）、平均关闭时间（mean close time）。一般而言，单通道电流的记录和分析较全细胞电流的记录和分析的难度大且更为复杂。另外，内面向外模式和外面向外模式也可记录到单通道电流。

4. 膜电容记录 细胞膜是由脂质双分子层构成，不易导电，而细胞膜外侧和细胞膜内侧分别是细胞外液和细胞内液，可以导电。细胞膜在电学性质上可等效为一个电容器，类似于平板电容器，脂质双层就是电容器的两极板。根据电容的性质可知，电容（C）$=\varepsilon S/d$，ε 为极板间介质的介电常数，S 为极板面积，d 为极板间的距离。因此，在两极板间距离不变的情况下，电容与极板的面积成正比，也就是说，在细胞膜的等效电路中，电容的变化与细胞膜表面积的变化成正比。

根据电容的定义，电容是单位电压变化下通过的电荷量（即 $C=\Delta Q/\Delta V$）。当给细胞膜施加一个电压时，就相当于给电容器进行充电；而当给细胞膜施加一个反向的电压时，就相当于是电容的放电过程。因此，利用膜片钳技术可以通过给细胞膜充电和放电的方法来计算细胞膜的电容。通过细胞膜电容的测量可以对囊泡的胞吞和胞吐等过程进行分析。

5. 溶酶体膜片钳技术 溶酶体是真核细胞内的一种囊泡状细胞器，溶酶体膜上可表达多种离子通道蛋白，如非选择性阳离子通道 TRPML 家族、钠通道 TPC 家族、电压门控钙通道、Ca^{2+} 激活的钾通道 BK、溶酶体氯离子通道（CLC-6、CLC-7）等，从而参与、维持溶酶体中离子的动态平衡、调控溶酶体膜电位变化、参与调节细胞代谢等。由于溶酶体的体积微小，平均直径不足 1μm，应用传统的膜片钳技术无法直接在溶酶体上进行实验。近年来，通过使用小分子化合物 vacuolin-1 来刺激溶酶体进行膜融合使得溶酶体体积增加，再应用膜片钳技术进行记录，使得对溶酶体离子通道进行记录成为可能。

6. 膜片钳技术与光学成像技术联用 将激光扫描共聚焦显微成像或双光子显微镜成像技术与全细胞膜片钳技术相结合，可在测量和控制细胞内 Ca^{2+} 浓度的同时检测离子通道的变化；使用全内反射荧光成像技术与膜片钳技术相结合，可以将细胞受到电刺激后的囊泡分泌情况和细胞膜电容变化同时记录下来，实现对细胞的兴奋 - 分泌耦联的研究。

7. 荧光膜片钳技术 用小荧光分子作为定位探针，将发光基团嵌入到通道蛋白或通道配体分子的特异位点，通过对特异位点的观察可实时记录蛋白质分子活动，同时记录细胞膜片上的离子通道电流，以揭示通道蛋白功能的分子机制。将膜片钳与荧光共振能量转移（fluorescence resonance energy transfer，FRET）技术结合，可以敏感地探测通道蛋白的两个或更多位点之间的微小距离变化，从而精确地观察蛋白质构象变化与功能之间的相互关系。

二、主要仪器设备、试剂及耗材

1. 仪器设备 无菌手术器械、细胞培养箱、超净操作台、电子天平、pH 仪、膜片钳放大器系统、膜片钳记录分析软件、防震台、倒置相差显微镜、水平微电极拉制仪、抛光仪、电动微操纵器、渗透压仪等。

2. 试剂 D-Hanks 液、DMEM/F12 培养基、胎牛血清、N2 培养液、B27 培养液、木瓜蛋白酶、75% 乙醇、NaCl、KCl、$MgCl_2$、HEPES、$CaCl_2$、Glucose、K-gluconate、EGTA、Na_2ATP 等。

3. 耗材 玻璃电极（外径 1.5mm，内径 0.86mm）、注射器、载玻片、培养皿、离心管等。

三、操作步骤（以小鼠海马神经元动作电位记录为例）

神经元作为一种可兴奋型细胞，其最主要的特点就是具有兴奋性，能够产生动作电位，因此可以通过记录神经元的动作电位来分析其电生理学特性，从而分析神经元的功能变化。

（一）记录前准备工作

1. 溶液配制 细胞外液成分为 NaCl（145mmol/L）、KCl（4mmol/L）、$MgCl_2$（1mmol/L）、HEPES（10mmol/L）、$CaCl_2$（1.8mmol/L）、葡萄糖（10mmol/L），用 NaOH 调 pH 至 7.4，渗透压调至 300mOsm 左右。

电极内液成分为 K-gluconate（140mmol/L）、KCl（3mmol/L）、$MgCl_2$（2mmol/L）、HEPES 10（mmol/L）、EGTA（0.2mmol/L）、Na_2ATP（2mmol/L），用 KOH 调 pH 至 7.4，渗透压调至 300mOsm 左右。

2. 神经元的原代培养 取 E18.5 的小鼠胚胎，显微镜下分离双侧海马置于 D-Hanks 液，加入 0.25% 木瓜蛋白酶于 37℃培养箱消化 15 ～ 30 分钟，以种植液（DMEM/F12+15% 血清）终止消化，调整细胞密度为 $2×10^5$ 个 /cm^2 后种植于盖玻片上。3 ～ 4 天后半量换 N2、B27 培养液（Neurobasal，2% B27，1% N2，1% glutamax-1），体外培养至 10 天后即可进行膜片钳实验（具体操作可参考第一章）。

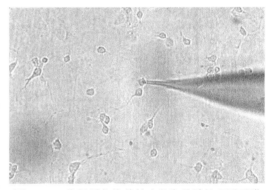

图 3-5-1　获得原代培养的小鼠海马神经元用于膜片钳实验

取出含有海马神经元的培养皿，将细胞培养液更换成细胞外液，置于倒置相差显微镜上，选取健康的单个海马神经细胞进行实验（图 3-5-1）。

3. 电极制备 使用微电极拉制仪，采用两步法或多步法将玻璃毛坯拉制成微电极，使其尖端直径达到 1 ～ 2μm，将电极内液从电极尾端进行灌注。在完成灌注后电极尖端一般会有少许气泡残留，应将气泡排净，排出气泡的方法是用左手拿住电极，尖端向下，用右手轻轻弹击电极，可见气泡徐徐上升直至尖端气泡全部排出。电极内液大约灌注至电极全长的 1/2，保证其能与探头的银丝接触上即可。充满电极内液时的电极电阻以控制在 2 ～ 5MΩ 为宜。

（二）全细胞模式形成

1. 打开放大器，运行电脑软件 Patchmaster，在软件的记录模式处（Recording Mode）选择 Whole Cell（图 3-5-2）。

2. 将电极装到探头前端的电极夹持器上，使用电动微操纵器进行移动，使微电极浸入浴槽液面以下，打开 SEAL 模式，可看到由测试脉冲产生的方波电流（图 3-5-3A），并可直接读出电极

图 3-5-2 Patch-master 软件显示的放大器控制界面

电阻的大小。

3. 封接 使微电极逐渐接近并缓慢接触细胞，可看到方波电流逐渐减小（图 3-5-3B），当减小到 1/3 ～ 1/2 的时候给予负压吸引，可看到方波继续减小甚至消失，电阻值也达到 1GΩ 以上，表示已经形成稳定封接（图 3-5-3C）。

4. 补偿电极电容 用 C-fast 消除电极电容，补偿电极电容后的波形见图 3-5-3D。

5. 破膜 将膜电位保持在 -80mV，进一步轻轻给予负压进行破膜。此时屏幕上出现膜电容的充放电电流（图 3-5-3E）。破膜后，轻轻撤除负压，进一步进行电容补偿 C-slow。打开刺激发生器面板，选择事先设定好的程序，开始记录。

（三）神经元动作电位的记录

1. 动作电位记录 细胞成功封接及破膜后，将电压钳模式转为电流钳记录模式，并取消钳制电流使细胞处于静息状态。将刺激发生器的程序调整为持续的 0pA，记录时间为 10 秒，可记录到细胞的静息膜电位。接着给细胞一个 10 毫秒斜坡递增电流刺激（0 ～ 200pA），此时可观察到由不同刺激强度引起的动作电位。

2. 数据分析 打开记录文件，可看到记录的动作电位和静息膜电位，可进一步分析动作电位的峰值、阈电位、动作电位时程，计算动作电位上升的速度、复极化的速度等。

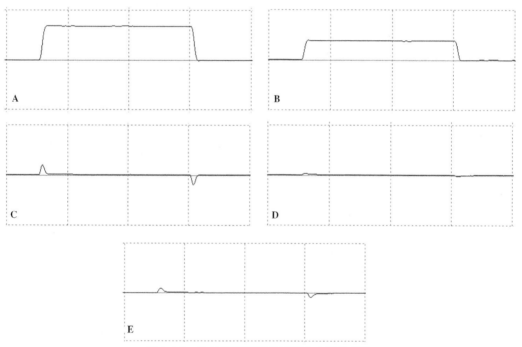

图 3-5-3 从封接到破膜的过程中电流的变化

A. 由测试脉冲产生的方波电流；B. 方波电流由于电阻的增大而减小；C. 形成封接状态；D. 电容补偿后电容电流明显减小；E. 破膜状态（由于细胞破膜而产生的电容电流）

四、结 果 判 读

1. 在电流钳模式下，不施加任何刺激的情况下可记录到静息膜电位（图 3-5-4A），有时也可观察到神经元的自发动作电位（图 3-5-4B）；给予细胞斜坡电流刺激后，可以看到由刺激诱发的一系列动作电位（图 3-5-4C）。

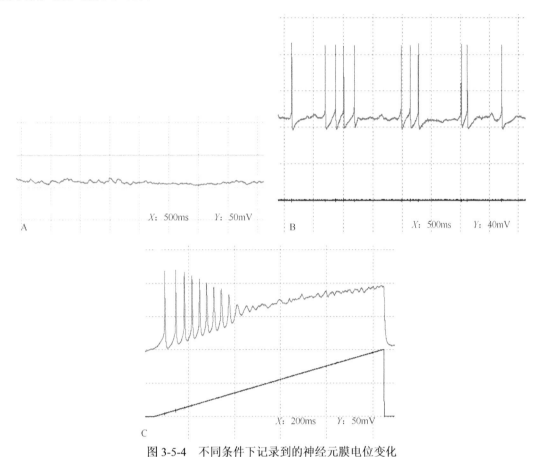

图 3-5-4 不同条件下记录到的神经元膜电位变化

A. 神经元的静息膜电位；B. 神经元的自发动作电位；C. 斜坡电流刺激引起的动作电位

2. 可能出现异常记录，其原因可能有以下几个方面，记录中途封接不良，漏电流较大，不能正确记录到膜电位（图 3-5-5A）；原代培养神经元的状态不良，在受到刺激后并未产生动作电位（图 3-5-5B）。

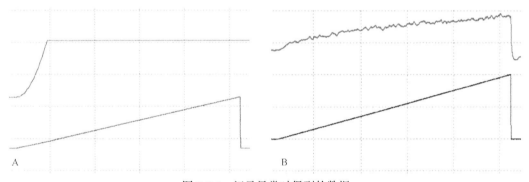

图 3-5-5 记录异常时得到的数据

五、注 意 事 项

1. 高阻抗封接的形成是膜片钳实验成功的关键，因此在进行封接时要注意保持细胞表面光滑以及电极尖端的清洁。通常可以在电极尖接近细胞膜之前施加一定的正压，以防止液体中的微小颗粒附着在电极尖端，影响高阻封接形成。

2. 在原代培养分离神经元的过程中，要注意所用酶的种类、用量和处理时间等，这些因素很重要，获得良好培养状态的神经元是膜片钳实验成功的关键。

3. 在配制电极内液时，该溶液的浓度、pH 和渗透压一定要准确，否则会明显影响封接的效率，也会影响电流和电位的大小。

4. 拉制电极时要注意电极尖端的大小和电极电阻的大小，且电极必须保持干净，避免灰尘污染，应现用现拉制。

5. 灌充电极时要避免电极尖端残留有气泡。

6. 电极将要接触细胞时，要注意控制电极使其缓慢下降，以免破坏细胞膜而影响封接的成功。

（赵伟东）

第六节　离体脑片膜片钳技术

一、基本原理及实验目的

急性离体脑片是一种厚度为数百微米的活体脑组织切片（简称脑片），可在充氧的人工脑脊液中存活数小时，在神经生理、药理、病理等领域具有广泛应用。离体脑片相对于在体脑记录，具有稳定性高、细胞外环境可控等优点；相对于培养神经元，具有基因表达不发生改变、突触结构和局部神经回路保持完整等优点。目前多个脑区，如大脑皮质、海马、下丘脑、纹状体、脑干等均可制备离体脑片，结合全细胞膜片钳技术（whole-cell patchclamp），可用于探究脑区相关离子通道和受体的神经生理特征，阐明神经可塑性以及神经回路连接的生理机制。

二、主要仪器设备、试剂及耗材

1. 仪器设备　电子天平、pH 仪、渗透压仪、电极拉制仪、振动切片机、恒温水浴锅、IR-DIC 显微镜、膜片钳放大器、光学显微镜、微操纵仪、摄像头、蠕动泵、防震台、无菌手术器械等。

2. 试剂　人工脑脊液（artificial cerebrospinal fluid，aCSF）、电极内液、记录灌注液等。

3. 耗材　1ml、5ml 一次性注射器；一次性吸管、胶水（丙烯酸酯胶）、0.22μm 水系滤嘴、0.5ml 离心管、刀片、三通管、玻璃电极（硼硅酸盐玻璃毛细管，外径 1.5 或 2mm）等。

三、操作步骤

（一）实验溶液准备

脑片膜片钳所需溶液包括人工脑脊液和电极内液两类。本节介绍以大/小鼠脑干听觉通路斜方体侧核（medial nucleus of the trapezoid body，MNTB）区域花萼状突触脑片为实验标本，利用 PatchMaster/EPC-10 软硬件系统，通过全细胞膜片钳技术记录突触后神经元微小兴奋性突触后电流（miniature excitatory postsynaptic current，mEPSC）的实验过程。研究者可根据实验目的和实验标本的不同，以及参考文献调整溶液成分，溶液配制过程中需注意维持溶液渗透压及 pH。

1. 低钙脑脊液　用于手术及脑片过程，配方见表 3-6-1。实际操作中常配制 10 倍浓度的母液，不含葡萄糖、抗坏血酸、氯化钙和氯化镁，4℃保存，实验时稀释使用。

表 3-6-1 低钙脑脊液配方 单位：mmol/L

中文名称	英文名称	浓度	中文名称	英文名称	浓度
氯化钠	NaCl	125	碳酸氢钠	NaHCO$_3$	25
氯化镁	MgCl$_2$	3	肌醇	Myo-inositol	3
丙酮酸钠	Na-pyruvate	2	抗坏血酸	L-ascorbic acid	0.4
氯化钾	KCl	2.5	葡萄糖	Glucose	25
磷酸二氢钠	NaH$_2$PO$_4$	1.25	氯化钙	CaCl$_2$	0.05

注：溶液 pH 用 NaOH 调整至 7.2～7.3，渗透压 320～325mOsm/L，溶液在 4℃ 保存。

2. 标准脑脊液 手术制备后的脑片孵育在标准脑脊液，37℃，95% O$_2$+5% CO$_2$ 混合气体中恢复至少 30 分钟，标准脑脊液成分与低钙脑脊液大致相同，钙浓度为 2mmol/L，具体配方见表 3-6-2。

表 3-6-2 标准脑脊液配方 单位：mmol/L

中文名称	英文名称	浓度	中文名称	英文名称	浓度
氯化钠	NaCl	125	碳酸氢钠	NaHCO$_3$	25
氯化镁	MgCl$_2$	1	肌醇	Myo-inositol	3
丙酮酸钠	Na-pyruvate	2	抗坏血酸	L-ascorbic acid	0.4
氯化钾	KCl	2.5	葡萄糖	Glucose	25
磷酸二氢钠	NaH$_2$PO$_4$	1.25	氯化钙	CaCl$_2$	2

注：溶液 pH 用 NaOH 调整至 7.2～7.3，渗透压 320～325mOsm/L，溶液在 4℃ 保存。

3. 记录灌注液 记录突触后神经元 mEPSC 的灌注液，其配方为标准脑脊液中加入 TTX（1μmol/L）、荷包牡丹碱（10μmol/L）、番木鳖碱（2μmol/L）和 D-AP5（50μmol/L）。

4. 电极内液 在全细胞膜片钳记录中的电极内液成分与细胞内液大体保持一致，配方见表 3-6-3。实际操作中常将电极内液以 0.5ml 的规格分装保存在 -20℃ 下。

表 3-6-3 花萼状突触电极内液配方 单位：mmol/L

中文名称	英文名称	浓度
葡萄糖酸钾	K-gluconate	125
磷酸肌酸钠	Na$_2$-phosphocreatine	10
腺苷三磷酸	ATP	4
氯化钾	KCl	20
4- 羟乙基哌嗪乙磺酸	HEPES	10
鸟苷三磷酸	GTP	0.3
乙二醇双（2- 氨基乙基醚）四乙酸	EGTA	0.05

注：溶液 pH 用 KOH 调整至 7.2～7.3，渗透压 320～325mOsm/L。

（二）脑片制备

1. 实验动物 本实验中使用出生后 8～10 天不限性别的大鼠或小鼠。

2. 脑片制备前准备工作 将预冷处理过的低钙脑脊液充入 95% O$_2$+5% CO$_2$ 混合气体 15 分钟，置于冰上备用；将标准脑脊液置于 37℃ 水浴锅中，并持续充入混合气体。向预冷的玻璃皿中倒入约 150ml 低钙脑脊液用于手术，手术过程中保持玻璃皿置于冰上维持低温。安装刀片调节水平，设置切片速度、厚度及振动幅度等参数，在金属切片框周围加入碎冰，保证切片低温环境，准备无菌手术器械（如手术刀、眼科剪、弯头精细镊等）在冰上预冷待用（图 3-6-1A）。

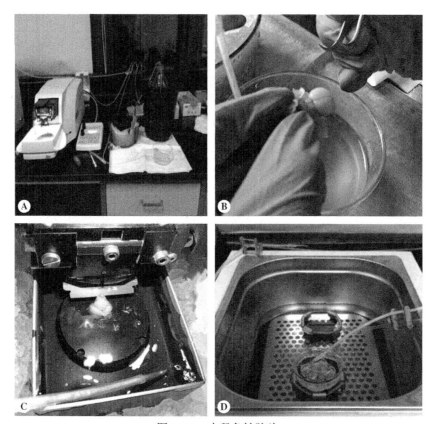

图 3-6-1　大鼠急性脑片

A.溶液及手术器械准备；B.脑组织暴露；C.脑片；D.脑片孵育

3. 手术取脑　使用手术剪将幼鼠快速断首，随后立刻将幼鼠头部浸润于低钙脑脊液中快速降温。低温低钙脑脊液能够有效降低神经元活动并减少由手术创伤和外界刺激所产生的神经兴奋毒性。

浸润降温后，使用手术剪沿断口中线向上挑起剪开头部皮肤，使头骨完整暴露。从断口处沿中线剪开头骨直至前端，暴露嗅球，沿头骨人字缝向左、右两侧垂直剪至头骨边缘，形成"十"字形切口。使用弯头精细镊将头骨一分为四进行剥离，使脑组织完全暴露，在颅骨剥离过程中应时常将脑组织浸于低钙脑脊液中进行降温（图 3-6-1B）。

使用手术刀在人字缝的位置垂直切断脑组织及腹侧神经束，将其平整分割为前、后两部分。本实验所用的花萼状突触位于脑干，因此将切口至嗅球部分的脑组织弃除，保留脑干部分用于切片。将包含脑干部分的脑组织翻转并暴露腹侧面，使用弯头精细镊完全挑断所有可见的血管及神经束，剥离腹侧面所有的脑膜，防止在切片过程中产生牵张力损伤脑组织。使用弯头精细镊划断连接在脑和头骨上的组织，将包含 MNTB 区域的脑组织剥离下来，置于持续充入混合气体的低温低钙脑脊液中。

4. 脑片　使用平底金属药匙将脑组织从低钙脑脊液中取出，置于提前略微润湿的滤纸上，适当吸去附着在脑组织上的多余溶液。在金属切片底座上均匀涂抹少量无毒速干胶水，将脑组织以切面为底、垂直粘贴于切片底座上，脑组织腹侧面朝向刀片位置，轻轻压实并固定。将切片底座置于切片框中，缓慢注入低钙脑脊液并浸没脑组织，切片全程持续充入混合气体（图 3-6-1C）。

切片过程中，脑片厚度为 200μm，振动幅度为 1mm。为缩短切片时间，在未达到目标脑区时，切片速度可适当调高至 0.08 ～ 0.10mm/s，接近目标脑区后切片速度调整为 0.02mm/s，当刀片经过目标脑区后切片速度可再次适当调高。切取的脑片立即转移至预先处理过的标准脑脊液中进行孵育恢复（图 3-6-1D）。切片全过程应尽快完成，建议不超过 30 分钟。为保证后续膜片钳实验效果，脑片应在标准脑脊液中恢复至少 30 分钟。

（三）电极拉制

1. 使用电极拉制仪制备电生理记录所需的玻璃电极，将玻璃电极小心穿过铂金框置于拉制仪槽内，注意不可接触铂金框，旋紧两侧固定螺丝（图 3-6-2A、B）。

2. 根据实验所需电极电阻，调整拉制仪参数，完成电极制备。制备后的电极应在光学显微镜（50×）下检查尖端，粗略判断是否符合要求（图 3-6-2C），根据不同脑区神经元大小不同，玻璃电极电阻一般为 2 ～ 6MΩ。制备电极仅供当天使用。本实验中花萼状突触 mEPSC 记录所用的玻璃电极电阻一般为 2.5 ～ 3.5MΩ。

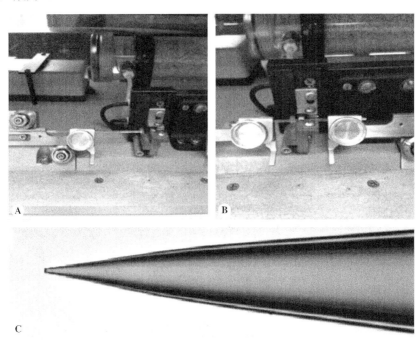

图 3-6-2 电极拉制过程

A. 插入电极；B. 拉制仪两端固定并拉制；C. 电极尖端形状

（四）电生理记录

1. 脑片固定 记录灌注液置于 100ml 量筒中，持续充入混合气体，通过蠕动泵将其引入记录槽中并保持循环流动。使用带牙线的 U 形铂金框将脑片压置于记录槽中，使脑片在记录过程中保持稳定（图 3-6-3A）。

2. 目标脑区的确定 首先在低倍镜（10×）下找到 MNTB 脑区，并通过 X-Y 移动台将目标脑区移至视野中央，随后切换至高倍镜（40×），并将物镜浸没于溶液中形成水镜，通过摄像头在显示器上定位 MNTB 脑区。

3. 电极入水 根据细胞状态选择形态饱满、边界清晰的花萼状突触神经元，通过 X-Y 移动台将其移至视野中央。向玻璃电极内加入约 10μl 的电极内液（图 3-6-3B），安装到电极探头前部的夹持器上并旋紧（图 3-6-3C）。抬高物镜（保持水镜封接），通过微操将电极移至液面下，调整其位置使之出现在显示器中央。

根据电极内液和记录灌注液正负极性不同，在 PatchMaster 软件操作面板上调整"LJ"值后，点击"SETUP"键，给电极尖端施加一个 5mV/10ms 的方波，在"R-memb"可以实时读取电极电阻（图 3-6-4A），若电极电阻过大或过小，需更换电极并重复此过程。通过三通管持续给予电极一定正压防止电极堵塞，并通过微操调整电极位置使之靠近待记录的神经元（图 3-6-3D）。

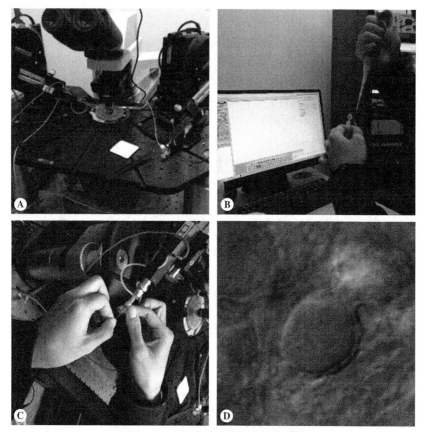

图 3-6-3　脑片膜片钳操作示意图

A. 将脑片置于记录槽内；B. 玻璃电极内灌入电极内液；C. 玻璃电极固定于电极夹持器；D. 选择细胞体形态饱满、轮廓清晰的神经元进行电生理记录

4. 细胞封接　通过屏幕上的电流变化检测电阻变化，将电极缓慢靠近神经元，在正压作用下电极尖端在神经元表面吹出一个"凹槽"，撤除正压，细胞膜会反向吸附在电极尖端形成初步封接，电阻值同步上升。此时在 PatchMaster 软件中通过"V-membrane"将钳制电位从 0mV 调整至静息电位（-80mV），同时施加负压轻微抽吸，使玻璃电极与细胞膜形成紧密封接，电极电阻迅速上升，形成高阻封接（giga-seal，一般大于 1GΩ）。在 PatchMaster 软件中"C-fast"区域点击"Auto"键，对电极电容进行自动补偿（图 3-6-4B）。

5. 全细胞记录模式　在形成稳定高阻封接后，撤除负压并保持神经元稳定，再次通过给予 1次或多次轻微短暂负压，使电极尖端下吸附的局部细胞膜破裂，形成全细胞记录模式（图 3-6-4C）。通过 PatchMaster 软件中"C-slow"区域"Auto"键，对细胞膜电容进行自动补偿，此补偿数值反映了神经元的表面积。通过"Rs Comp"补偿系列电阻，花萼状突触 mEPSC 记录时，系列电阻补偿设置为 90% 以上，延迟时间 lag 设置为 10 微秒（图 3-6-4D）。

6. 数据采集　形成全细胞记录模式后，将神经元以电压钳模式钳制在静息电位（-80mV），在保持记录灌注液中 TTX 阻断钠通道的条件下，记录兴奋性神经元的自发发放，发放频率一般为 0.3 ～ 3Hz。实验数据以 .dat 文件格式存储于本地硬盘。

7. 数据分析　在 PatchMaster 软件"Replay"菜单栏中，通过"Export trace-as Igor Wave"将实验数据导出为 .ibw 文件；.ibw 文件数据可导入至 Igor Pro 软件，读取电流、电压等记录内容，并进行测量及分析作图。对于 mEPSC 的统计，如幅度、频率等可使用 Mini Analysis 软件。

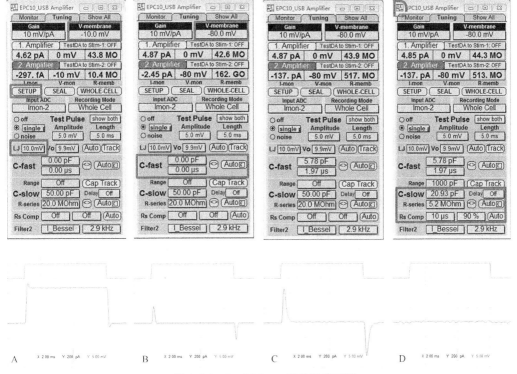

图 3-6-4　PatchMaster 软件操作面板

A. 对液接电位进行补偿校正并通过"R-memb"读取电极阻值，下图红色 trace 为测试电压方波，黑色 trace 为电流方波，电极电阻越大，电流方波幅度越小；B. 形成高阻封接，电流方波基本消失，两端尖峰表示电极电容瞬变值；C. 形成全细胞记录模式，电流方波两端尖峰表示膜电容瞬变值；D. 通过"C-slow"对膜电容进行补偿，"Rs Comp"对系列电阻进行补偿，完成补偿后电流方波尖峰消失

四、结 果 判 读

1. 高质量电生理数据　在记录突触后神经元 mEPSC 时，通过 PatchMaster 或 Igor Pro 软件，观察记录到的电生理数据即可判断数据质量（图 3-6-5A）。质量较好的 mEPSC 电生理数据噪声小、基线平整（图 3-6-5B）。

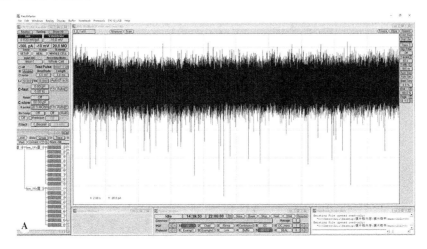

图 3-6-5　高质量电生理数据

A. PatchMaster 软件判断数据质量；B. Igor Pro 中得到的高质量 mEPSC 数据

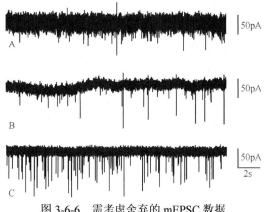

图 3-6-6　需考虑舍弃的 mEPSC 数据

A. 背景噪声较大；B. 记录基线剧烈抖动；C. 未加入 TTX 阻断钠通道

2. 低质量电生理数据　当记录到的 mEPSC 数据质量较差时，通常表现为以下 3 种情况：① 处理分析得到的 mEPSC 数据背景噪声较大（图 3-6-6A），或伴有 50Hz 交流电噪声，造成这种现象的原因可能是外界信号干扰，需要检查屏蔽网接地是否良好；② mEPSC 基线抖动（图 3-6-6B），可能的原因有：神经元封接破膜时操作不当，造成封接不紧密，脑片没有被稳定压置在铂金框下，受记录灌注液流动干扰，防震台悬浮隔离不佳等；③ 记录灌注液中未加入 TTX（图 3-6-6C），记录数据为自发兴奋性突触后电流（spontaneous excitatory postsynaptic current，sEPSC），表现为频率较高且有较大幅度的自发发放电流。

五、注意事项

1. 对于脑片膜片钳技术而言，脑片状态可直接影响电生理数据质量。因此，在手术取脑和切片过程中需要非常小心，避免损伤目标脑区。此外，取脑和切片过程均需在 0 ～ 4℃冰水浴中进行。

2. 为了持续稳定得到符合实验要求阻值的玻璃电极，除了设置适当的拉制参数，还应注意避免一次性连续拉制多根电极。同时，玻璃电极不可触碰铂金框，避免其变形使得程序参数失效。

3. 细胞记录过程中需注意蠕动泵速率，速率过快会引起脑片抖动而影响记录结果，速率过慢则氧气不足易使细胞状态变差。

4. 膜片钳记录对环境要求较高，应保证实验区域的恒温、恒湿并防止震动、交流电等干扰实验的因素。

5. 在膜片钳记录过程中难以形成高阻封接的原因有以下 3 种可能：脑片质量较差，通过显微镜观察确认后，应检查实验所用溶液渗透压、pH 是否正常，并尽量缩短切片时间；玻璃电极尖端切口不平整或存在污染，不利于形成高阻封接，需调整拉制参数并过滤电极内液；电极夹持器没有旋紧或橡胶垫圈磨损，引起电极松动或气密性不足，难以封接，应旋紧夹持器或更换垫圈。

（薛　磊）

第七节　电生理记录常用软件的使用

一、Spike2 电生理记录和分析软件的使用简介

Spike2 电生理记录和分析软件是英国剑桥大学电子设计学院（Cambridge Electronics Design，CED）开发的一款电生理实验用记录和分析软件，通常与 Power 1401 或 Micro 1401 数据采集硬件模块搭配使用。Spike2 基于 Windows 平台运行，是记录和分析细胞电生理活动波形、事件和特殊标记的理想软件，可以完成电活动波形和幅值的高分辨率记录，目前软件已更新至第 10 版。

1. Spike2 的安装　安装 Spike2 的电脑需要满足相应 Spike2 版本的硬件配置要求。首先将安装光盘插入电脑光驱，或者将软件安装包文件下载到电脑硬盘，并获得软件授权的注册码。打开 disk1 文件夹，双击运行 setup.exe。

默认状态下，安装程序会将 Spike2 的主程序、帮助文件、示例文件和使用指南等复制到程序文件夹内（C：\Program Files”\CED\Spike*），同时也会安装 1401 硬件的支持文件。用户也可以根据自身需要选择性地安装主要文件。

2. 使用入门　使用 Spike2 开展电生理记录、分析前需要熟悉软件的菜单内容和基本操作（图 3-7-1）。

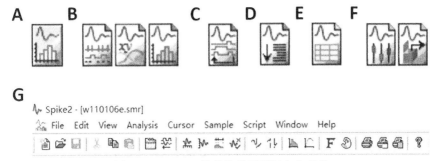

图 3-7-1　Spike2 软件的常用图标和主菜单

A. 软件启动快捷图标；B. Spike2 记录数据文件，左侧为主文件；C. 输出序列文件；D. Script 脚本文件；E. grid 网络文件；F. 数据采集配置文件和资源文件；G. Spike 2 软件主界面菜单

Spike2 软件主界面有 9 个主要菜单：File 菜单内可以完成新建文件、打开文件、存储和另存、导入与导出文件等操作；Edit 菜单内可以完成取消、重做、拷贝、粘贴、删除、替换和搜索等常见文件操作；View 菜单可以完成调整工具栏或状态栏、扩大或缩小显示比例、调整 X 或 Y 轴比例尺、显示或隐藏通道、调整颜色等操作；Analysis 菜单内可以完成放电间隔图、频率直方图、刺激相关活动时间直方图、事件相关图、波形平均图、功率谱图、波形相关图等电生理基本分析和作图，还可进行建立虚拟通道、复制通道、删除和存储通道、FIR/IRR 数字滤波等操作；Cursor 菜单可以用来完成各类横向和纵向光标线操作，包括光标线的新建、控制、移动、删除和定位等；Sample 菜单用于完成采样参数预设、采样控制等采样相关操作；Script 菜单可以导入、运行和控制各类用于电生理记录、数据分析的 Script 插件；Window 菜单用来进行各操作窗口的隐藏、显示、切换和排列等；Help 菜单包括了名词索引、使用帮助、网站链接和版本信息等。

3. 采样设置和数据采样　在进行电生理数据采样前，实验者需要根据实验具体要求完成采样窗口内的各通道设置（图 3-7-2）。

图 3-7-2　Spike2 软件电生理采样设置窗口

首先，为1401各输入信号设置对应的 Waveform 通道。对于不同性质的信号，要设置对应的采样频率、单位和1401端口号等信息。实验者可以根据喜好，建立 event、level、marker 和频率直方图等其他通道。完成采样参数设置并确定后，可以点击"Runnow"或"Samplenow"键进入采样控制窗（图3-7-3）。在采样控制窗的模板内可以通过调节上下水平光标尺将神经元的放电信号与背景信号区分开来，同时还可以完成多个单位电信号的区分，之后就可以开始采集数据，数据采集结束后使用 File 菜单内的 Save 功能存储记录文件，也可以用 Export As 完成数据向 *.mat 等其他格式的导出。

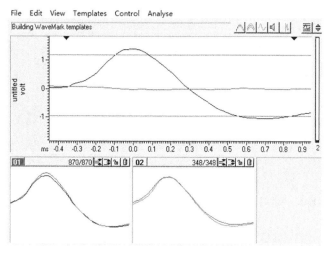

图 3-7-3　Spike2 软件电生理采样波形模板设置窗口

4. 结果分析和 Script 脚本程序的使用　Spike2 软件除了强大的数据采集能力外还有丰富的数据分析功能。

Analysismenu-NewResultView 模块可以完成几种常用的电生理分析功能和作图（图3-7-4）。使用 Script 脚本是扩展 Spike2 软件分析处理功能的重要途径。CED 官网（https://ced.co.uk/downloads/scriptspkfunc）和其他相关网站提供了丰富的可用于编辑、分析、展示和控制等多种功能的 Script 脚本文件供用户下载。用户可将需要的 Script 下载解压后，通过 Spike2 主菜单内的 Script 菜单载入和运行各种 Script，用户也可以在 Script 的编辑窗口完成对脚本的个性优化，或建立自己的新 Script（图3-7-5）。

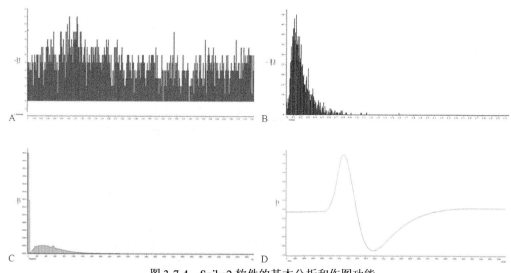

图 3-7-4　Spike2 软件的基本分析和作图功能

A. 频率直方图；B. 放电间隔图；C. 功率谱图；D. 波形叠加平均图

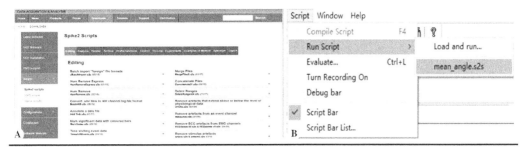

图 3-7-5 Spike2 软件的 Scripts 简介

A. CED 网站的 Script 资源；B. Spike2 软件内 Script 的导入和使用

二、MultiClamp 700B 的使用

MultiClamp 700B 放大器机身用于连接探头、digitizer、外接刺激器、地线和电脑。放大器工作是由电脑中装载的运行程序进行的。下面分别介绍其机身结构及运行程序。

1. MultiClamp 700B 放大器结构 图 3-7-6 分别为 MultiClamp 700B 放大器前、后面板。前、后面板有开关及各输入、输出连接口与探头，A/D 转换器与电脑相连接，但无发出指令的旋钮。

在后面板中有一插头标为 Sync Output，即同步触发输出，在运行程序工具栏下拉菜单 Options/GeneralOptions/General 中（见后文），若选择 Internal command，则该输出可同步触发示波器、采样软件或其他设备，使后者的信号被内部命令（包括 Seal Test、Tuning 及 Pulse、Clear 和 Zap，不包括 Buzz）同步触发。若选择 Mode，当使用 Auto 钳制模式时，如果将该输出给 A/D 转换器，可在 Clampex 采样时将该信号作为一个记录信号，可以使各钳制模式的快速转换被记录下来，用于分析。

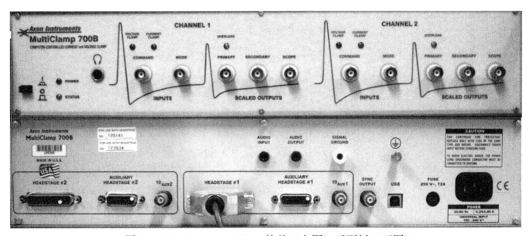

图 3-7-6 MultiClamp 700B 的前（上图）后面板（下图）

2. 探头 CV-7B 探头兼具两个电路设置：电流 - 电压转换器电路（I-V converter），用于电压钳记录模式；电压跟随器电路（voltage follower），用于电流钳记录模式。

3. 程序面板 点击打开 MultiClamp700B 程序，各部分功能见图 3-7-7。下面做逐一介绍。

（1）工具栏：工具栏各选项的名称见图 3-7-8，其功能一般在名称中已有体现，但 Option（选项）的功能较丰富，Option 主要参数一一描述如下。

1）General/Sync Output：选择 Internal command 及 Mode（图 3-7-9），则该输出可同步触发示波器、采样软件或其他设备（详情见上文所述）。当使用 Auto 钳制模式时，如果将 Sync Output 输出给 A/D 转换器，可在 Clampex 采样时将该信号作为一个信号记录下来。

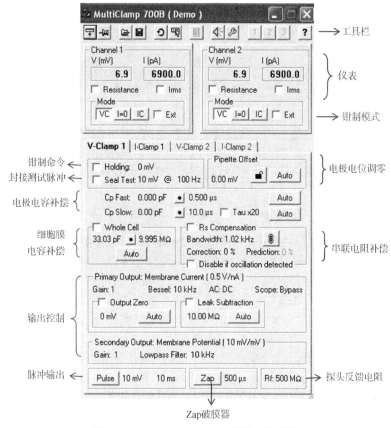

图 3-7-7　MultiClamp700B 面板（演示版）

各部分功能及分区见图中红色标出部分及文字

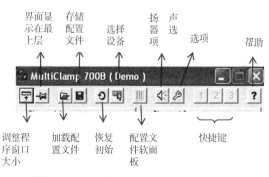

图 3-7-8　MultiClamp700B 面板工具栏

各部分功能及分区见图中红色部分及文字

2）General/Lowpass Filter Type（图 3-7-9）：选择不同导联、不同钳制模式下，施加给 Primary Output 的低通滤波类型。供选择的有 Bessel 和 Butterworth 两种滤波器（说明见下文）。在这里所选择的滤波类型会显示在程序面板"输出控制"的 Primary Output 部分中，滤波频率在所显示的滤波器类型右侧设定。

3）General/Auxiliary Headstage Information（图 3-7-9）：若使用了其他额外的放大器探头，则在此处将显示探头类型及增益大小。这些额外探头所采集的信号可选择使用 Primary Output 或 Secondary Output 输出。

4）Gains（图 3-7-10）：①设置探头反馈电阻的大小（Feedback Resistor），5GΩ 和 50GΩ 为单通道记录；50MΩ 和 500MΩ 为全细胞记录；电流转换系数显示在输出部位（图 3-7-11 内红色框内）；②外部命令灵敏度（External Command Sensitivity）设置外部命令电压的转换比例。20mV/V 表示来自外部命令的 1V 步阶电压施加给细胞时为 20mV，该命令被缩小了 50 倍；同理，100mV/V 使该命令被缩小了 10 倍。20mV/V 用于对噪声要求较高时（常用），100mV/V 用于给细胞施加大命令电压而噪声为次要考虑因素时。

5）Auto 设置（图 3-7-12）：①放大器钳制模式的切换方法，When external mode logic goes HIGH，Commander 程序面板 Mode 中的方框右侧会显示"Ext"（图 3-7-13 内红框）。此时需要在 MODE 处

输入外部数码命令,0V 为电流钳模式,4 ～ 5V 为电压钳命令。②当使用串联电阻补偿（电压钳模式）或电极电容中和（电流钳模式）时出现振荡的处理方法。当补偿或中和的数值增大时,电极可能会发生振荡,这会对细胞产生损害。MultiClamp 700B 的该项功能可防止振荡的产生从而避免细胞损伤。

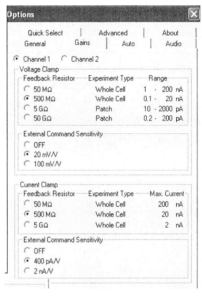

图 3-7-9　MultiClamp700B 面板工具栏 Option 功能参　图 3-7-10　MultiClamp700B 面板工具栏 Options 功能
　　　　　　数——General　　　　　　　　　　　　　　　　参数——Gains

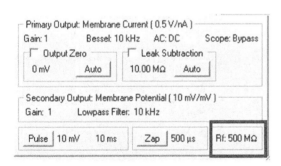

图 3-7-11　MultiClamp700B 面板输出参数
红色框内为与图 3-7-10 电流转换系数对应的反馈电阻

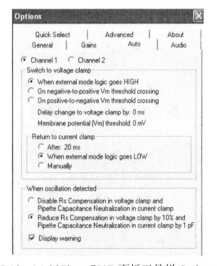

图 3-7-12　MultiClamp700B 面板工具栏 Options 功能
参数——Auto

6）Audio 设置放大器对输出信号的声音监控（图 3-7-14）：① Mute 为静音。② Audio Mode。选择声音监控的模式 Direct Signal Monitoring 将信号直接输出给喇叭而被听到,常用于肌电图或中枢神经系统活动的监测；Voltage Controlled Oscillator 常用于细胞内记录,用来监测直流信号（如膜电位）的变化。③ Audio Signal 是选择进行声音监控的导联与信号,见图 3-7-14 红框。

7）Quick Select 设置（图 3-7-15）：通过 Browse 选择已经保存在某一路径下的 *.mcc 文件,可使 Commander 程序面板中工具栏按钮 1、2、3 被赋予为所选 *.mcc 文件的快捷键,方便打开调用。此外,也可赋予这些按钮为所选的某些可执行文件（*.exe）,可通过点击这些按钮直接开启文件。

8）Advanced 设置（图 3-7-16）：①电容自动补偿脉冲参数；②自动进行桥平衡的脉冲参数；

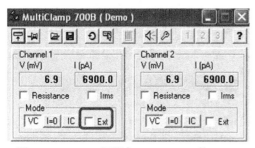

图 3-7-13　Auto 设置中 Commander 的 Mode

"When external mode logic goes HIGH" 被勾选后，
Commander 程序面板 Mode 中的红框内显示 "Ext"

③对探头进行校正。Tune 为调谐功能，使测试的方波上升时间加快，波峰平坦没有超射或下冲。Tune 功能应该每隔 6 ～ 12 个月就执行 1 次（具体操作见后文）。Match 为适配功能，放大器配的探头在出厂时已经适配完成，故通常不用。

9）About 设置（图 3-7-17）：显示 MultiClamp 700B 程序的版本、序列号、控制器及 DSP 固件的版本等有关信息。通过 Go To Download Page 按钮，可直接访问 Axon Instrument 公司网站，对 Commander 进行升级。

图 3-7-14　MultiClamp700B 面板工具栏 Options 功能
参数——Audio

红框内为两种记录钳制模式下的记录内容

图 3-7-15　MultiClamp700B 面板工具栏 Options 功能
参数——Quick Select

图 3-7-16　MultiClamp700B 面板工具栏 Options 功能
参数——Advanced

图 3-7-17　MultiClamp700B 面板工具栏 Options 功能
参数——About

在 Lowpass Filter Type 中提到的 Bessel 滤波器适合于时域信号的分析，这是膜片钳实验最常用到的滤波器；Butterworth 滤波器对噪声的滤波比 Bessel 好，但其失真也大，最适合于噪声分析（频域分析）。

（2）放大器 CV-7 探头：调谐步骤如下。

第一步，连接放大器前面板 Primary 输出到 A/D 转换器，将探头屏蔽并空置。

第二步，在程序面板打开 Options/Advanced，在 Headstage Calibration 中解开挂锁，点击 Tune。出现一个警示框，提示继续进行将使探头的设置恢复为出厂时的设置。点击"OK"后将开启 Headstage Tuning 设定框，在框中选择 Channel 和反馈电阻。

第三步，在采样屏幕上观察输出波，调节不同程度的频响 Tau 值和幅度值，使出现最佳的方波反应（最短的上升时间和最小幅度的超射或下冲）。点击"Save"保存设置。

第四步，选择另外一个反馈电阻，重复第三步操作，直到调节完所有的反馈电阻。如果需要的话，选择另一导联，完成上述操作。

最后点击"Close"，关闭 Headstage Tuning 设定框。

（3）仪表：Channel（探头通道）（图 3-7-18）。
V（mV）：电流钳时显示膜电位，电压钳时显示钳制电位，√选上 Resistance 时，显示电极电阻或膜电阻。I（pA）：电极电流，勾选上"Irms"时，显示噪声电流的 rms 值。

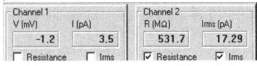

图 3-7-18　MultiClamp700B 面板——仪表

图 3-7-19　MultiClamp700B 面板——钳制模式

（4）钳制模式（图 3-7-19）：VC 为电压钳模式；IC 为电流钳模式。

I=0：通常用于在电压钳与电流钳之间转换时的过渡。为电流钳的特殊模式，细胞不接受任何命令，V 显示为静息电位。

Ext：如果从面板 Mode 输入 Clampex 的信号，则钳制模式的变换将受控于 Clampex。如果 700B 面板 Mode 输入的为 0V，则钳制模式为电流钳；若为 4～5V，则为电压钳。

Auto：放大器的钳制模式将根据细胞膜电位的变化自动从电流钳转换为电压钳模式。这里的 Auto 与 option 中的 Auto 一致。

（5）钳制参数：首选参数和选项设置方法有以下 3 种。①拖动式：Holding，鼠标拖动。鼠标拖动步幅为 1mV，+Shift 键，步幅 5mV；+Ctrl 键，步幅 20mV。Cp Fast、Cp Slow 和 Whole Cell，上下拖动改变电容；左右拖动改变时间常数 / 串联电阻。②输入式：Holding，直接输入数值。③菜单选择式：对于大多数可拖动的数值，将光标置于其上并单击右键可开启一个菜单，选择后可调节拖动的步幅。各参数见图 3-7-20，具体如下。

1）Holding：用于输出钳制电压给细胞，电压钳与电流钳都具有该功能，电压钳时输出的直流电压范围为 ±1000mV。

电流钳时输出的直流电流范围：探头反馈电阻为 5GΩ/500MΩ/50MΩ 时，输出电流为 ±200pA/±2nA/±20nA。

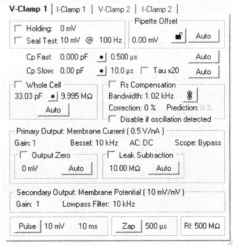

图 3-7-20　MultiClamp700B 面板——钳制参数

2）Seal Test：产生刺激脉冲，仅适用于电压钳模式，主要用于监测封接过程。脉冲幅度的范围为 ±1000mV，发放频率范围为 2～1kHz。一般在封接过程中多使用采样软件 Clampex 的 Seal Test 功能，所以此处的 Seal Test 多用于放大器的功能检测与校正。

3）Pipette Offset：用于补偿失调电位（主要是液接电位和电极电位），当电极进入浴液时首先要使用该功能。使用时需注意：为避免引入误差，当形成封接（膜片钳记录）、电极刺入细胞内（细胞内记录）或从电压钳模式切换为电流钳模式后，不要再改变已经补偿好的失调电位数值。形成全细胞记录模式后，必须对液接电位的补偿进行校正。

4）Cp Fast 和 Cp Slow：用于补偿电极电容，适用于电压钳模式。Cp Fast 用于补偿电极电容的快成分，这是电极电容的主要成分；Cp Slow 用于补偿电极电容的慢成分，慢成分与玻璃电极的损耗因子有关，它需要较长时间的充电补偿。电极电容的补偿要在形成细胞封接后进行，要先补偿快成分，然后补偿慢成分。

如果选上 Tau×20，则对时间常数的补偿范围将增大 20 倍，即从 10～200μs 增大到 200～4000μs。

5）Whole Cell：全细胞膜电容补偿功能，适用于电压钳模式。只有当探头反馈电阻选择 50MΩ 或 500MΩ 时（全细胞记录模式），才能使用膜电容补偿功能。该功能包括膜电容幅度（pF）的补偿与串联电阻（MΩ）的测量。使用时注意：当给予细胞电压命令时，膜电容的充放电可能会影响离子通道电流的观察。膜电容的充放电可能会使放大器电路饱和。若不对膜电容进行补偿，这会影响串联电阻的补偿。

6）Rs Compensation：用于串联电阻补偿功能，适用于电压钳模式。串联电阻（series resistance，Rs）为探头电路所遇到的除细胞膜外的总电阻，一般包括电极电阻、可能堵塞电极尖端的细胞膜片阻力电阻、细胞器的阻力电阻、脑片标本上细胞膜表面的胶质细胞或其他组织所带来的电阻、浴液电阻等。串联电阻可引起细胞膜对命令电压的反应时间延迟（τ=RsCm），也可以在 Rs 上产生电压降，影响膜钳制电位和细胞膜电位的数值。此外，Rs 与 Cm 可形成单极 RC 滤波器，从而限制所记录的电流信号的带宽。

串联电阻的补偿是消除串联电阻影响的重要方法。进行串联电阻补偿前，必须先对电极电容以及全细胞膜电容进行补偿。在串联电阻补偿过程中，也需要对其他补偿进行重新调节。

Rs Compensation 中可调节的参数包括：Bandwidth、Prediction 及 Correction。① Bandwidth：为串联电阻补偿电路的低通滤波频率（kHz），通过降低该滤波频率可预防电极产生振荡，如果增大 Bandwidth，可看到膜反应被加速。默认值为 1kHz。② Prediction：可缩短膜电容充电的时间常数，加速膜电位对命令电压的反应速度。τ=RsCm（1-Prediction），若 Rs=10MΩ，Cm=5pF，Prediction 分别为 0%、50%、90% 时，则 τ 分别为 50μs、25μs、5μs。③ Correction：补偿串联电阻引起的电极电压，降低 RsCm 对电流的滤波作用。

当串联电阻 Rs=10MΩ，Correction 为 90% 时，被补偿掉的 Rs 为 9MΩ，剩余的 Rs 为 1MΩ。

增加 Prediction 或 Correction 时，会出现小的瞬变值，需要重新微调 Whole Cell、Cp Fast 和 Cp Slow。Correction 值过大会引起电路振荡，所以请勾选 Reduce if oscillation detected。在施行 Correction 功能之前，应该对放大器输入电容进行充分的补偿。串联电阻的补偿功能只适用于电压钳模式，电流钳模式下应采用 Bridge Balance 功能对串联电阻进行补偿。

Prediction 与 Correction 功能可联合使用，也可分别使用。点击图 3-7-20 的链锁可使 Prediction 和 Correction 一起变动或分别变动，这要根据补偿的效果来看。

7）Primary Output：Primary Output 右侧显示有输出信号的名称与转换系数。信号的名称可在点击鼠标右键打开的菜单中选择，信号名称选好后，转换系数会自动计算并显示出来。

① Gain 为输出增益，Gain 变化时，Primary Output 右侧输出信号的转换系数会随之自动改变。② Bessel（Butter worth）滤波器。在程序面板 Options/General 中进行选择。AC 为高通滤波，当选择 DC 时，表示只去除信号中的直流成分。③ Scope 输出的信号可被额外滤波，当选择"Bypass"时，Scope 输出等同于 Primary 输出。④ Output Zero 可将输出信号中的直流成分去除，从而使信号基线回到零的位置。⑤ Leak Subtraction 为漏减功能，用于去除单通道记录中的漏电流，适用于电压钳模式。全细胞漏电流的去除可采用采样软件的漏减功能。

8）Secondary Output：Secondary Output 右侧显示输出信号的名称与转换系数。输出信号有电压钳模式下的"Membrane Potential"、电流钳模式下的"Membrane Potential"、电流钳模式下"Pipette Potential"。

Pulse 及 Zap：点击 Pulse 可以向细胞输出单个刺激脉冲（电压钳模式下为电压，电流钳模式下为电流），可设定脉冲的幅度和持续时间。Zap 适用于电压钳模式，用于封存后打破细胞膜形成全细胞纪录，点击 1 次 Zap，放大器就向细胞输出 +1V 的电压脉冲刺激。可设定脉冲持续时间，其范围为 25μs ~ 50ms，使用时应先选择较短时间（推荐从 0.5 毫秒或 1 毫秒开始），然后逐渐增大直至破膜。

三、Clampex 9.0 的使用

Clampex 是记录软件，与 MultiClamp 700B 功能相互联系。软件功能强大，包含给予刺激、记录及分析等，下面将逐一介绍。

打开 Clampex 9.0 后，最上面的菜单栏见图 3-7-21。

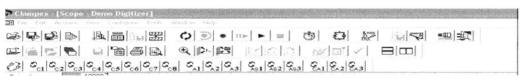

图 3-7-21　Clampex 9.0 菜单

菜单中除了 Acquire 和 Configure 外，另外几种功能与其他常见软件相似。

1. Configure 其下有较多下拉菜单。①Configure/A/D 转换器：查找 A/D 转换器的功能。通常先打开放大器、A/D 转换器后，再打开 Clampex。如果 A/D 转换器忘记打开，Clampex 显示为 demo 状态，此时需打开 A/D 转换器后在菜单 Configure 下选择相应的 A/D 转换器型号，通过 Configure 进行 detect，一旦 detect 后，功能就正常了。②Configure/telgraphed instrument：将放大器中的参数设置与 Clampex 记录中的参数建立同步联系。通常已自动建立，选择相应的选项即可。③Configure/Lab Bench：在应用 Clampex 记录之前，需在 Lab Bench 下的 Input 及 Output Signal 下增写文件。以后编写 Protocol 时选项中 Input 和 Output 可选相对应的文件名。增益的调节与 Multiclamp 700B 工具栏 Option/Gains 下的选择一致（图 3-7-22）。④Configure/Overrides，此功能与 Lab Bench/Input、Output Signal 中的相关选项相对应（图 3-7-23）。

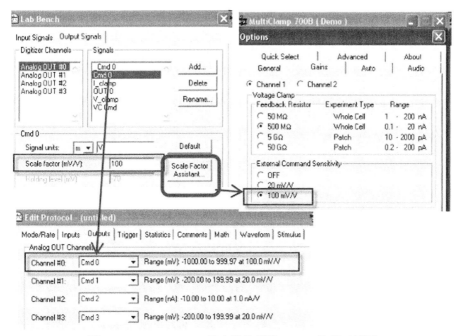

图 3-7-22　Lab Bench、放大器选项及 Protocl 编辑三界面

红色箭头连接的部分及红框展示了 Lab Bench、放大器选项及 Protocl 编辑这 3 个部分的相互对应关系

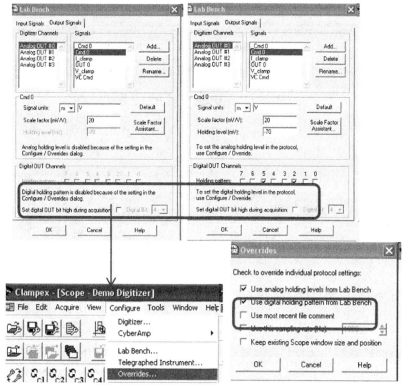

图 3-7-23　Configure/Lab Bench 及 Configure/Overrides 的对应关系

上图为 Lab Bench 中的输入及输出信号界面，右下图为 Overrides 的界面。红色箭头连接的两部分及红框展示了相互对应关系

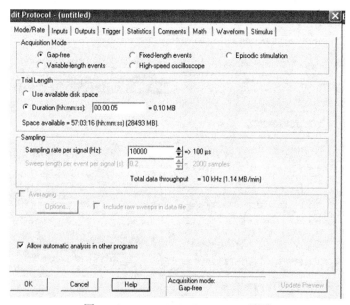

图 3-7-24　Acquire/Edit Protocol 界面

2. Acquire　其功能主要与 Protocol 的编写存储等有关，而 Protocol 的编写则是实验记录的核心文件，下面将着重讲解。

打开 Acquire/Edit Protocol 后见到以下界面（图 3-7-24），对于界面功能下面逐一介绍。

（1）Mode/Rate：指记录文件中的采样模式：常用 Episodic stimulation 及 Gap-free。① Gap-free：连续无间断记录，用于单通道或 mini 电流记录；② Fixed-length Events：记录时长固定的事件；

③ Variable-length events：记录时长变化的事件；④ High-speed oscilloscope：示波器模式；⑤ Episodic stimulation：提供固定长度的指令并记录反应，输出包括钳制水平、电流电位图等，还可在线分析。这是最常用的模式，图 3-7-25 展示了这种模式下 Protocol 的编写。

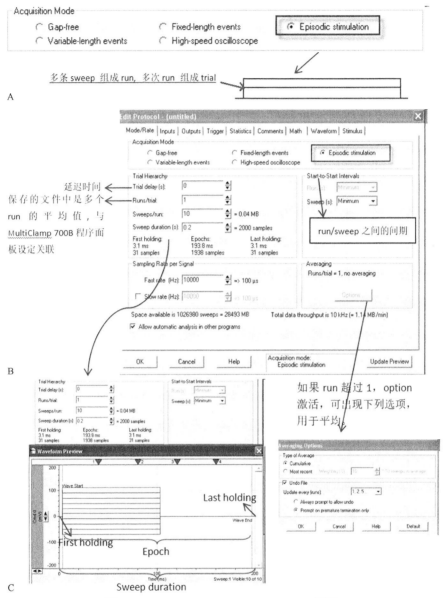

图 3-7-25　Clampex/Acquire/Edit Protocol 界面

A. 为 Protocol 编辑界面，展示了 Episodic stimulation 波形示意图，并解释了 sweep、run 及 trial；B、C. 是 A 图部分内容的放大图片，红色箭头连接的两部分展示了相互对应关系；C. 通过箭头解释了波形中的各部分

（2）Inputs：选择 Lab Bench 下的文件到 Inputs 下的对话框中。

（3）Outputs：选择 Lab Bench 下的文件到 Outputs 下的对话框中。

（4）Trigger：触发方式有① Internal Timer；② Digitizer START Input：外设；③ Space Bar：空格键；④ Line Frequency：只用于 132x A/D 转换器，与主频同步。

（5）Statistics：记录的同时可进行数据测量及统计，具体内容见图 3-7-26。

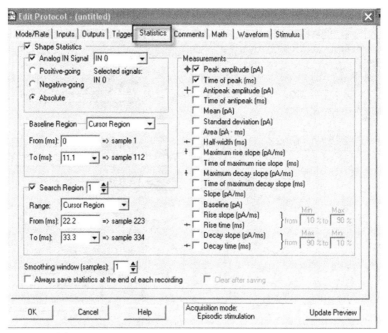

图 3-7-26　Clampex/Acquire/Edit Protocol/Statistics 界面

（6）Comments：对本记录的说明；自动写在每个数据文件中，可在 File/Properties 目录下查看。

（7）Math：在线自动计算功能，包括加、减、乘、除、记及公式运算。

（8）Waveform：可通过编辑或选用刺激文件完成。刺激波形有方波、斜波及脉冲等形式（图 3-7-27）。

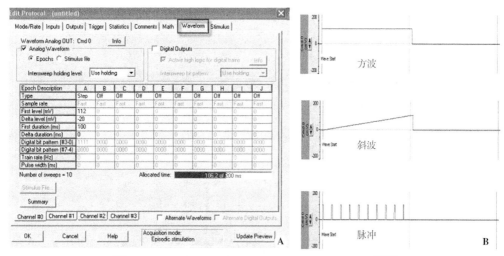

图 3-7-27　Clampex/Acquire/Edit Protocol/Waveform 界面

A. Protocol 编辑界面；B. 展示了 3 种波形

（9）Stimulus：主要有① Pre-sweep Train：条件脉冲，能施加刺激，但不在记录采样中；② P/N Leak Subtraction：用于矫正被动反应，N 条 subsweep，幅度为主刺激幅度的 $1/n$；③ User list：是各参数指标 list；④ Membrane Test Between Sweeps：可设定在运行刺激文件中介入膜测试。

3. 编写 Protocol 实例

（1）Pair-pulse stimulation：Waveform 中的设置见图 3-7-28。

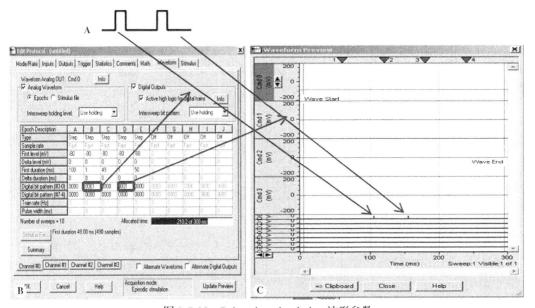

图 3-7-28 Pair-pulse stimulation 波形参数

A. Pair-pulse 波形；B. Protocol 编辑界面；C. 波形预览界面

红色箭头连接的两部分及红框展示了相互对应关系

（2）Train stimulation：Waveform 中的设置见图 3-7-29。

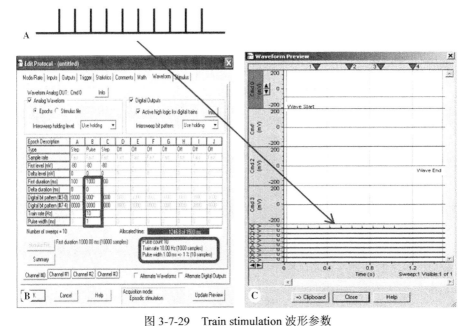

图 3-7-29 Train stimulation 波形参数

A. Train 波形；B. Protocol 编辑界面；C. 波形预览界面

红色箭头连接的两部分及红框展示了相互对应关系

4. Clampex 10 的主要新功能 新增加了 Configure/Sequencing keys，可通过编辑，将实验安排中所需的文件按顺序组合，每一文件对应相应的键，实验中只需按下相应键后自动运行即可。

四、Clamfit 9.0 的使用

Clamfit 是分析软件，它与记录软件不同，属于免费软件。主要功能包括转换文件格式；观察原始图形；输出图形数据；分析图形，计算及统计数据；分析功率谱及滤波等。在软件目录下即可找到相应菜单并使用，不需要逐一讲解。

Clamfit 还可进行数据调整。常见的有图形之间的数学运算，图形相减时常用（图 3-7-30）。

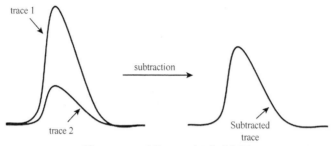

图 3-7-30　两条 trace 相减示意图

Clamfit 对突触事件的分析，流程如下：① Event Detection/ 创建 Template；② Event Detection/ Template Search；③移动 Cursors；View/Zoom/ 两光标间的波形；④ Analyze/Arithmetic；⑤ Format/ Column/Rename；⑥ Format/Rename Sheet；⑦ Analyze/ Histogram。

并进行统计学分析，以 EPSC 幅度分布及频率变化的分析为例：① Event Detection/ 创建 Template；② Event Detection/Template Search；③然后建立幅度分布及事件间隔（inter-event interval，IEI）统计图并统计分析其差异性。

（王　勇　王玉英）

第四章 脑立体定位注射相关技术

第一节 脑立体定位仪的使用

一、基本原理及实验目的

脑立体定位仪是利用颅骨表面的标志（如前囟点）为基本参考点，通过三维坐标系统，确定动物大脑皮质下某些神经结构（核团）的位置，以便在非直视暴露下完成定向刺激、破坏、注射药物或引导定位等操作。

二、主要仪器设备、试剂及耗材

1. 仪器设备　无菌手术室（21～25℃）、无菌手术器械、小动物加热毯、脑立体定位仪、微量注射泵、麻醉仪、颅骨钻、水平（或垂直）拉制仪、玻璃毛细管、10μl 微量进样器、手持电动剃须刀等。

2. 试剂　75% 乙醇、碘伏、乙醇棉球、红霉素眼膏、液体石蜡、无菌生理盐水、麻醉药如异氟烷或戊巴比妥钠等。

3. 耗材　（颅骨钻）钻头、500nl 注射针、医用缝合针线、注射器、棉签、洗耳球、马克笔等。

三、操作步骤（以小鼠为例）

（一）脑立体定位仪的使用

1. 小鼠麻醉　采用持续性异氟烷吸入（3% 诱导麻醉，1% 维持），或者腹腔注射 1% 戊巴比妥钠（50mg/kg），使小鼠进入完全麻醉状态，即仰卧时心跳及呼吸均匀、肌肉松弛、四肢无活动，胡须无触碰反应，踏板反射消失。

2. 小鼠头部固定　先将小鼠门齿卡在适配器门齿夹上，轻轻压上门齿夹横杆，调整适配器高度和前后位置，使耳杆可以方便进入外耳道。然后左手托起小鼠头部，将左侧耳杆插入小鼠耳道并固定，接着将右侧耳杆也插入小鼠耳道，调节左右两侧耳杆使动物头部保持在 U 形开口的中心位置，先锁紧固定一侧耳杆，后旋紧另一侧耳杆，使动物头部不能晃动，同时旋紧门齿夹螺丝。这时从各个方向推压动物头部均不会出现移动。将小鼠平稳固定于脑立体定位仪上后，眼部涂一层红霉素眼膏。

3. 手术区准备　依次使用 75% 乙醇、碘伏、75% 乙醇消毒待手术区域。切开动物头部的皮肤后，颅骨暴露。用棉签摩擦颅骨表面，去除颅骨表面的脑膜，用洗耳球吹干，充分暴露出前囟、后囟（图 4-1-1）。

4. 前囟定位　参考小鼠脑图谱，确定 Bregma 点（前囟）。移动注射针或玻璃电极至前囟上方，当注射针或玻璃电极刚接触前囟颅骨表面时停针，以前囟位置为参考零点，将数显仪的 X、Y、Z 轴

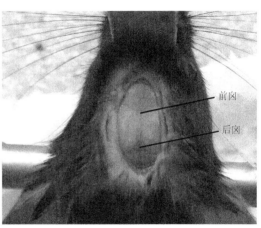

前囟

后囟

图 4-1-1　小鼠前囟和后囟示意图

坐标归零。

5. 左右调平 以前囟为坐标原点,左右移动相同的距离(推荐 2 ~ 2.5mm),针尖接触颅骨表面,分别读对应点的 Z 轴坐标。通过 Z 轴坐标的读数来判断左右是否齐平,如果读数相隔 0.03mm 以内,则认为小鼠头部 X 轴方向左右已齐平。如果读数相隔大于 0.03mm,则认为小鼠头部 X 轴方向左右不齐平,可调节左右支杆,重新定前囟,并将坐标归零,重复上述步骤。

6. 前后调平 移动注射针或玻璃电极至前囟上方,并向后囟移动,电极刚接触后囟颅骨表面时停针、读数。如果读数在 0.03mm 以内,则认为小鼠头部 Y 轴方向前后已齐平。如果读数大于 0.03mm,则认为小鼠头部 Y 轴方向前后不齐平,可调节前方的支杆,并重新固定门齿,移动支杆后,重新定前囟,并将坐标归零,重复上述步骤。

7. 实验脑区定位 参照动物脑立体定位图谱或者文献确定实验脑区的坐标,如 Bregma 点前或后多少毫米、中线左或右多少毫米、颅骨下深度为多少毫米。移动注射针或玻璃电极确定实验脑区,并用马克笔做标记。

8. 颅骨开窗 向上移动注射器或玻璃电极,用颅骨钻轻磨颅骨,将颅骨打薄至出现裂缝,用 1ml 医用注射器针头小心挑开颅骨,一定要防止扎到脑组织。如果钻孔时发生出血,可用棉球按压或滴少量生理盐水止血。

9. 注射 将注射器或玻璃电极移至实验脑区上方,用微量注射泵吸入药物(病毒),然后再参照实验脑区注射坐标,缓慢注入药物(病毒),注射后留针一会(5 ~ 10 分钟),再缓慢把注射器或玻璃电极移出脑区。也可以将电生理记录电极、光遗传光纤、钙成像显微透镜等安装在脑立体定位仪的操作臂上,通过调节 Z 轴方向,植入到目标区域进行动物的手术操作。

10. 创面处理 手术完成后,缝合伤口,进行创面消毒,注意保持动物温度。待动物清醒后放回饲养笼内。

(二)微量注射器的制作

1. 玻璃微电极拉制:固定玻璃毛细管,调节拉制参数(热量、拉力、速度、定时 / 延时),拉制出尖端外径为 10 ~ 20μm 的玻璃微电极。

2. 打开胶枪,预热。

3. 取 10μl 微量进样器,注满液体石蜡。

4. 将玻璃电极尖端剪掉少许,保持通畅,灌满液体石蜡。

5. 将灌满液体石蜡的玻璃电极套在微量进样器前端的胶枪焊接处,旋转进样器,防止未凝固的胶掉落,此步骤是为了保证接口处的封闭性。

6. 待接口处胶完全凝固,检查注射器中是否有气泡,若无明显气泡,微量注射器制备完成。

四、注意事项

1. 轻拿轻放,避免脑立体定位仪碰撞而受损。

2. 脑立体定位仪经过搬动或长期不用,使用前须进行重新校验。

3. 大、小鼠应选用不同型号的适配器、鼻环、耳杆等。

4. 固定头部时耳杆一定要准确插入双耳中,不能太紧,也不能紧靠颈部,否则容易刺激迷走神经而引起呼吸停止。

5. 颅骨钻孔时一定要谨慎,控制好速度,不要太快,否则很容易在颅骨钻通后一不小心钻头进入脑组织。

(苑小翠)

第二节 背根神经节和脊髓的立体定位注射

一、基本原理及实验目的

利用拉制的管尖极细（0.1～0.5μm）的玻璃毛细管通过显微注射的方式向背根神经节（dorsal root ganglia，DRG）或脊髓组织特定节段直接注射微量病毒（载体），可以定点到达背根神经节或脊髓后角和（或）前角。背根神经节和脊髓的立体定位显微注射正在逐渐成为疼痛研究领域的常用研究手段，并广泛应用于钙成像、神经回路、神经递质探针等研究。

二、主要仪器设备、试剂及耗材

1. 仪器设备 玻璃微电极拉制仪、小型动物麻醉机、单通道微量注射泵、微量进样器、单臂脑立体定位仪；大、小鼠脊髓适配器及卤素光纤冷光源；电动剃毛器等。

2. 试剂 异氟烷、矿物油、碘伏消毒剂、伊文思蓝、75% 乙醇等。

3. 耗材 玻璃微电极、剃毛仪、手术刀片、手术刀柄、显微弹簧剪、精细剪、解剖镊、组织镊、持针器、缝合针和线、脱脂棉球等。

三、操作步骤

（一）显微电极的准备

持长 10cm、外径为 1.5mm 的电极玻璃毛细管，用玻璃微电极拉制仪采用"一步拉制法"进行拉制。在拉制好后，用显微弹簧剪剪去玻璃微电极的尖端，以避免尖端闭合或因尖端过于脆弱而导致的断裂。在修剪后，仍要保证显微注射用的玻璃微电极的尖端的针长和尖锐度，并且呈现一个类似于常用注射器针头的斜面。

（二）显微注射针的制备

将微量进样器和显微电极充满矿物油，用热熔胶进行连接。在整个注射系统中应当避免气泡的存在。在显微注射针制备好后固定于位于脑立体定位仪的单通道微量注射泵上。

（三）DRG 立体定位注射

1. 小鼠 DRG 的暴露 小鼠用 5% 异氟烷氧吸入诱导麻醉小鼠，随后 2% 异氟烷氧维持。将小鼠以俯卧位固定于手术台上，用电动剃毛器对小鼠手术区域进行备皮。碘伏消毒手术区皮肤后，在腰背部下段沿中线做一个纵向切口，采用显微弹簧剪剪开筋膜，分离并切除部分左侧脊突至椎旁肌肉，暴露腰 3（lumbar 3，L_3）和（或）L_4 关节突、L_3 和（或）L_4 横突，然后用咬骨钳咬除关节突、椎板和横突，暴露出 DRG（图 4-2-1A）。

2. DRG 显微注射 暴露 DRG 后，用准备好的玻璃毛细管吸取需要注射的液体，将玻璃毛细管调整到最适宜注射的角度和方位，缓慢地移动至背根神经节表面。在移动显微注射针的过程中应避免触碰到周围的组织，以避免玻璃毛细管尖端的折断。在玻璃毛细管尖端到达 DRG 表面时，反复进行穿刺即可刺入 DRG，有突破感时说明已刺入 DRG，此时将玻璃毛细管稍向后退，即可开始注射。每个 DRG 以每分钟 0.2μl 的速度将 1μl 注射液恒速注射到 DRG 中。若注射液中带有蓝色染料（0.05% 伊文思蓝），注射过程中可在 DRG 处见到染料的晕散（图 4-2-1B）。注射完毕后，留针 5 分钟，以保证注射液的充分扩散，缓慢退针，避免带出注射液。

3. 清洁伤口及动物麻醉复苏 在 DRG 注射完毕后，使用棉球止血，再用生理盐水冲洗伤口，随后逐层缝合肌肉，再依次缝合筋膜和皮肤。用碘伏再次消毒手术创口，撤除麻醉，将小鼠置于保温毯上等待复苏。小鼠复苏后，注射抗生素以防止感染。在小鼠麻醉恢复后，观察是否存在瘫痪或其他行动异常的迹象，将 DRG 显微注射后出现行为异常的小鼠排除（操作技术熟练后手术小鼠一般无行为异常）。

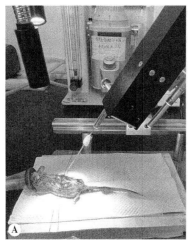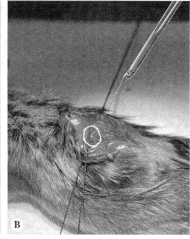

图 4-2-1　小鼠背根神经节立体定位注射

A. 小鼠背根神经节立体定位注射整体观；B. 背根神经节注射点观察，白色圆圈内蓝色部分为注入 0.05% 伊文思蓝的背根神经节

（四）脊髓立体定位注射操作步骤

1. 小鼠腰段脊髓暴露　同前，采用 2% ～ 5% 异氟烷和氧气混合吸入进行麻醉的诱导和维持，小鼠麻醉后，背部进行剃毛、消毒处理，在胸椎节段水平沿正中线纵向依次切开皮肤、肌肉，切除胸 12（thoracic vertebra 12，T_{12}）至腰 1 的部分椎板，暴露脊髓腰膨大部位约 1mm×1mm 范围，覆以生理盐水浸润的棉球保湿（图 4-2-2A）。

2. 脊髓显微注射　将小鼠移动至脑立体定位仪下，应用脊髓适配器固定小鼠脊柱，移动脑立体定位仪将玻璃注射电极垂直于暴露的脊髓上方（图 4-2-2B）。向下移动尖端直至破膜刺入脊髓硬膜内，微量注射泵以每分钟 0.2μl 的速度进药 5 分钟，注射完毕后留针 5 分钟待液体均匀扩散，最后缓慢退针，逐层缝合肌肉和皮肤，碘伏消毒，将小鼠放回笼中等待苏醒。

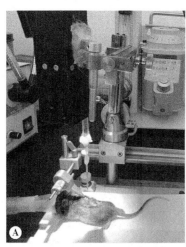

图 4-2-2　小鼠脊髓立体定位注射

A. 小鼠脊髓立体定位注射整体观；B. 脊髓注射点观察，白色圆圈内蓝色部分为注入 0.05% 伊文思蓝的部分脊髓

四、注意事项

1. 准备玻璃电极时，应确保用矿物油玻璃电极，并排出任何气泡。

2. 抽入玻璃电极内的病毒溶液体积应多于实际所需要的体积。

3. 小鼠DRG一般注射1μl体积溶液即可，大鼠单个DRG可注入2μl体积溶液，也可分两点注射，每点注射1μl。

4. 若注射病毒，病毒滴度应不少于10^{12}vg/ml，若注射siRNA，其浓度至少大于20mmol/L。

5. DRG和脊髓的固定均可根据各实验室条件进行调整，以尽量减少呼吸对注射的影响为准。

6. 注射溶液中可按1：5比例加入0.05%伊文思蓝作为指示剂，DRG注射和脊髓背角的注射中，若观察到蓝色在DRG或脊髓表面的均匀扩散，则表示注射良好。

（梁玲利）

第三节　常用病毒示踪注射技术

一、基本原理及实验目的

病毒示踪技术是利用标记物（如绿色荧光蛋白）标记病毒，从而追踪其在细胞或宿主体内的复制、扩散等生命活动的示踪技术。常将携带外源基因和荧光蛋白基因的工具病毒（腺相关病毒、腺病毒、反转录病毒、慢病毒和疱疹病毒等），直接注射到活体实验动物的目标脑区或脏器。工具病毒能将外源基因和荧光蛋白基因导入宿主细胞，以实现外源目的基因在宿主体内的表达。主要应用于神经科学活体研究领域。

二、主要仪器设备、试剂及耗材

1. 仪器设备　脑立体定位仪、麻醉仪、微量注射泵、微量注射器、玻璃微电极拉制仪、冷光源、小动物加热毯、颅骨钻、电动脱毛仪（电推剪）、无菌手术器械、颅骨水平校准夹持器等。

2. 试剂　麻醉药（异氟烷或戊巴比妥钠等）、75% 乙醇、碘伏、无菌生理盐水、10% H_2O_2、脱毛膏、502 强力胶等。

3. 耗材　（颅骨钻）钻头、0.3 号无菌注射针、PE 管路、玻璃毛细管、医用缝合针线、注射器、棉签、无菌小棉球、洗耳球、马克笔等。

三、操作步骤（以大鼠单侧下丘脑室旁核病毒注射为例）

（一）术前准备

1. 术前禁饮禁食　选择 270～310g 的 SD 大鼠，术前禁饮 8 小时，禁食 12 小时。

2. 麻醉和备皮　使用持续性异氟烷吸入（3% 诱导麻醉，1% 维持），或腹腔注射 3% 戊巴比妥钠（1ml/kg）将大鼠麻醉，当大鼠进入完全麻醉状态时，即仰卧时心跳及呼吸均匀、肌肉松弛、四肢无活动，胡须无触碰反应，踏板反射消失，使用电推剪或脱毛膏将手术视野区（颅顶）皮肤剃毛备皮。

3. 室旁核病毒注射针制备　可选用以下两种方法。

第一种，用酒精灯灼烧 0.3 号一次性无菌注射针的塑料针座，同时拔出不锈钢针管（作为室旁核注射针），然后使用 502 强力胶将消毒无菌的不锈钢针管的尖头端与 PE 管一端连接，微量注射器与 PE 管另一端连接（图 4-3-1）。

第二种，使用玻璃微电极拉制仪，将玻璃毛细管拉制成玻璃微电极显微注射针，作为室旁核注射针。

4. 器械消毒 将脑立体定位仪夹持器依次浸泡于 75% 乙醇进行消毒。

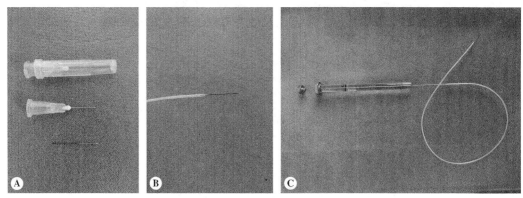

图 4-3-1 室旁核病毒注射针制备

A. 拔取 0.3 号一次性使用无菌注射针的不锈钢针管；B. 使用 502 强力胶将不锈钢针管尖头端与 PE 管连接；C. 使用 502 强力胶将 PE 管与微量注射器连接

（二）下丘脑室旁核定位

1. 大鼠固定和颅骨暴露 将大鼠平稳固定于脑立体定位仪上，眼部涂一层红霉素眼膏。依次使用 75% 乙醇、碘伏、75% 乙醇消毒颅顶部皮肤，在大鼠全身覆盖无菌洞巾，并暴露手术视野。沿矢状缝方向将颅顶部皮肤剪开，去除颅骨表面结缔组织，清楚暴露前、后囟。用小棉球蘸少量 10% H_2O_2 反复涂擦颅骨表面，直至骨质层充分暴露和颅骨表面无出血点，并用笔标记前、后囟，调整脑立体定位仪门齿杆，直至前囟和"人"字点（人字缝和矢状缝的交叉点）相平 [门齿杆位置低于水平（0°）3.3mm±0.4mm 时，也可借助于颅骨水平校准夹持器]。

2. 室旁核立体定位 以前囟 Bregma 点为基点，参照大鼠脑立体定位图谱（Paxinos and Watson）确定室旁核插管位置，并准确标记（前囟后 1.8mm、矢状缝旁开 0.4mm、硬膜下 7.9mm）。

3. 颅骨钻钻孔 使用颅骨钻在标记的室旁核插管位置进行钻孔，并用洗耳球清除粉末。当白色颅骨快被打穿时，在钻孔底部会透出红色，这时需要小心研磨孔底部的颅骨，直至磨透颅骨露出硬脑膜时停止钻孔，注意不要伤及脑实质。此时若有较大落空感，则可能直接钻透颅骨和脑膜，极有可能引发较大出血，需用棉球按压止血。然后用针灸针多点轻微刺破并剥离硬脑膜，得以暴露脑组织，用消毒棉球止血，干燥手术视野。

（三）下丘脑室旁核注射病毒

1. 室旁核注射针（或玻璃微电极显微注射针）**吸取病毒** 首先吸取 1μl 空气，在无菌生理盐水中检验管路是否完好，然后将室旁核病毒注射针的微量注射器与微量注射泵进行组装。将自制的室旁核注射针固定于脑立体定位仪夹持器上，再吸取适量体积病毒，以前囟 Bregma 点为基点，按照图谱确定的插管位置将不锈钢注射针尖端缓慢插到室旁核背侧缘。

2. 室旁核注射病毒 设置微量注射泵的注射量和注射速度，开始自动缓慢注射（或微量注射器采用手动旋转方式，即旋转并轻按针芯的方法）。注射完毕后保持注射针原位停留 5 分钟，待药液被充分吸收，然后调节脑立体定位仪拔出不锈钢注射针，用棉签止血（图 4-3-2）。

（四）术后处理

1. 术后灭活病毒处理 将术中使用过的手术器械、洞巾、脑立体定位仪夹持器、玻璃微电极和 PE 管路等进行高压蒸汽灭菌处理。

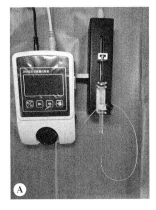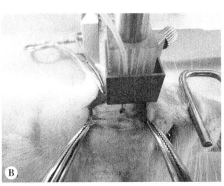

图 4-3-2　室旁核病毒注射

A. 微量注射器与微量注射泵进行组装；B. 使用脑立体定位仪将不锈钢注射针缓慢插到室旁核背侧缘；C. 室旁核注射病毒

2. 术后镇痛、抗感染　将大鼠从脑立体定位仪上取下，缝合皮肤，消毒缝合口，肌内注射镇痛药和抗生素，并放于加热毯上，复苏醒转后单笼饲养。

四、结 果 判 读

1. 病毒注射 2 ～ 3 周后，可直接收集脑组织样品做冷冻切片，观察目的荧光蛋白表达情况。

2. 蛋白质免疫印迹法检测室旁核中外源基因蛋白表达。

五、注 意 事 项

1. 前囟为矢状缝与冠状缝最佳吻合曲线的交点，当冠状缝的两侧与矢状缝交会于不同点时，重新定义的前囟通常位于两个交点的中间。由于人字缝和矢状缝的交叉位置常有位置变化，常需重新定义"人"字点作为人字缝最佳吻合曲线的中点，重新定义的参照点位于外耳道连线冠状平面前方（0.3±0.3）mm，应该比实际的"人"字点更可靠。调平的质量保证了脑区注射点的准确性，应确保在开始注射前调整前囟和后囟点位于同一水平面，两点连线左右相同距离的点也处在同一水平面。

2. 固定效果检查　鼻对正中，头部不动，提尾不掉。头部若未固定好，则后续颅骨打孔或玻璃微电极植入时很可能出现意外，致动物死亡或植入位置出错。因此，正确使用脑立体定位仪，固定动物头部非常重要（参见本章第一节脑立体定位仪的使用）。

3. 脑立体定位注射位点精确性要求高，坐标需精确。正式病毒注射实验前可预实验注射蓝墨水或滂胺天蓝等染料，以确认注射坐标是否正确。

4. 核团注射时，应注意控制注射量，一般不超过 0.5μl，注意注射速度，一般不超过 0.1μl/min，避免颅内压增高而造成脑疝。

5. 严格执行无菌操作规范，避免颅内感染。

（齐　杰）

第四节　侧脑室给药注射技术

一、基本原理及实验目的

通过经侧脑室插管给予实验动物特定干预药物的方法，以达到颅内给药的目的。主要应用于神经性疾病动物模型和中枢神经系统调控等脑科学研究领域。常见的有 3 种侧脑室注射给药方式：单次注射给药、多次反复给药和持续释放给药。

二、主要仪器设备、试剂及耗材

1. 仪器设备 脑立体定位仪、麻醉仪、微量注射泵、微量注射器、冷光源、小动物加热毯、颅骨钻、电推剪、螺丝刀、无菌手术器械、牙科调刀、颅骨水平校准夹持器等。

2. 试剂 麻醉药（异氟烷或戊巴比妥钠等）、75% 乙醇、碘伏、10% H_2O_2、红霉素眼膏、无菌生理盐水、玻璃离子水门汀、牙科水泥（牙托水和牙托粉）、脱毛膏等。

3. 耗材 （颅骨钻）钻头、微量给药套管（包括导管、导管帽和注射内管）、植入式缓释泵、PE 管路、不锈钢螺丝钉（直径 2mm）、502 强力胶、医用缝合针线、一次性无菌注射针（0.3 号和 0.6 号）、棉签、无菌小棉球、洗耳球、马克笔等。

三、操作步骤（以大鼠侧脑室多次反复给药为例）

（一）术前准备

1. 术前禁饮禁食 选择 270 ~ 310g 的 SD 大鼠，术前禁饮 8 小时，禁食 12 小时。

2. 麻醉和备皮 使用持续性异氟烷吸入（3% 诱导麻醉，1% 维持），或腹腔注射 3% 戊巴比妥钠（1ml/kg）将大鼠麻醉，当大鼠进入完全麻醉状态时，即仰卧时心跳及呼吸均匀、肌肉松弛、四肢无活动，胡须无触碰反应，踏板反射消失，使用电推剪或脱毛膏将手术视野区（颅顶）皮肤剃毛备皮。

3. 自制侧脑室给药套管和注射内管 用酒精灯灼烧 0.3 号或 0.6 号一次性无菌注射针的塑料针座，同时拔出不锈钢针管，作为注射内管或套管；将 0.6 号不锈钢针管裁剪后充当给药套管。裁剪等长的 0.3 号不锈钢针管一头折弯后插入 0.6 号不锈钢针管之中作封闭堵头用，同时将 0.3 号不锈钢针管作注射内管使用（图 4-4-1）。

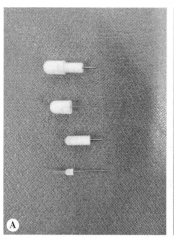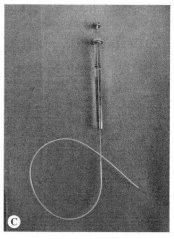

图 4-4-1 侧脑室病毒注射针制备

A. 瑞沃德微量给药套管（包括导管、导管帽和注射内管）；B. 采用 0.6 号和 0.3 号不锈钢针管自制的侧脑室给药套管（包括套管和堵头）；C. 0.3 号不锈钢针管的注射内管经 PE 管与微量注射器连接

4. 器械消毒 将清洁的脑立体定位仪夹持器和微量给药套管依次浸泡于 75% 乙醇中进行消毒，将手术器械和不锈钢螺丝钉等进行高温蒸汽灭菌。

（二）侧脑室置管术（图 4-4-2）

1. 大鼠固定和颅骨暴露　将大鼠平稳固定于脑立体定位仪上，眼部涂一层红霉素眼膏。依次使用 75% 乙醇、碘伏、75% 乙醇消毒颅顶部皮肤，在大鼠全身覆盖无菌洞巾，并暴露手术视野。沿矢状缝方向将颅顶部皮肤剪开，并剪去部分皮肤（方便后期固定给药套管），去除颅骨表面结缔组织，清楚暴露前、后囟。用小棉球蘸少量 10% H_2O_2 反复涂擦颅骨表面，直至骨质层充分暴露和颅骨表面无出血点，并用笔标记前、后囟，调整门齿杆直至前囟和"人"字点相平（门齿杆位置低于水平 0° 3.3mm±0.4mm 时，也可借助于颅骨水平校准夹持器）。

2. 侧脑室立体定位　以前囟 Bregma 点为基点，参照大鼠脑立体定位图谱确定侧脑室插管位置，并准确标记（前囟后 1.0mm、矢状缝旁开 1.5mm、硬膜下 3.5mm）。

3. 颅骨钻钻孔　使用颅骨钻在标记的侧脑室插管位置进行钻孔，并用洗耳球清除粉末。当白色颅骨快被打穿时，在钻孔底部会透出红色，这时需要小心研磨孔底部的颅骨，直至磨透颅骨露出硬脑膜时停止钻孔，注意不要伤及脑实质。此时如果钻孔时有较大落空感，则可能直接钻透颅骨和脑膜，极有可能引发出血，需用棉球按压止血。然后用针灸针多点轻微刺破硬脑膜，得以暴露颅脑，用消毒棉球止血，干燥手术视野。

同时，在同侧和对侧顶骨钻 2 个小孔，并旋入 2 颗不锈钢螺丝钉（小孔直径小于螺丝钉，螺丝钉才能旋紧），作为玻璃离子水门汀和牙科水泥的着力点，防止牙科水泥脱落。

4. 侧脑室微量给药套管植入　以瑞沃德公司的微量给药套管为例，将无菌微量给药套管固定于脑立体定位仪夹持器上，以前囟 Bregma 点为基点，按照图谱确定的插管位置将套管缓慢插入侧脑室中，再次用消毒棉球止血，并干燥手术视野。

5. 微量给药套管与颅骨固定　使用现调配的玻璃离子水门汀（或 502 强力胶）作为黏合剂，将套管、螺丝和颅骨紧密黏合，待玻璃离子水门汀完全凝固后（1.5～6 分钟），再将混合好的牙科水泥覆盖在套管和玻璃离子水门汀上，进一步加固套管与颅骨。待牙科水泥完全凝固后（10～15 分钟），移除脑立体定位仪的夹持器。将大鼠从脑立体定位仪上取下，放于加热毯上，复苏醒转后单笼饲养。

6. 术后镇痛、抗感染　术后可在切口皮肤周围涂抹罗红霉素软膏，防止感染，并肌内注射镇痛药。

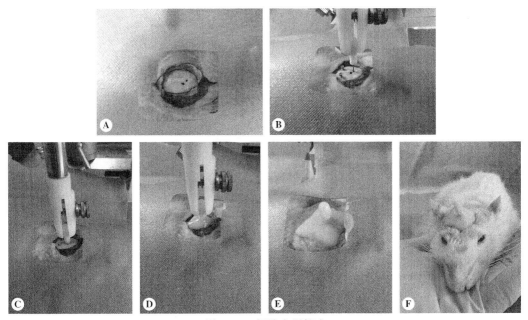

图 4-4-2　侧脑室置管术

A. 暴露颅骨和颅骨钻孔；B. 颅骨上旋入 2 颗不锈钢螺丝钉；C. 侧脑室微量给药套管植入；D. 玻璃离子水门汀将套管、螺丝和颅骨黏合；E. 牙科水泥加固导管与玻璃离子水门汀；F. 侧脑室置管完成

（三）药物注射

1. 大鼠术后恢复期　大鼠侧脑室微量给药套管植入术恢复 5 ～ 7 天后，可进行经侧脑室注射给药。

2. 注射内管置入　使用异氟烷将大鼠麻醉，或用多层纱布覆盖大鼠，并暴露给药套管。拇指、示指和中指分别放置于大鼠头颈部、上颚和下颚，双手环抱夹紧大鼠头部。将无菌的注射内管经 PE 管与微量注射器连接，微量注射器与微量注射泵进行组装，并吸取药液，在 PE 管上标注药液位置，用于观察药物液面是否下降。再将套管的导管帽旋出，可见脑脊液通过套管外溢，然后将注射内管插入套管内，并锁紧螺帽。

3. 侧脑室注射给药　设置微量注射泵的注射量，一般不超过 50μl，设置注射速度，开始自动缓慢注射（手动微量注射器采用缓慢旋转注射的方法）。注射完毕后保持 5 ～ 10 分钟，待药液充分扩散，然后缓慢拔出注射内管，重新插入导管帽并旋紧。

4. 单次注射给药方法参见本章第三节常用病毒示踪注射技术。持续释放给药采用植入式缓释泵，侧脑室插管恢复 1 周后，将充满药液的缓释泵埋于颈背部皮下，通过 PE 管（充满药液）连接到侧脑室插管，并缝合局部皮肤，其余步骤相同。

5. 微量给药套管的导管帽被缓慢旋出后，如见有脑脊液通过套管外溢，则说明套管准确置于侧脑室中，为侧脑室给药提供了保障。

四、注意事项

1. 前囟为矢状缝与冠状缝最佳吻合曲线的交点，当冠状缝的两侧与矢状缝交会于不同点时，重新定义的前囟通常位于两个交点的中间。由于人字缝和矢状缝的交叉位置常有变化，常需重新定义"人"字点作为人字缝最佳吻合曲线的中点，重新定义的参照点位于外耳道连线冠状面前方（0.3±0.3）mm，应该比实际的"人"字点（人字缝和矢状缝的交叉点）更可靠。

2. 固定效果检查　鼻对正中，头部不动，提尾不掉。头部若未固定好，则后续颅骨打孔或给药套管植入时很可能出现意外，致动物死亡或植入位置出错。因此，正确使用脑立体定位仪，固定动物头部非常重要（参见本章第一节脑立体定位仪的使用）。

3. 严格执行无菌操作规范，避免颅内感染。

4. 玻璃离子水门汀固定前需将颅骨擦干，否则玻璃离子水门汀和牙科水泥不能与颅骨黏牢。

（齐　杰）

第五节　微透析技术

一、基本原理及实验目的

微透析技术以透析原理为基础，通过将微透析探针（含有半透膜）植入脑内或组织间隙，利用物质从浓度较高的区域移动到浓度较低区域的特性，获取一定分子量内的生物活性物质，进而进行微量化学检测的技术。

该技术具有活体连续取样、动态观察、定量分析、采样量小、组织损伤轻等特点。在脑科学研究方面，可用于检测自由活动动物的神经递质、肽和激素等。

二、主要仪器设备、试剂及耗材

1. 仪器设备　脑立体定位仪、麻醉仪、小动物加热毯、温度计、牙钻、镊子、螺丝钉、螺丝刀、止血钳、手术刀、注射泵、微透析探针、引导套管组件、透析泵、收集器、脱毛仪等。

2. 试剂　75%乙醇、酒精棉签、无菌生理盐水、兽用眼部软膏、麻醉药（如戊巴比妥钠或异氟烷）、灌注液（人工脑脊液）、牙科水泥等。

3. 耗材　医用缝合针线、注射器、棉签、记号笔等。

三、操作步骤（以使用高截留量微透析探针收集小鼠海马区细胞外液中蛋白质样品的微透析实验为例）

（一）脑微透析引导组件的植入

1. 术前准备　开始手术前，用75%乙醇擦拭所有物品进行消毒。使用加热毯保持小鼠体温，选择腹腔注射40mg/kg戊巴比妥钠（或持续性异氟烷吸入：3%诱导麻醉，1%维持）麻醉小鼠，通过呼吸、心跳、肌张力及触须反应观察麻醉状态。用脱毛仪或手术剪剃毛，使用耳杆和鼻夹将小鼠头部固定在适配器上，眼睛涂抹兽用眼部软膏，防止结膜干燥。

2. 引导组件的植入　用手术刀在颅顶皮肤上沿正中线做矢状切口，湿棉签钝性分离颅骨表面血液和结缔组织，对照小鼠脑图谱，确定实验区域坐标。

在立体定位的操作臂上固定安装手术钻，降低钻头。将钻头从前囟（以前囟Bregma点为0点）移到靶坐标上方（如A/P: -3.1mm, M/L: -2.5mm），仔细钻孔以植入引导套管（图4-5-1A）。颅骨被打穿时有落空感，应立即停止钻孔，打孔时注意观察动物呼吸状态，及时处理。在对侧顶骨钻另一个孔，并插入骨螺钉，用于固定牙科水泥。从1.5ml离心管的盖子背面切下一个圆形锁件，制作"人造冠"，并将其放在颅骨上，保持钻孔留在圆圈内，用于防止牙科黏固剂扩散到皮肤。

先将微透析套管适配器安装在脑立体定位仪的操作臂上，之后把微透析套管组件固定在适配器上。针对海马的特殊解剖位置，在植入套管前将脑立体定位仪的操作臂在冠状面上旋转12°。通过移动定位仪的 X 轴和 Y 轴，将套管组件的植入端移动到靶坐标上方，缓慢降低操作臂使导管降低1.2mm，导管尖端到达目标脑区上沿。

擦干颅骨表面，在"人造冠"内添加牙科水泥，完全覆盖并固定引导套管的金属部分和骨螺钉。等牙科水泥完全干燥（15～20分钟）后，松开并移走微透析套管适配器，将套管内芯（假探针）妥善固定在套管内（图4-5-1B）。

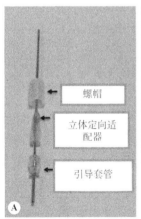
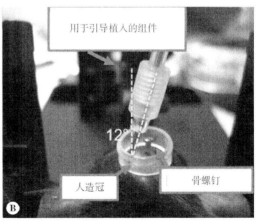

图4-5-1　小鼠脑部引导组件植入

A. 引导植入组件的构成；B. 在"人造冠"中植入组件和骨螺钉

3. 术后恢复　将小鼠从脑立体定位仪中释放，放在单独的笼子中，直至恢复足够的意识以保持胸骨卧姿。每天检查小鼠生命体征，直到微透析当天，其间可以使用抗感染药。

（二）微透析设置与检测

1. 灌注前准备 检查探针质量，一次性注射器（1ml）连接到探针的出口（较短的端口），用蒸馏水填充后，检查探头入口及微透析膜表面是否有渗漏。将探针及微透析膜浸入乙醇（70%～100%）2秒激活探针，之后再次用注射器将蒸馏水注入探头。

灌注缓冲液的制备：对于收集小分子神经递质的微透析实验可使用人工脑脊液（cerebrospinal fluid，CSF）作为灌注液。对于收集肽类和蛋白质等大分子的微透析实验，为避免蛋白质类靶分子黏附，可在灌注用的CSF中添加一定比例的牛血清白蛋白（bovine serum albumin，BSA）。注意：4% BSA有利于提高黏附蛋白回收，0.15% BSA有利于小分子化合物回收。

2. 微透析装置连接及取样 用连接针连接进口和出口管线。用钝头针将充满灌注缓冲液的微透析用注射器（3ml）与进口管线的入口紧密连接。打开注射泵，用灌注缓冲液填充整个进出口管线。

停止注射泵，用激活的微透析探针替换入口管线和出口管线之间的连接针，将滚轴管安装在滚轮泵的出口管中，以10μl/min的速度启动注射泵，然后以缓慢的流速（9.5～9.8μl/min）启动透析泵，确保清除整个管道中的所有气泡。

拆下小鼠头部的螺帽，拔出套管内芯（假探针），缓慢插入微透析探针，拧紧螺帽。将小鼠单独放置在特制的圆柱形笼子中，使其可以自由活动。以缓慢流速继续运行注射器泵和透析泵至少1小时，使整个透析系统的脑内和脑外段都完成再平衡。根据实验设计，开始收集所需的细胞外蛋白质微透析样品。取样后先停止滚动泵，然后停止注射泵（图4-5-2）。

3. 取样后清理 麻醉小鼠后，取下探针，清洗整个管道，依次用稀释的漂白剂和水冲洗管道，干燥后储存，以备重复使用。

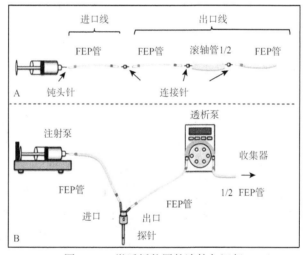

图 4-5-2　微透析装置的连接与运行
A.独立的进口和出口线连接；B.微透析运行

（三）数据分析

通过采用高效液相层析（HPLC）或酶联免疫吸附试验（ELISA）等方法对收集的目的蛋白质进行组分分离和成分分析。近年来，研究者还选择将脑微透析采样与代谢组学、蛋白质组学联用，对目的蛋白质分子进行定性与定量分析。

四、结果判读（以 HPLC 为例）

1. 高质量的 HPLC 微透析技术获取的样品需要依靠HPLC等技术进行分离和微量化学检测，

以下为高质量的 HPLC 示例，良好的数据峰形正常（图 4-5-3）。

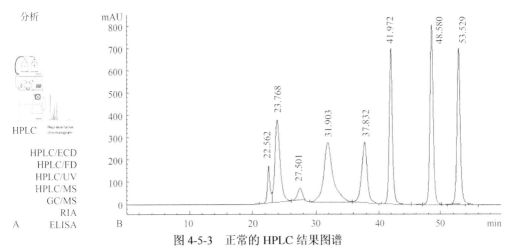

图 4-5-3　正常的 HPLC 结果图谱

A. 微透析采样结果分析方式；B. 质量良好的 HPLC 结果图谱

2. 低质量的 HPLC　基线漂移，HPLC 柱子需要冲洗，流动相或样品中有杂质，考虑舍弃（图 4-5-4）。

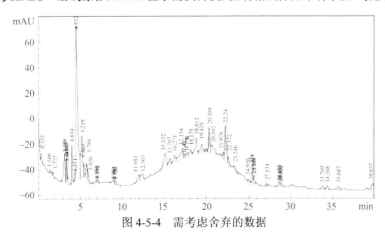

图 4-5-4　需考虑舍弃的数据

五、注意事项

1. 微透析之前一定要检查好所有连接及设备的气密性，并且排空气泡，避免气泡进入动物体内，致使动物死亡。

2. 建议注射泵的运行速度比滚动泵快 20% 左右，如以 10μl/min 的速度运行滚动泵，则以 12μl/min 的速度运行注射泵，但应根据经验确定每个分子的最佳流速。

3. 灌注缓冲液中的 BSA 会堵塞直径较小的管道，为保证流速一致，对于孔径小的管子建议一次性使用，不宜重复。

4. 植入微透析探针可能会引起啮齿动物的脑部发生局部变化，如神经胶质增生或损害血脑屏障，类似事件的发生不可避免，但要注意做好无菌操作，避免感染的发生，尽可能提高实验动物的存活率。

5. 透析过程中需注意选择合适的鼠笼，防止管道夹闭或动物移动使探针损伤或者脱离小鼠头部，也要注意各个组件的适配。

（吕海侠　孙美琪）

第五章 神经细胞钙信号记录相关技术

第一节 钙离子光纤记录

一、基本原理及实验目的

通过立体定位注射将钙信号指示蛋白质 GCaMP 表达于特定脑区的目标神经元中。使用光纤将埋植于小鼠脑中的陶瓷插芯与记录系统连接构成通路，后者输出特定激光，激发 GCaMP 的荧光并实时记录信号强度，以此实现实时的神经元活动强度监测。

二、主要仪器设备、试剂及耗材

1. 仪器设备 脑立体定位仪、体视显微镜、陶瓷插芯夹持器、麻醉仪、小动物加热毯、颅骨钻、手持电动剃须刀、螺丝刀、无菌手术器械、微量注射泵、光纤陶瓷插芯、颅骨钉（提前 24 小时将螺丝钉放入 75% 乙醇中充分浸泡消毒）、牙科调刀等。

2. 试剂 75% 乙醇、碘伏、乙醇棉球、红霉素眼膏、无菌生理盐水、牙科水泥、义齿基托树脂、异氟烷或戊巴比妥钠等麻醉药、1454 胶水等。

3. 耗材 （颅骨钻）钻头、医用缝合针线、注射器、棉签、洗耳球、马克笔等。

三、操 作 步 骤

（一）病毒注射与光纤埋植

1. 麻醉和术区准备 先将小鼠麻醉（持续性异氟烷吸入：3% 诱导麻醉，1% 维持，或者腹腔注射 40mg/kg 戊巴比妥钠），待进入完全麻醉状态时（仰卧时心跳及呼吸均匀、肌肉松弛、四肢无活动，胡须无触碰反应，踏板反射消失），手术视野区皮肤剃毛。

2. 小鼠固定和颅骨暴露 将小鼠平稳固定于脑立体定位仪上，眼部涂一层红霉素眼膏。依次使用 75% 乙醇、碘伏、75% 乙醇消毒手术视野。小心地将头部皮肤剪开，剪去一部分头顶皮肤，暴露前、后囟，并去除颅骨表面的结缔组织，接着用棉签不断摩擦颅骨表面，直到骨质层充分暴露。

3. 病毒注射 在体视显微镜下找到并标记前囟 Bregma 点，并将其记为坐标 A/P：0mm，M/L：0mm，D/V：0mm（图 5-1-1A）。随后进行调平操作，即利用微量注射针检查小鼠颅骨表面前、后、左、右的水平高度，将小鼠颅骨调整至左、右水平高度对称，前囟与后囟处于同一水平高度的状态。调平结束后，将微量注射针移至目标位点上方，并用颅骨钻将该处颅骨钻通（图 5-1-1B，虚线框）。同时，可以在埋植位点外钻 2～3 处浅凹槽，作为颅骨钉植入位点（图 5-1-1B，箭头）。当颅骨被钻通时，会有明显的落空感，在该操作中，要注意控制施加的压力，避免颅骨钻孔扎入脑组织，造成脑组织损伤。钻孔过程中还需适时用洗耳球或者棉签清理产生的颅骨碎屑，以免干扰视野。操纵脑立体定位仪，将微量注射针通过钻出的小孔扎入脑组织，进行 GCaMP 病毒注射（图 5-1-1C）。病毒的具体体积与速率根据目标大脑核团的特点确定。

4. 光纤陶瓷插芯埋植 在进行该操作前，先在小鼠颅骨表面钻出 2～3 个浅凹槽（一般在钻通颅骨时一并完成），用于植入颅骨钉。颅骨钉一般放置在前囟的左前方和右前方，以及前囟后方不埋植光纤陶瓷插芯的一侧。操作时，用螺丝刀将颅骨钉按在凹槽上，轻轻旋入，最终以在颅骨外保留 2 圈螺纹为宜（图 5-1-1D）。

随后将光纤陶瓷插芯固定在夹持器末端，并将夹持杆固定在脑立体定位仪上。操纵脑立体定位仪使光纤末端轻触 Bregma 点，将 A/P、M/L 和 D/V 示数归零，即设置为原点。然后，将光纤陶瓷插芯移动至大脑内目标位置（图 5-1-1E）。接着用牙科水泥固定插芯，先用棉签或弯折的注射器针头将 1454 胶水涂抹在光纤陶瓷插芯周围的颅骨表面，随后将牙科水泥与义齿基托树脂混合物涂抹于光纤陶瓷插芯周围，确保其覆盖整个颅骨表面，并且包裹颅骨钉和光纤陶瓷插芯的下半部分（图 5-1-1F）。可以用镊子或者注射器针尖检查牙科水泥是否彻底凝固（图 5-1-1G）。

光纤陶瓷插芯埋植结束后，将小鼠放置于加热毯上等待复苏。复苏后 3 天内每天进行检查，确保小鼠恢复正常活动能力，以及光纤陶瓷插芯稳定。

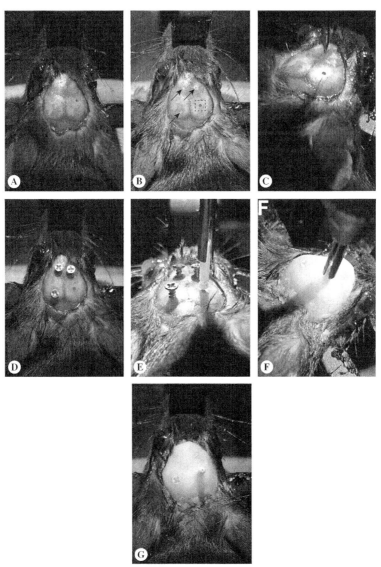

图 5-1-1　小鼠大脑病毒注射与埋植光纤陶瓷插芯

A. 暴露颅骨；B. 钻通目标位点上方颅骨，并钻出颅骨钉位点凹槽（虚线框内圆形痕迹为钻通的颅骨孔，箭头所指为颅骨钉位点凹槽）；C. 病毒注射；D. 植入颅骨钉；E. 植入光纤陶瓷插芯；F. 用牙科水泥固定光纤陶瓷插芯；G. 光纤陶瓷插芯埋植效果

（二）信号采集

小鼠术后休息 1 周，即可恢复健康状态，但仍需等待钙信号指示蛋白质 GCaMP 表达充分后（约

3 周），方可进行钙信号记录实验。等待时间过短可能会导致病毒表达不够完全，光纤记录系统无法检测到荧光信号，因此要避免过早地投入实验。钙信号记录实验的具体步骤如下。

1. 环境适应 正式实验前，小鼠须进行环境适应。根据具体的实验要求，将小鼠于正式实验前数日（一般为 3 天），放入实验环境中适应 30min/d。小鼠适应不充分可能会引发应激反应，进而导致采集的信号不稳定。

2. 设备连接和信号采集 在实验开始前，预先将光纤接入设备的漂白口，进行约 20 分钟漂白。实验阶段，首先将小鼠头部的插芯针与光纤相连，光纤的另一端连接在钙信号记录系统的激光输出端口上；同时，光纤记录系统通过数据采集系统（DAQ）与计算机相连（图 5-1-2A）。打开信号采集软件，设置相关参数，包括采样率、曲线平滑等，开始钙信号记录（图 5-1-2）。

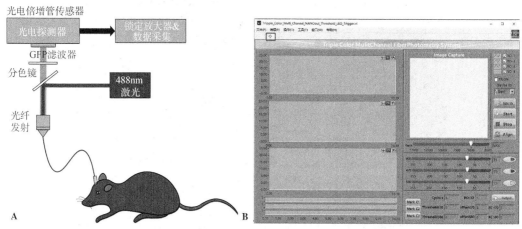

图 5-1-2　小鼠光纤记录系统

A. 小鼠钙信号采集示意图；B. 千奥星科多通道光纤记录系统软件界面

在数据采集初期，需要得到小鼠在静息状态下的钙信号数据，作为小鼠行为学实验时钙信号数据的基线。一般来说，在静息状态下得到的钙信号曲线较为平稳，没有明显起伏。然后，小鼠进行行为学实验的同时，记录钙信号数据。在行为学实验时，如观察到的钙信号曲线有明显起伏说明目标神经元在该行为过程中活动强度发生了变化。在实验结束后，通过对照录制视频，结合小鼠进行关键行为的时间点和对应的钙信号数据进行分析，即可推知两者之间的相关性。利用多通道光纤记录系统，还可以记录同一个动物个体上不同脑区神经元的钙信号变化值，用于分析某一行为过程中不同脑区的相应规律以及互相作用关系。

如果在行为学实验中没有观察到钙信号曲线的明显变化，则考虑在该行为中目标神经元没有明显的活动强度变化，或者病毒表达不够充分，以及光纤与插芯或者端口的连接存在问题等。

（三）数据分析

将采集到的钙信号数据导入 matlab，进行处理和作图。

四、结 果 判 读

1. 钙信号指示蛋白质表达和光纤埋植 病毒注射位点，钙信号指示蛋白质 GCaMP 的表达及光纤的埋植位置都影响着记录结果的准确性，因此在实验结束后要进行脑切片的显微镜下观察，确认其表达和埋植情况，必要时采用免疫荧光染色验证。钙信号指示蛋白质在特定类型神经元的表达见图 5-1-3，其中黄色部分为指示蛋白质与神经元的共标，即代表着钙信号指示蛋白质在目标神经元中的表达情况；虚线框表示光纤应埋植的位置，最佳埋植位点为距所选脑区注射位点 100μm 左右，距离过近可能无法记录到足够范围内的神经元活动，距离过远则可能导致记录的信号过弱。

2. 钙信号数据分析 钙信号数据的分析关键在于数据是否支持"某行为与目标神经元的活动之间存在相关性"这一假设,而支持这一假设的数据一般具备以下条件。

(1) 基线平稳:当 GCaMP 蛋白质在目标神经元中表达充分后,通过光纤将小鼠头部插芯针与记录系统连接。当小鼠处于静息状态时,记录到的钙信号平稳,仅有少许波动(上下波动在 1% 左右),此时的钙信号即为基线,将作为小鼠进行特定行为时钙信号强度上升比例计算的基础。如果基线不平稳,意味着存在外界因素干扰,将无法确定记录到的数值变化是由神经元活动导致。

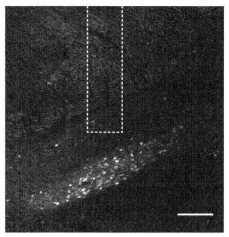

图 5-1-3 钙信号指示蛋白质表达

绿色:GCaMP 表达;红色:免疫荧光染色;蓝色:DAPI 表达;黄色:GCaMP 与神经元共标;矩形框:光纤埋植位置示意(标尺,200μm)

(2) 变化比例充足:在确认基线平稳后,开始正式的钙信号记录。当小鼠进行特定的行为实验时,如果目标神经元参与了该行为,会记录到明显上升(或下降)的钙信号曲线。一般,我们用当前曲线的峰值(F)与基线荧光强度(F_0)的差值除以基线荧光强度 F_0 的值,即 $\Delta F/F = (F-F_0)/F_0$,来判断行为事件相关的钙信号上升程度。一般认为,$\Delta F/F$ 达到 10% 左右,即可认为是钙信号在此行为中存在明显的变化,进而可以判断目标神经元的活动发生了变化。

(3) 时间拟合:钙信号记录的主要目的是判断特定行为与目标神经元活动之间的相关性,所以钙信号变化与特定行为时间点间的拟合关系非常重要,当两者之间的关系相对稳定时,可以认为目标神经元的活动与特定行为之间存在相关性。在不同的情况下,记录到的钙信号变化(上升或下降)可以与行为存在时序关系,包括信号变化先于行为、两者同时发生,或者行为先于信号变化。时序反映了目标神经元参与行为的可能方式,而行为与信号之间具有较好的时间拟合关系,则是判断神经元参与该行为的必要条件(图 5-1-4)。

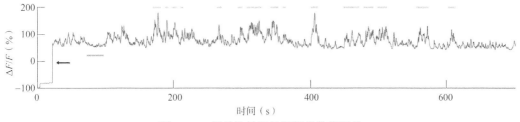

图 5-1-4 相关性较好的钙信号数据记录

黑色箭头:陶瓷插芯与光纤耦合时的基线跃迁;绿色:基线数据;粉色:通过视频分析记录的小鼠进行某种特定行为的时间

3. 可能的情况及处理方式

(1) 基线不平稳:如上文所述,基线平稳是进行钙信号记录实验的前提。如果记录得到的基线不平稳,则考虑以下几种情况。

1) 目标神经元在静息状态下仍然进行大量的活动,其静息信号本身不稳定。遇到该情况,则观察行为后的钙信号变化是否能够显著超过静息状态的变化幅度,如果可以,仍然可以作为有效数据。

2) 光纤漏光:会导致记录系统受外界环境中的光影响,可以通过更换相关配件解决。

3) 小鼠未进入静息状态:遇到此情况则需要对小鼠进行安抚,等待直至其进入静息状态。

(2) 钙信号变化比例低:可能是钙信号病毒表达不够充分或光纤埋植点距目标位点较远。需要通过大脑组织切片和显微镜观察进一步判断,并根据观察结果对后续实验操作做出调整。

(3) 钙信号基线跌落:如在记录过程中观察到钙信号基线在较短时间内出现逐渐下落的趋势

（图 5-1-5），则应考虑是否在记录前进行了足够的光纤漂白。

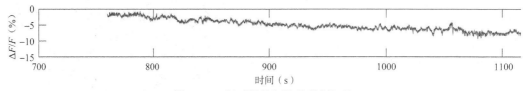

图 5-1-5　低质量的钙信号数据记录

五、注意事项

1. 植入颅骨钉时，要注意保留适当长度的骨外部分（约两圈螺纹），如保留的长度太短，无法被充分埋入牙科水泥中，则难以起到将光纤陶瓷插芯固定在颅骨上的作用。

2. 在颅骨表面涂抹胶水时，应注意避免胶水接触小鼠颅骨周围的皮肤组织，否则胶水会立刻凝固结块，减弱牙科水泥与颅骨的粘连。

3. 在用牙科水泥固定光纤陶瓷插芯时，需注意涂抹量要适当，以覆盖暴露颅骨区，且以高度不超过插芯外端 1/3 为宜。牙科水泥过少无法起到固定光纤陶瓷插芯的作用，过多会导致光纤陶瓷插芯的上端暴露太少，妨碍插芯与光纤的连接，埋植过程中可能与夹持器粘连，影响松脱。

4. 在取下夹持器之前，必须确保牙科水泥已经彻底干燥、凝固，否则可能发生位置偏移。

（李　燕　李欣杨）

第二节　活体双光子钙成像技术

一、基本原理及实验目的

活体动物条件下对大脑皮质神经元或星形胶质细胞进行钙染料标记，监测其细胞内钙离子变化的时空动力学特征。该技术可在单细胞或亚细胞水平研究神经细胞的钙活动，或在多细胞水平研究神经细胞的网络活动特征。

二、主要仪器设备、试剂及耗材

1. 仪器设备　高速双光子显微镜、40 倍物镜（水镜）、体视显微镜、数显微操系统、电极拉制仪、麻醉机、小动物生理监测仪、电热毯、冷光源、颅骨钻、涡旋振荡器、无菌手术器械、移液器、小鼠固定架、加热毯、记录小皿等。

2. 试剂　75% 乙醇、碘伏、无菌生理盐水、异氟烷、利多卡因、凡士林、人工脑脊液（包括 125mmol/L NaCl、4.5mmol/L KCl、26mmol/L NaHCO$_3$、1.25mmol/L NaH$_2$PO$_4$、2mmol/L CaCl$_2$、1mmol/L MgCl$_2$ 和 20mmol/L 葡萄糖）、细胞钙指示剂（Cal-520 AM）、二甲基亚砜（dimethyl sulfoxide，DMSO）、pluronic F-127 等。

3. 耗材　玻璃毛细管、可过滤离心管、棉签、止血海绵、吸管、洗耳球、（颅骨钻）钻头、（移液）枪头、眼膏、脱毛膏、氰基丙烯酸胶等。

三、操作步骤（以小鼠大脑听皮层神经元钙成像为例）

（一）钙指示剂 Cal-520 AM 的注射

1. 钙指示剂 Cal-520 AM 工作液配制　Cal-520 AM 每 50μg 一管独立包装，-20℃避光保存。

（1）一管 Cal-520 AM（50μg）取出后离心 30 秒，加入 4μl DMSO（混有 20% pluronic F-127），振荡 3 分钟。

（2）继续加入 76μl 人工脑脊液，振荡 3 分钟，配制成最终浓度为 567μmol/L 的工作液。

（3）将工作液转移至可过滤离心管，离心过滤 1 分钟。

（4）将过滤后的工作液置于冰面上，每 2.5μl 一管分装，贴上标签，-20℃避光保存。

2. 微电极拉制　微电极拉制所用的玻璃毛细管型号为 BF150-86-10。采用竖直电极拉制仪（PC-10）两步法拉制玻璃电极，拉制前需调整电极拉制温度参数，使拉制出的电极尖端电阻为 2 ～ 3MΩ（拉制电极的温度参数设置与每一台电极拉制仪有关）。两步法拉制电极常用参数设置为，第一步温度：66.6℃，第二步温度：44.8℃。

3. 麻醉和头部手术区准备

（1）将小鼠置于麻醉诱导盒，用含有 2% 异氟烷的纯氧诱导麻醉。然后，将其放置在加热毯上（加热毯温度恒定于 37.5℃），减少异氟烷吸入浓度至 1.2% ～ 1.5%。手术期间根据小鼠体温随时调节加热毯电流，从而控制其温度，使小鼠体温维持在 36.5 ～ 37.5℃。

（2）打开冷光源，眼部涂抹眼膏，使用脱毛膏去除头部毛发。头部皮肤注射 10μl 1.5% 利多卡因，等待 2 分钟，待其局麻效果稳定。

4. 开颅手术

（1）自制双光子活体成像用记录小皿。小皿规格：直径 35mm，中心圆孔直径为 2.5mm（图 5-2-1A）。

（2）用弹簧剪去除小鼠头部皮肤和肌肉，暴露颅骨。将小鼠头部连同身体翻转 70° ～ 80°，从侧面暴露其覆盖听觉皮质的颅骨，防止出血。

（3）倒置记录小皿，在中心圆孔附近涂抹氰基丙烯酸胶，接着立即翻转小皿正置，并小心将中心圆孔对准听觉皮质上方的颅骨，轻轻贴合上，按压 15 秒，等待 15 分钟，使胶水充分凝固。

（4）将小鼠头部记录小皿安放到固定架上（图 5-2-1B），用颅骨钻（瑞沃德，STRONG 102）沿着自加工小皿中心圆孔边缘将颅骨开窗，暴露出直接约 2.5mm 的圆形窗口。开窗位置为旁开 4.5mm，Bregma 点后 3.0mm。

（5）揭开颅骨后，立即滴加人工脑脊液在记录小皿上，使暴露的大脑皮质始终浸润在人工脑脊液中（图 5-2-1C）。手术中应注意检查动物体温和呼吸频率，使其体温维持在 36.5 ～ 37.5℃，呼吸频率维持在 110 ～ 130 次 / 分。

记录小皿

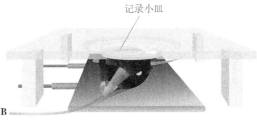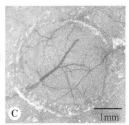

图 5-2-1　小鼠听觉皮质开颅手术

A. 自加工记录小皿；B. 自加工记录小皿在听觉皮质部位的颅骨上黏合并固定在固定架上；C. 磨去颅骨并暴露听觉皮质

5. 微操插入电极

（1）手术完毕后，将动物转移至双光子成像平台。平台内用加热毯维持小鼠体温；气体吸入麻醉面罩维持其麻醉状态。

（2）用移液器向玻璃电极注入 2μl 左右钙指示剂 Cal-520 AM 工作液。注意观察微电极尖端不要产生气泡（若有气泡，用手指轻弹可去除）。小心将注入钙指示剂的微电极放入数显微操系统操纵臂上，角度为 45°，导电银丝浸入钙指示剂，旋紧固定微电极。同时，用 10ml 注射器针筒在微电极内注入适量空气，使其内部维持 2kPa 左右正压，以防止电极尖端入水后堵塞。

（3）将物镜（40×/0.8 NA 水镜）安装于双光子成像平台，对焦平面为大脑皮质表面。用微操系统在水平方向移动镜头，寻找到相对干净、血管少的皮质区域，作为注射钙染料和成像区域。

（4）抬高物镜，使镜头在垂直方向上尽可能远离大脑皮质但又不脱离液面。打开控制微电极的数显微操系统。在微操系统步进高速模式下，将微电极沿着 X 轴方向移入镜头正下方，再沿着 Z 轴方向抬高微电极靠近镜头（图 5-2-2A）。

（5）调节数显微操系统至连续高速模式，沿着 Y 轴方向控制微电极前后摆动，直至在目镜下找到微电极主干部分（图 5-2-2B）。利用数显微操控制器沿着 X 轴方向控制微电极后退至看到电极尖端，再配合沿着 Y 轴方向移动微电极将电极尖端放到视野中央。注意观察电极尖端是否破损、尖端后部是否有气泡和杂质。最后沿着 Z 轴方向控制微电极缓慢下降。与此同时，利用微操系统同步配合物镜镜头下降，至电极尖端放到皮质表面或接近表面的位置（图 5-2-2C）。注意在电极尖端靠近皮质时，需要先降镜头，后降电极，并调节数显微操系统至连续低速模式，以免电极尖端下降幅度过大破坏皮质。

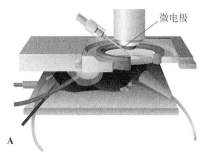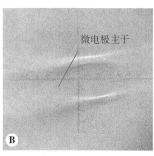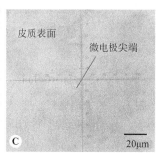

图 5-2-2 微操下电极至大脑皮质表面示意图

A. 微电极和镜头相对位置；B. 目镜中显示初始找到的微电极形态；C. 微电极尖端下到皮层表面位置

6. 钙指示剂注射

（1）微电极尖端降到大脑皮质表面后，打开双光子激光器。激发光波长调节为 920nm。打开双光子荧光成像软件，开启双光子荧光成像。电动控制镜头，对焦至视野中央显示清晰的硬脑膜（图 5-2-3A）。

（2）将软件中显示镜头相对皮质移动距离的 X、Y、Z 轴 3 个方向归零。调节数显微操控制器至低速连续模式，沿着 Z 轴方向控制微电极尖端轻贴皮质表面，电极尖端贴到皮质表面后会轻微挤压皮质表面，在双光子荧光成像下形成一个凹陷（图 5-2-3B）。利用此凹陷可判断微电极具体位置。

（3）沿着 Z 轴方向使微电极后退少许至电极尖端刚脱离皮质表面，此时对数显微操控制器显示界面 X、Y、Z 轴 3 个方向归零。归零后沿着 X 轴方向控制微电极快速前进 150μm 左右，扎破硬脑膜进入皮质（图 5-2-3C）。

（4）在 X 轴方向缓慢移动玻璃电极至需要注射钙指示剂的位置，用 10ml 注射器针筒给 30kPa 左右正压，并维持 3～5 分钟（图 5-2-3D）。

（二）钙信号记录

钙指示剂 Cal-520 AM 注射后，等待 1～2 小时，使钙染料充分进入细胞。钙染料可维持的记录时间长达 8 小时。

1. 生理状态监测 在小鼠转移到双光子成像平台后，即可开始实时监测小鼠生理状态。将小动物生理监测仪的热电偶涂抹凡士林，轻轻插入小鼠肛门，实时监测小鼠肛温，维持肛温在 36.5～37.5℃；同时将探测小鼠呼吸频率的压力感受器探头贴在小鼠腹部并固定，实时监测小鼠呼吸状态，维持其呼吸在 110～130 次/分。

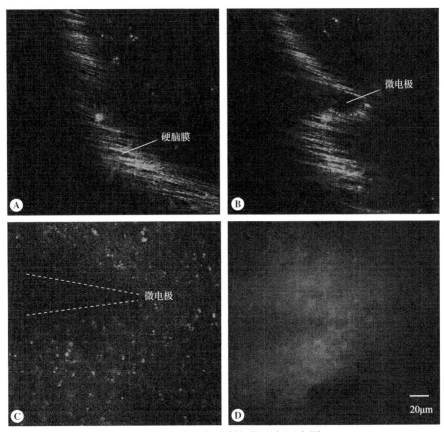

图 5-2-3　微电极注射钙指示剂示意图

A.双光子荧光成像定位大脑皮质表面；B.电极尖端挤压大脑皮质表面形成凹陷以判断电极位置；C.微电极进入大脑皮质后形成黑色阴影；D.钙染料释放后向四周扩散并被激发产生荧光

2. 人工脑脊液灌注　为及时补充新鲜的人工脑脊液并带走大脑皮质代谢后在其表面留下的代谢产物，动物在转移到双光子记录平台后，可立即进行人工脑脊液灌注。其间将蠕动泵（Lead-2）泵入口软管放入小皿一侧，泵出口软管放在对侧，调节流量，使人工脑脊液匀速地输入和输出。在此期间，人工脑脊液中持续注入 95% 氧气和 5% 二氧化碳（图 5-2-4）。

3. 信号采集　钙信号采集使用双光子成像信号采集软件（LotosScan 2016）。软件界面见图 5-2-5。注射 Cal-520 AM 等待 1～2 小时后，打开激光器和成像软件，电动控制镜头对焦到大脑皮质表面，再将成像深度 z 设置为零。根据焦平面的深度，为防止曝光过度，需适时调节激光功率（调节范围：30～120mW）。群体神经元钙成像时，图像在 40 Hz 帧频下采集 600×600 像素的数据，成像视野为 200μm×200μm。焦平面下降到注射位点深度，同时，在系统软件中调节激

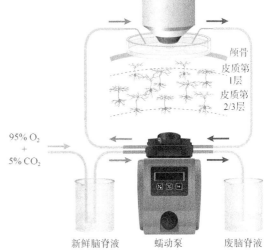

图 5-2-4　人工脑脊液灌注示意图

利用蠕动泵将混合 95% O_2 及 5% CO_2 的新鲜脑脊液输入记录小皿中的同时，吸出小皿中废弃的脑脊液

光和 PMT 强度，并设置记录时间和文件保存位置。最后，将成像模式由 live 转成 record，便可进行双光子成像钙信号记录。

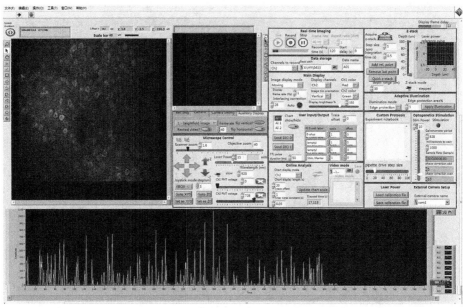

图 5-2-5　LotosScan 双光子成像信号采集软件

（三）数据分析

1. 选择目标分析区域　为了获取神经元的钙荧光信号变化，先利用软件（LotosScan Analysis 2016.6）将目标细胞区域（region of interest，ROI）手动画出来，界面见图 5-2-6。然后，用每一帧中所画区域里的像素值来估计该细胞在时间上的荧光强度（F）。ROI 的基线荧光强度 F_0 被定为移动时间窗内荧光强度的第 25 百分位数，因此细胞的钙信号可通过计算其相应的荧光强度变化 $\Delta F/F = (F-F_0)/F_0$ 获得。利用以上软件对钙信号进行自动检测，通过 1 秒的基线移动时间窗和其后 500 毫秒的钙信号探测时间窗来进行探测。

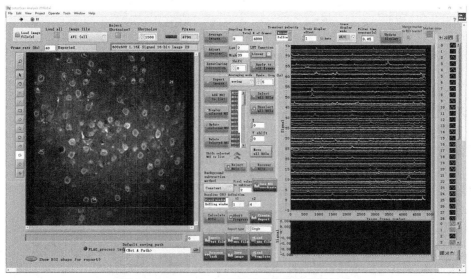

图 5-2-6　LotosScan 双光子成像数据分析软件

2. 采集数据导出 将采集到的视频数据导入 LabVIEW 2014，提取神经元钙信号曲线。利用 Igor Pro 5（Wavemetrics）将 LabVIEW 2014 计算出的像素值转换成二维象限中的可编辑点图。使用 Matlab 2018a 编码程序自动识别钙信号峰值。

四、结果判读

（一）钙染料注射效果判读

钙染料注射结果直接影响后续的钙信号记录，图 5-2-7 分别是比较好的注射效果图（图 5-2-7 A）和常见的几种注射效果比较差的情况（图 5-2-7B ～ D）。

图 5-2-7A 图可见钙染料注射区域背景浅，比较干净，神经元染色均匀，细胞体呈现典型的空心圆结构，对应记录到的钙信号信噪比较高。图 5-2-7B 显示钙染料注射区域背景较高，对应记录到的钙信号信噪比较低。对于这种情况，可以多等待时间，让细胞间隙的钙染料充分进入细胞。图 5-2-7C 虽然背景很干净，但显示中心位置被破坏，这种情况是由于注射时未控制好气压，瞬间压力过大，将注射中心区域吹出"空洞"。图 5-2-7D 显示钙染料未充分释放出来，周围细胞未被标记上，且个别标记上的细胞呈现实心，表明已死亡，这种情况一般是电极尖端堵塞导致，需另换电极重新注射。

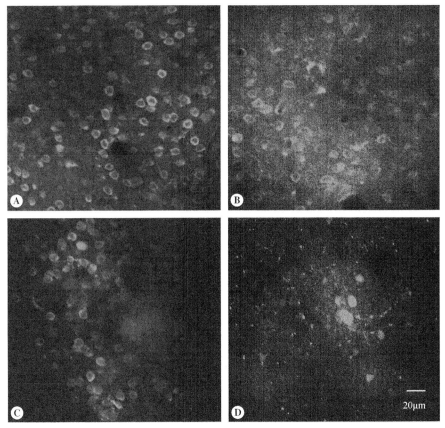

图 5-2-7 钙染料注射几种常见结果

A. 比较好的钙染料注射结果；B. 钙染料注射区域背景高；C. 钙染料注射中心区域被破坏；D. 钙染料未充分释放

（二）钙信号记录结果判读

1. 高质量钙信号数据 较好的钙信号数据（图 5-2-8）：一般基线平稳，峰值较高，单个钙信

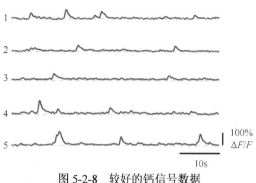

图 5-2-8　较好的钙信号数据

号呈现典型的"快上慢下"特征。

2. 低质量钙信号数据　图 5-2-9 A 显示基线起伏较大，记录到的钙信号峰值较小，信噪比低；图 5-2-9 B 显示记录到的数据出现集体的同步化"信号"假象，这种情况一般是由于麻醉效果不好，小鼠抖动造成。

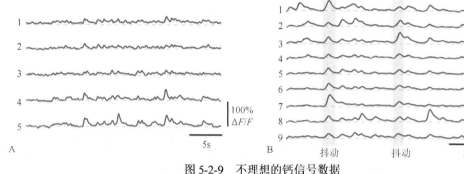

图 5-2-9　不理想的钙信号数据

A. 基线不平稳，信号峰值低；B. 动物抖动导致产生明显的同步化"信号"假象

五、注意事项

1. 钙指示剂配制时若未充分振荡，将无法完全溶解于人工脑脊液中，进而导致钙指示剂工作液中钙染料浓度不够，会直接影响最后的标记效果；配制时若未充分过滤，则钙指示剂工作液中会留有杂质沉淀，容易导致电极堵塞。

2. 动物手术若出血，并附着在大脑皮质表面时，会显著影响成像质量和成像深度。可以通过揭去硬脑膜，清除附着血迹等方法进行改善。如揭去硬脑膜，则需要滴加少许 1% 液体琼脂糖（37℃）于皮质表面，待其凝固覆盖于皮质表面，限制皮质抖动。

3. 用于气压注射标记神经元的玻璃电极尖端直径需控制在 2.0 ～ 3.0μm，对应的电极阻抗应控制在 2 ～ 3MΩ。如电极尖端过粗，则气压注射时，对细胞冲击大，易使较多细胞死亡；如电极尖端过细，则容易导致电极堵塞，且很难形成较大的染料扩散面。

4. 手动圈 ROI 时，注意区分神经元和神经胶质细胞。钙染料 Cal-520 AM 不仅可以标记神经元，也可以标记神经胶质细胞。但标记的神经元只显现细胞体，而标记的神经胶质细胞既显现细胞体，也显现突起，据此可以区分。

5. 实验动物的生理状态与钙信号记录质量直接相关。在实验过程中应随时关注实验动物的生理状态（呼吸、体温等），并遵守动物伦理，减少实验动物的痛苦。

（张　宽　何　勇）

第三节　脑血管通透性双光子成像

一、基本原理及实验目的

血脑屏障（blood-brain barrier，BBB）是指存在于血液与脑实质及脑脊液之间的屏障结构，主要由脑微血管内皮细胞、基膜、周细胞以及星形胶质细胞的足突共同组成，血脑屏障结构及功能异常可见于多种神经血管性疾病。因此，血脑屏障的结构和功能的分析方法在神经科学研究中具有重要价值。双光子成像具有光损伤小、成像深度深、图像分辨率高的特点，更适合于在体研究。双光子脑部成像在神经科学中的应用广泛，也可以用来研究血管空间分布、脑血流动态变化及血脑屏障渗漏等。本节实验通过静脉注射荧光示踪剂的方法，对活体小鼠血脑屏障的通透性进行分析。

二、主要仪器设备、试剂及耗材

1. 仪器设备　解剖显微镜、双光子显微镜、小动物麻醉机、脑立体定位仪、小动物加热毯、微型手持颅骨钻、实验动物电动剃毛器、无菌手术器械、微型刮铲、牙科调刀、冷光源等。

2. 试剂　FITC-dextran（4kDa）、75% 乙醇、碘伏、乙醇棉球、眼膏、无菌生理盐水、牙固粉黏合剂、异氟烷、氰基丙烯酸正丁酯黏合剂、氧化铈粉末等。

3. 耗材　硅胶小刷子、（颅骨钻）钻头（直径为 0.5mm）、注射器、棉签、洗耳球、马克笔等。

三、操作步骤

（一）颅骨薄化及玻片加固手术

1. 麻醉及术区准备　使用小动物麻醉机对小鼠进行麻醉（图 5-3-1A），麻醉成功后将小鼠固定于脑立体定位仪上（图 5-3-1B），以剃毛器去除从双眼至颈背交界处的毛发，对双眼涂抹眼膏进行保护，头部术区皮肤用碘伏及乙醇消毒，小鼠腹部垫置小动物加热毯。

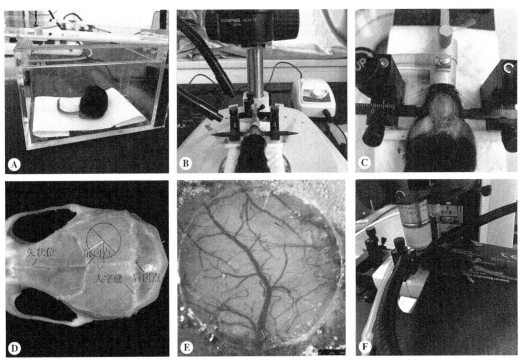

图 5-3-1　小鼠颅骨薄化开窗及玻片固定手术操作及示意图

A. 将小鼠置于含有异氟烷的麻醉盒中进行麻醉；B. 将麻醉小鼠固定于脑立体定位仪；C. 剃毛并消毒皮肤后，剪除部分皮肤；D. 颅骨局部磨薄的区域示意图；E. 颅骨磨薄区用玻片覆盖并使用胶水黏合，周围颅骨暴露的区域则使用牙固粉黏合剂覆盖；F. 将处理后的小鼠置于双光子显微镜下准备成像

2. 颅骨暴露及软组织隔离封闭　以下操作在解剖显微镜下进行。用镊子及眼科剪刀纵行剪开头部皮肤，前界至眼后，后界至颈背肌肉移行区。向双侧剪除部分皮肤并分离皮肤至颅骨边缘两

侧肌肉移行区，用微型刮铲去除颅骨表面骨膜，用无菌棉签蘸取生理盐水清理颅骨，静置待其干燥，在皮肤和颅骨交接区涂薄层 3M 黏合剂，待黏合剂干燥（图 5-3-1C），封闭软组织暴露面。

3. 颅骨局部磨薄　目标区域为小鼠右侧顶骨，是以前囟后 2mm、中线旁 2mm 为中心的直径 3mm 的圆形区域（图 5-3-1D）。用 0.5mm 颅骨钻钻头磨薄选定区域，交替使用生理盐水及气流，清理骨屑碎片并干燥颅骨表面。当颅骨厚度小于 50μm 时，此时在钻头压迫下颅骨变得可弯曲，湿润状态下透过颅骨可见皮质血管，并可见颅骨出现白色颗粒状小斑点，此时将颅骨钻钻速调低，继续磨薄颅骨，注意一定要轻柔操作，以免损伤大脑表面血管；当颅骨磨至 10 ~ 15μm 厚度时，湿润状态下可见颅骨的白色颗粒状小斑点消失。接着用氧化铈溶剂抛光颅骨局部区域，用硅胶小刷子进行抛光操作约 10 分钟，清理颅骨开窗区域，并静置干燥。

4. 玻片加固及封闭　选择直径为 3mm 的 0 号盖玻片，在开窗区域滴入 3M 胶水，并快速盖上盖玻片，轻柔地使用微型刮铲推压盖玻片，使其与颅骨表面紧密黏合，持续约 1 分钟后，待胶水固定，清理盖玻片表面多余的胶水，在体视显微镜下观察（图 5-3-1E）。调和牙固粉黏合剂，并涂于颅骨暴露区域，以盖玻片区为中心形成内凹结构，用来储水并接触显微镜物镜（图 5-3-1F），6 周内皆可用于成像。将术后小鼠放置于加热毯上复苏，苏醒后移入单笼饲养，术后 1 天后即可进行双光子活体成像。

（二）活体双光子成像分析血脑屏障通透性

将小鼠麻醉后固定于固定台上，以麻醉面罩保持麻醉（若麻醉时间较长可腹腔注射复方氯化钠 500μl/h）。将固定台及小鼠置于双光子显微镜下，小鼠头部水槽加水后将物镜下调至水槽内进行成像，常规使用 20× 物镜。

经鼠尾静脉注射 100μl 荧光示踪剂（5% W/V，FITC-dextran），调节成像深度至颅骨下方 50 ~ 130μm 深度，激发光波长为 800nm，激光能量 3050mW，激光强度 8%，成像间隔 1.68μm，连续 50 张成像。成像时，可以根据所注射的荧光示踪剂的分子量不同来调节成像时间，如使用 4kDa FITC-dextran 时可以设置成像间隔为 2 分钟、连续成像 40 分钟；使用 40kDa 及 70kDa FITC-dextran 时则可以调整为成像间隔为 10 分钟、连续成像 2.5 小时。

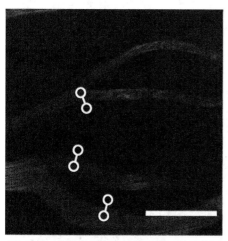

图 5-3-2　小鼠血脑屏障渗漏分析区域示意图

（三）图像数据分析

使用 ZEN Blue（或 Image J）软件对血管外渗漏的荧光示踪剂进行定量分析，收集颅骨下方 100μm 处的成像数据，分析直径小于 20μm 的微血管的管腔外的荧光信号。选择血管边缘 5μm 之外的面积约 30μm² 的圆形区域作为荧光测量区域，共选择 3 个区域进行计算后取均值，作为该时间点血管外荧光强度（图 5-3-2）。以第一张图像（即尾静脉注射荧光示踪剂后 2 分钟）的结果作为基础值（F_0），此后各个时间点均选择相同区域进行计算以获得该时间点的荧光强度（F_{Time}），计算相对荧光强度变化（$F_{Time}-F_0$）/ F_0，并绘制荧光强度随时间变化的曲线图。

四、结果判读

预期实验结果：随着成像时间的延长，在野生型小鼠脑血管周围并没有观察到荧光示踪剂的渗出，根据所获得的图像数据绘制的荧光曲线可见微血管外的荧光强度随时间延长并未升高（因荧光剂的猝灭效应而呈一定下降趋势）；而在血脑屏障出现渗漏的模型小鼠中，则会在脑微血管周围观察到荧光示踪剂的渗出，根据所获得的图像数据绘制的荧光曲线则可见微血管外的荧光强度随时间延长而逐渐升高（图5-3-3）。

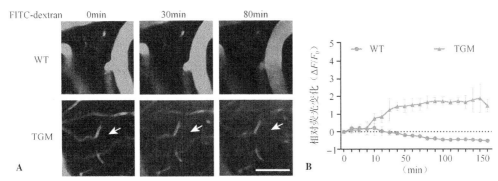

图5-3-3　双光子成像分析小鼠血脑屏障渗漏情况

A.在荧光示踪剂FITC-dextran注射至小鼠后不同时间所获得的脑微血管的影像；B.根据所获得的图像数据，定量分析微血管外的荧光强度，绘制曲线。WT，野生型小鼠；TGM，出现血脑屏障渗漏的转基因小鼠

五、注意事项

1. 关于小鼠头部固定　若小鼠头部未固定牢固，则在颅骨磨薄的过程中很容易导致大脑皮质血管的损伤；在固定小鼠头部时，仅使用耳杆经外耳道夹持固定仍不够稳定，还需要使用耳杆的爪形固定端夹持小鼠颅骨双侧顶结节的位置，从而进一步牢固固定。

2. 关于颅骨磨薄　在打磨颅骨时，需要在预设的区域中均匀地逐层磨除颅骨外层皮质骨及松质骨，切勿单点深入打磨，这样非常容易磨穿颅骨进而损伤脑组织；当打磨到内层皮质骨时，此时颅骨厚度会小于$50\mu m$，这时需要调低颅骨钻的钻速，并且使用颅骨钻时不能向下用力，应该使钻头在颅骨表面游走；打磨颅骨的区域需要比3mm直径稍大一些，这样盖玻片才能完整地进入颅骨凹槽中；滴加组织胶水前需要认真清除颅骨表面的所有骨屑，如果残留骨屑则会导致组织胶水黏合盖玻片处残留气泡，影响成像；最后一遍清理颅骨表面时应使用去离子水，并使其干燥，此时如使用生理盐水则会出现盐结晶，影响成像。

3. 关于成像区域　在进行成像时，需要选择大脑皮质血管未发生损伤的区域进行双光子成像；如果成像区域存在血管出血或者梗死等其他损伤，则会影响对血脑屏障渗漏情况的判定。

（赵伟东）

第四节　单光子微型显微镜活体钙成像

一、基本原理及实验目的

在动物（主要是小鼠）大脑皮质或者深部脑区注射表达钙离子的荧光指示剂（GCaMP），然后再安装内镜或玻璃颅窗，最后利用微小的单光子显微镜在自由活动的动物上对神经元进行单细胞水平的钙成像。此技术使得大规模研究不同脑区各类神经元对行为功能编码成为可能。

二、主要仪器设备、试剂及耗材

1. 仪器设备　微型荧光显微镜、动物行为记录摄像机、棱镜、颅窗玻璃片、显微镜底座、手术室（$21 \sim 25℃$）、无菌手术器械、小动物加热毯、负压吸引器、脑立体定位仪、麻醉仪、颅骨钻、微量注射泵、螺丝刀、手持电动剃须刀、电极等。

2. 试剂　75%乙醇、碘伏、乙醇棉球、红霉素眼膏、无菌生理盐水、牙科水泥、钙离子指示剂的病毒（AAV-GCaMP）、异氟烷或戊巴比妥钠等麻醉药、Crazy 万能胶水等。

3. 耗材 微量注射针、医用缝合针线、（颅骨钻）钻头、注射器、棉签、马克笔等。

三、操作步骤（以小鼠大脑皮质神经元监测为例）

目前，单光子显微镜活体钙成像可以对不同深度的大脑皮质或深部脑区成像。大脑皮质成像可采用双光子成像的颅窗方法，此方法需要的耗材价格较低；而深部脑区需要采用内镜的方法，下面将分别介绍这两种方法的手术及记录过程。

方案一：通过植入内镜的方法对杏仁核进行钙成像

（一）脑部钙荧光指示剂病毒注射

1. 小鼠麻醉（腹腔注射 80mg/kg 戊巴比妥钠；或者异氟烷吸入：3% 诱导麻醉，1% 维持），同时皮下注射地塞米松（0.2mg/kg），以防止手术引起的脑水肿和组织增生。待小鼠进入完全麻醉状态时（仰卧时心跳和呼吸均匀、肌肉松弛、四肢无活动，胡须无触碰反应，踏板反射消失），对小鼠头部待手术区进行剃毛备皮，将小鼠头部固定于脑立体定位仪，眼部涂抹红霉素眼膏保护眼睛。注意在使用脑立体定位仪的门齿杆夹持动物上颌时要不松不紧，太紧易夹断鼻骨阻塞小鼠呼吸道致小鼠窒息，太松可能在后续的打孔和病毒注射过程中出现意外，正确使用脑立体定位仪，固定动物头部是重要的一步。

2. 在小鼠头部皮下注射利多卡因（2%）进行局部麻醉，依次使用 75% 乙醇、碘伏、75% 的乙醇消毒皮肤，眼科剪剪开皮肤，手术刀清除皮下结缔组织。露出颅骨后，用棉签蘸取 75% 的乙醇，擦拭头骨后用棉球擦干净，充分暴露骨质层。

3. 使用定位针确定前、后囟的位置，前、后囟高度差不应超过 0.05mm，调平小鼠头部后，使用定位针确定病毒注射位置，使用 0.5mm 的颅骨钻在该位置钻小孔，边打边用负压吸引器清除粉末，当感受到落空感时立即停止钻孔，防止损伤脑组织，如果出现了出血的情况，可以使用生理盐水湿润止血海绵后，按压在出血处，并用生理盐水冲洗血污，在打孔的过程中需注意小鼠的基本生命体征。

4. 将尖电极连接微量注射针，使用甘油填充管道后，吸取所需量病毒，使用操作臂将电极夹持在脑立体定位仪上，使用微量注射泵，排空电极前端空气后，将电极尖端垂直贴近脑表面后，以脑平面为零点，使用脑立体定位仪将电极下降到研究脑区所需的深度，等待 5 分钟后，以 100nl/min 的速度注射病毒（图 5-4-1A），注意观察病毒液面下降情况，当病毒注射完毕，等待 25 分钟，使病毒充分被脑组织吸收后，缓慢抬起电极，避免脑组织出血。

（二）内镜（棱镜）的植入

1. 使用定位针确定前、后囟的位置，前、后囟高度差不应该超过 0.05mm，调平小鼠头部后，寻找出注射病毒的位置，以注射点为原点进行开窗，窗口的直径根据使用棱镜的直径进行确定，略大于棱镜的直径，以 1.8mm 的棱镜为例，开窗的直径为 2mm。使用游标卡尺和绘图笔以注射点为中心画出圆的轮廓，将颅骨钻倾斜轻钻头骨，钻穿后轻轻将碎骨去除，露出脑表面，加滴生理盐水保持湿润。在离窗较远的位置安装两颗颅骨钉（图 5-4-1B）。

2. 根据之前注射病毒的深度，使用尖镊子挑破硬脑膜，使用负压吸引器，缓慢吸去一部分组织，使组织内有可以容纳棱镜的空间。注意此过程中易出血，可使用止血海绵进行压迫止血，直至无渗血后再继续进行下一步操作，并且此过程中操作一定要慢（45 分钟左右）。

3. 植入棱镜时先使用 75% 乙醇对棱镜进行消毒，待其彻底晾干后，再将棱镜放置到镜架中，调整棱镜使其垂直于脑平面后，缓慢下移棱镜进入脑内（40 分钟时间），根据注射病毒的深度确定埋入棱镜的深度，如注射深度为 1.2mm，则棱镜埋入深度为颅骨表面下 1mm 处（图 5-4-1C）。

4. 固定棱镜,使用紫外胶(或生物胶水)涂在棱镜和颅骨的交界处,使用紫外线灯使胶水固化后,将镜架移走,再用牙科水泥包埋颅骨钉和棱镜下部(图5-4-1D)。注意紫外胶(或生物胶水)必须使用,否则记录过程抖动非常厉害。

5. 使用牙科水泥缓慢地一层一层固定棱镜,使棱镜完全被固定于颅骨表面。

6. 将小鼠放置在预热好的37℃的加热毯上直到小鼠完全清醒。将小鼠放回动物房饲养2～3周后再进行下一步实验。

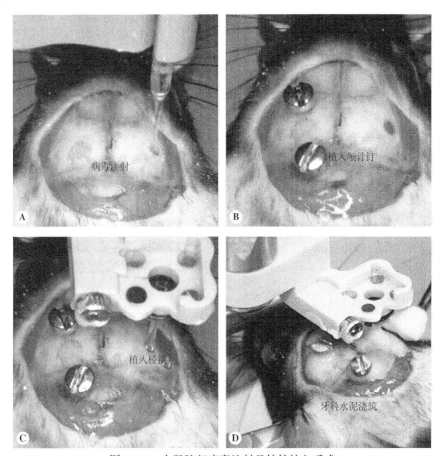

图 5-4-1　小鼠脑部病毒注射及棱镜植入手术

（三）安装显微镜底座及成像

1. 植入棱镜后,等待2～3周,使病毒表达。然后麻醉小鼠,固定在定位仪上（图5-4-2A）。将头部的棱镜保护罩去除,并清理干净水泥表面（图5-4-2C）。连接微型显微镜,使用擦镜纸和无水乙醇清洗显微镜的头部,确保没有污渍影响观察,将底座安装在显微镜头部,并使用微型螺丝固定,将安装有万向头的夹持器固定在脑立体定位仪,把显微镜的头部安装在夹持器上面（图5-4-2B）。

2. 使用万向轴调节显微镜的角度,使其与观察面平行,打开显微镜实时观察细胞中病毒表达的情况（图5-4-2D）,根据观察到的细胞表达位置,确定最终显微镜安装的位置。确定位置后,使用牙科水泥和502胶水粘贴固定显微镜底座,加入牙科水固化牙科水泥,注意粘贴过程中不要沾上显微镜。等待胶水干后,扭松底座上的螺丝,取走显微镜。

3. 小鼠术后恢复3天后,进行钙成像记录。

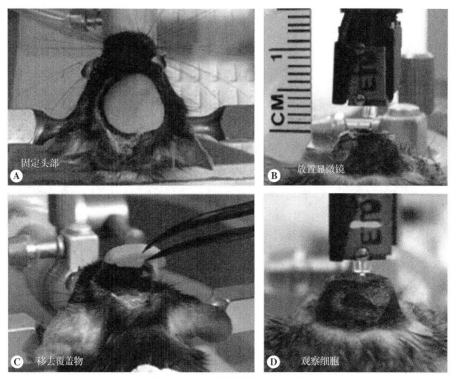

图 5-4-2 安装显微镜底座实验

（四）对标记的神经元进行钙成像

1. 在安装底座后使动物恢复 3～4 天，然后把动物带到实验区域进行环境适应。

2. 当动物充分适应环境后，用毛巾包裹动物，或者轻度麻醉动物，然后把显微镜固定到动物头部的显微镜底座。然后让动物适应显微镜 2～3 天，使显微镜对动物的行为有较小的干扰。推荐用毛巾抓取动物，很多情况下短暂的气体吸入麻醉会导致钙信号的减弱。

3. 根据实验需要，在自由活动的行为中对动物特定脑区进行大规模的钙成像记录。

方案二：通过玻璃颅窗的方法对大脑皮质浅层神经元进行钙成像

（一）脑部钙指示剂病毒注射

小鼠腹腔麻醉的同时注射地塞米松，剃去皮毛并消毒后将小鼠头部固定于脑立体定位仪上，眼部涂抹红霉素眼膏保护眼。剪开皮肤，清除皮下结缔组织，露出颅骨后，用 100% 的乙醇擦拭头骨，暴露骨质层。调平头部，确定注射位置，用颅骨钻以注射点为圆点开直径 3.5mm×3.5mm 小洞（图 5-4-3A）。使用微量注射泵，用尖端直径为 0.3mm 的宽口电极（图 5-4-3B），通过推动注射器以 100nl/min 的速度在大脑皮质注射病毒，注射病毒结束后，等待 5 分钟，再轻轻抬起电极。安装和窗口一样大小的玻片（厚度 1mm），使用生物胶水粘贴于玻片和颅骨的交界处（图 5-4-3C）。等待胶水彻底晾干后，缝合小鼠的头皮（图 5-4-3D）。小鼠恢复 2 周后进行下一步手术。

（二）安装显微镜底座

方法同前。

（三）对标记的神经元进行钙成像

方法同前。

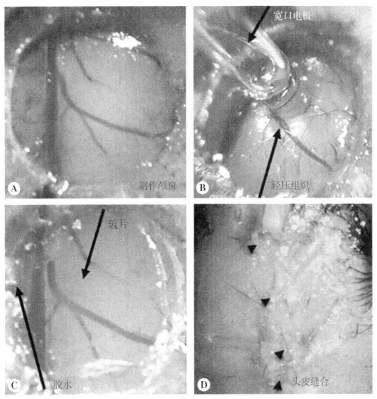

图 5-4-3　小鼠脑部病毒注射和安装玻片手术

四、结果判读

在病毒表达后，在安装底座时，如果通过颅窗或者棱镜表面能看到清晰的血管，没有白色的薄膜，表明动物没有感染；如果通过显微镜能够看到清晰的明亮的颗粒状细胞，表明病毒的感染比较成功。最后在成像时，如果能够在原始或 $\Delta F/F_0$ 录像中看到较多的细胞（根据脑区，超过 100 个），说明整个过程是成功的。如果只能看到大块的明亮反应，说明显微镜距离成像的细胞较远，需要调整显微镜的深度。

五、注意事项

1. 不同类型的细胞要选最优的 AAV 血清型或启动子。

2. 在浇筑牙科水泥头帽前，需清除干净结缔组织、肌腱、肌肉、皮肤或皮毛及颅骨碎屑并彻底干燥。否则会导致头盖松动，从而增加录制过程中的运动噪声。

3. 在使用颅骨钻的过程中，应防止过热，不要让钻头在一个位置停留太久，颅骨过热可能会导致颅骨下出血。

4. 在去除硬脑膜时，应注意避免血管破裂。如果在手术过程中发生出血，需要暂停手术步骤并在暴露的组织上滴几滴无菌盐水，使用镊子轻轻地将一小块用无菌盐水湿润的止血海绵放在暴露的组织上，直到出血停止。一旦出血停止，使用镊子拿走止血海绵，并用无菌盐水冲洗该区域。

5. 如果记录在浅表的大脑皮质，不建议吸走组织，为了减少压力引起的组织损伤，可以用针头插入记录脑区上方 2.0 ～ 2.5mm 处，然后抬起，该针头可作为开拓棱镜植入路径的一种方式，不需要从大脑中吸出组织。

6. 以较慢的速度植入棱镜，可为神经元、神经胶质和脉管系统提供分离时间，从而减少镜头下的组织损伤。

7. 在安装显微镜底座的过程中，牙科水泥在干燥过程中可能会出现收缩，导致底座比安装时更低。在实验中，可以将底座放置在所需焦平面上方，以补偿在水泥干燥的过程中可能发生的位移。

8. 在粘贴底座的过程中，底座的前壁比其他壁短，因此在使用牙科水泥时应格外小心，以免牙科水泥沾到显微镜上。

9. 如果动物感染严重，可以在手术后利用头孢霉素来抗感染。

（李新建　吕辰菲）

第五节　钙信号数据处理与作图

一、基本原理及实验目的

由于微型荧光显微镜钙成像的方法每次都可以记录大量的神经元，所以手动标记的方法很难对数据进行分析。目前活体单细胞水平钙成像的分析常采用基于大数据的两种方法，PCA-ICA 及 CNMF-E 的方法，每种方法各有优缺点。这里以 PCA-ICA 的方法为例进行介绍。

二、主要仪器设备及软件

1. 仪器设备　高性能计算机等。CPU：i7，RAM ＞ 32gb，超过 1TB 的固态硬盘及高性能的显卡。

2. 软件　Matlab、Image J、Imaging process toolbox（Inscopix）、Python 等。

三、操作步骤（以小鼠大脑皮质神经元监测为例）

（一）视频数据转格式

由于动物行为的视频与神经元信号的视频是采用不同的设备记录的，它们通常具有不同的帧率，所以需要采用不同的方法使两种视频能够完全同步。例如，可以使用 Matlab 软件把记录到的钙成像视频和小鼠行为视频转为 .mat 格式，然后通过插值法使其变成帧数完全相同的两个视频，由此方便人们进一步分析行为与神经信号之间的关系。

（二）钙成像视频抖动矫正

目前有各种方法可对视频进行抖动矫正，但是注意，没有任何一种方法可以解决所有的问题，所以抖动矫正完成后，需要人工检查抖动矫正的效果，如果效果不能满足需要，则需要修改参数重新矫正。这里以 Image J Stabilizer toolbox 为例进行介绍。

1. 安装 Image J 及 Image J Stabilizer toolbox。

2. 导入钙成像视频　打开 Image J 软件后，File—Import—HDF5 选择目标文件（注意 HDF5 是可以直接打开 matlab 格式的文件）。

3. 进行视频抖动矫正　Plugins—Image Stabilizer（图 5-5-1），其中参数需要根据具体的视频调整参数，Maximu Pyramid Levels 一般为 2 或 3，Template Update Coefficient 选择 0.99 效果较好，Maximun iterations 为迭代次数，一般选择 1000 ～ 2000，次数越多速度越慢，但效果会更好一些。

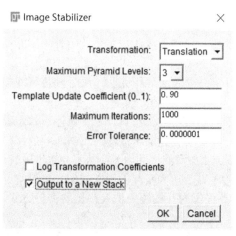

图 5-5-1　Image J 抖动矫正

4. 将矫正后的视频存储为 .tiff 格式，并转换回 .mat 格式，以便使用于之后分析。

（三）提取钙信号

钙信号提取的方法非常复杂，请参照下面两篇参考文献，根据需要选择合适的方法：PCA-ICA 和 CNMF-E。PCA-ICA 法具体如下。

每个像素点在记录期间（0 ～ 15 分钟）的平均荧光强度计算为 F_0，t 时刻像素点荧光强度表示为（F_t-F_0）/F_0 或 $\Delta F/F_0$。通过主成分和独立成分分析（PCA-ICA）对神经元的钙信号（$\Delta F/F_0$ 的矩阵）时空数据降维和提取，该步骤需要使用 CellSort 和 fastICA 工具包。该分析基于数据分布的偏斜系数，将时空数据矩阵分解为独立的可能是细胞的成分，每个成分在成像区域上都有一个特征空间滤波器（在图像中显示成分的空间位置）和一个在成像周期内的相应时间信号（该成分在时间序列上信号反应的强度）。由不参与实验记录的实验者对每个成分进行挑选，选出是细胞的成分。

挑选中的注意事项：①如果一个成分的空间位置与 F_0 图像中血管投射的暗影重叠，可以认为该成分是因为血液流动而产生的，该成分需被排除；②经过抖动矫正后的钙信号视频，通过计算后，图片的边缘会显示出许多成分，这些成分需被排除；③钙信号在时间序列上会显示出特征性的快速上升和缓慢衰减的过程，因此预计钙信号的时间偏斜系数为正，如果成分中那些偏斜系数小于 1 的则需被排除。

对于每个选中的成分，空间滤波器中最亮的点为细胞的位置（图 5-5-2A、B）。细胞对应的时间信号为 $\Delta F/F_0$ 视频中细胞所处区域平均值减去背景区域（细胞体外）的中值（图 5-5-2C、D）。为了确定神经元活动增加的时期，需要寻找每个钙事件的上升阶段（峰值 $\Delta F/F_0$ 大于 3 倍的基线波动标准差）。当 $\Delta F/F_0$ 的一阶导数（以 200 毫秒移动窗口计算）上升到 0 以上并持续增加到基线波动的 5 个标准偏差以上时是上升阶段的开始，当 $\Delta F/F_0$ 的一阶导数低于 0 时为上升阶段的结束。

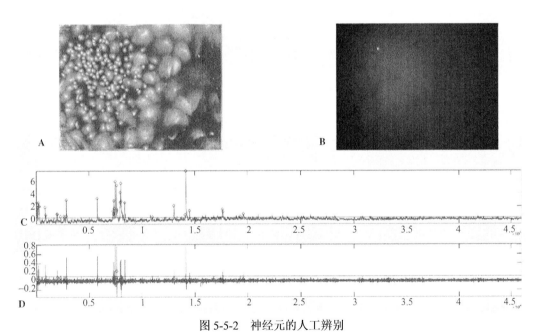

图 5-5-2 神经元的人工辨别

A. 示例动物经过 PCA-ICA 分析后所有独立成分空间滤波器的投影（绿色），每个投影为一个潜在的细胞；B. 单个细胞（与 A 图标记对应）在成像空间的投影；C. 示例细胞随时间变化的信号轨迹；D. 钙信号 $\Delta F/F_0$ 的一阶导数

（四）数据分析和作图

数据分析后可以得到每个神经元的放电曲线及细胞的位置（图 5-5-3），并且为了可视化在小鼠行为学实验期间检测到的神经元的活动模式，可对每个神经元的活动事件轨迹由定义的行为事

件点进行中对齐,然后在多次实验中平均。根据任务期间的峰值激活时间对所有神经元生成的轨迹进行排序,并显示在时间栅格图中(图 5-5-4)。

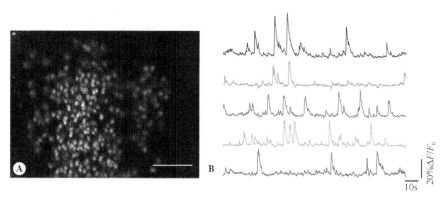

图 5-5-3　神经元的位置及反应

A.显微镜成像区域所有神经元的 $\Delta F/F_0$ 图像。该图像通过计算 20000 帧 $\Delta F/F_0$ 的标准差投影所得。在记录时间(约为 15 分钟)中每个像素点的平均荧光强度计算为 F_0,在 t 时刻像素强度的变化为 $(F_t - F_0)/F_0$ 或 $\Delta F/F_0$。B.图 A 中对应颜色神经元的钙信号变化轨迹

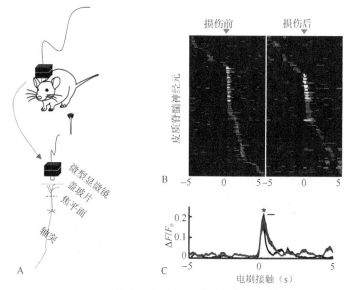

图 5-5-4　以特定的行为事件对神经信号进行对齐

A.使用微型显微镜对自由活动小鼠进行钙成像时示意图。B.保留性神经损伤前后皮质脊髓神经元对感觉刺激的平均钙活动,神经元按照电刷触碰小鼠足底时间点前后 5 秒内峰值出现的时间序列排列。C.所有皮质脊髓神经元的平均钙信号曲线

(李新建　吕辰菲)

第六节　离体钙信号记录技术

一、基本原理及实验目的

　　神经元钙成像技术的原理就是借助钙离子浓度与神经元活动之间的严格对应关系,利用特殊的荧光染料或者蛋白质荧光探针(钙指示剂),将神经元中的钙离子浓度通过荧光强度表现出来,从而达到监测神经元活动的目的。

　　目前常用的化学荧光钙指示剂包括 Fura-2、Fluo-3 等。基因编码钙指示剂来自绿色荧光蛋白(GFP)及其变异体的荧光蛋白质,与钙调蛋白(CaM)和肌球蛋白轻链激酶 M13 域融合。当钙离子浓度上升时,会导致 M13 与 CaM 结合,从而改变 cpEGFP 的构象,将其从无荧光的状态变

为绿色荧光。

相对于化学荧光钙指示剂钙成像方法，基因编码钙指示剂钙成像方法需要在观察位置提前注射病毒，在进行标本制备时与化学荧光钙指示剂成像方法相同。

二、主要仪器设备及试剂

1. 仪器设备　荧光显微镜、单色光源系统、高速高灵敏度数字冷 CCD、显微影像软件、Fura-2 专用滤光片组等。

2. 试剂

（1）化学荧光钙指示剂方法相关主要试剂

1）Fura-2 AM：Fura-2 AM 是一种可以穿透细胞膜的钙指示剂，其进入细胞后可以被细胞内的酯酶剪切形成 Fura-2，从而被滞留在细胞内。实验前用 DMSO 将 Fura-2AM 配制成 10mmol/L 的储备液，然后分装保存至 -20℃冰箱中备用。

2）Pluronic acid F-127（20%）：为表面活性剂，其有助于 Fura-2 AM 扩散进入细胞。

3）林格液或人工脑脊液（ACSF）：林格液组成：140mmol/L NaCl、3mmol/L KCl、1mmol/L MgCl$_2$、10mmol/L HEPES、10mmol/L 葡萄糖、2mmol/L CaCl$_2$。人工脑脊液（ACSF）组成：127mmol/L NaCl、1.8mmol/L KCl、1.2mmol/L KH$_2$PO$_4$、2.4mmol/L CaCl$_2$、1.3mmol/L MgSO$_4$、26mmol/L NaHCO$_3$、15mmol/L 葡萄糖。

4）1mol/L 的 HEPES 溶液：配制 1mol/L HEPES 储液备用。

（2）基因编码钙指示剂钙成像主要试剂：rAAV2/9-CAG-GCamp6f 病毒，林格液或人工脑脊液。

三、操作步骤及结果判读

（一）化学荧光钙指示剂钙成像

下面以培养 DRG 细胞和急性脊髓薄片上的钙成像实验为例，简单介绍化学荧光钙指示剂钙成像实验的基本操作步骤。

1. 培养 DRG 细胞钙成像

（1）标本制备：大鼠或小鼠颈椎脱臼致死或缺氧致死，切开背部皮肤和肌肉切取脊柱入 PBS 溶液中，打开椎板取出 DRG 并放入 DMEM 中，分离打散 DRG 细胞，然后对其进行培养 3 ～ 7 天。

（2）Fura-2 AM 溶液制备：在当日实验时将 10mmol/L 的 Fura-2 AM 储备液与助扩散剂 Pluronic acid F-127（20%）溶解在林格液中，具体配方如表 5-6-1 所示。

表 5-6-1　培养 DRG 细胞钙成像 Fura-2 AM 溶液配方

成分	终浓度	储备液浓度	体积
Fura-2 AM	10 μmol/L	10mmol/L	1.5μl
Pluronic acid F-127	0.04%	20%	3μl
HEPES	20mmol/L	1mol/L	30 μl
林格液			1465.5μl

（3）Fura-2 AM 负载细胞：将上述配制好的 Fura-2 AM 溶液加入培养的 DRG 细胞（24 孔板）中，室温孵育 30 分钟，之后吸出 Fura-2 AM 溶液加入正常林格液洗脱 30 分钟，待用。整个过程中 24 孔板外用锡箔纸包被，注意避光。

（4）培养 DRG 细胞钙成像：将 Fura-2 负载后的 DRG 细胞置入荧光显微镜载物台上，相继应用 340nm 和 380nm 的激发波长各曝光 30 秒，曝光频率为 1Hz，计算 F_{340}/F_{380} 值，代表相对钙水平。灌注给予某种可以诱发细胞内钙升高的激动剂时，便可以观察到荧光强度的改变，具体表现为 340nm 激发波长下的荧光强度增加，而 380nm 激发波长下的荧光强度减弱，因此 F_{340}/F_{380} 值增大（图 5-6-1）。

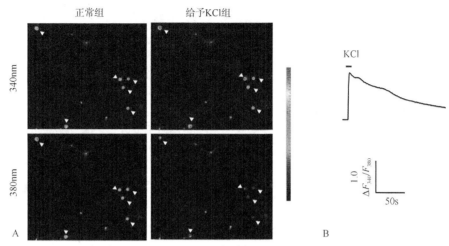

图 5-6-1 Fura-2 钙指示剂检测 DRG 细胞内钙变化

A. 显示 Fura-2 负载的 DRG 细胞在灌注给予 KCl（25mmol/L）之后，340nm 波长激发状态和 380nm 波长激发状态下的荧光强度改变，右侧彩色标尺从蓝色到红色代表荧光强度从弱到强；B. F_{340}/F_{380} 值分析显示 25mmol/L KCl 诱致 DRG 细胞产生显著的钙水平升高

2. 急性脊髓薄片的钙成像

（1）标本制备：大鼠或小鼠腹腔注射乌拉坦麻醉后，沿中线切开背部皮肤和肌肉，行椎板切除术，暴露脊髓。取出脊髓（腰膨大脊髓），除了保留一侧脊神经 L_4 或 L_5 的后根外，撕去所有前、后根，在振动切片机上切取带有 L_4 或 L_5 的脊髓薄片，片厚为 350～450μm，置于通有 95% O_2 和 5% CO_2 的混合气的人工脑脊液中孵育。

（2）Fura-2 AM 溶液制备：在当日实验时将 10mmol/L 的 Fura-2 AM 与助扩散剂 Pluronic acid F-127（20%）溶解在人工脑脊液（ACSF）中，具体配方如表 5-6-2 所示。

表 5-6-2 急性脊髓薄片钙成像 Fura-2 AM 溶液配方

成分	终浓度	储备液浓度	体积
Fura-2 AM	10μmol/L	10mmol/L	3μl
Pluronic acid F-127	0.04%	20%	6μl
HEPES	20mmol/L	1mol/L	60μl
ACSF			2931μl

（3）Fura-2 AM 负载细胞：将脊髓薄片放置在上述配制好的 Fura-2 溶液中孵育 45 分钟，负载完成后将脊髓薄片放置在无 Fura-2 的正常人工脑脊液中洗脱 30 分钟，然后开始进行钙测定。注意整个过程中持续通有 95% O_2 和 5% CO_2 的混合气，并且在避光下进行。

（4）脊髓薄片上钙成像：将 Fura-2 负载后的脊髓薄片置入荧光显微镜载物台上，相继应用 340nm 和 380nm 的激发波长各曝光 30 毫秒，曝光频率为 1Hz，计算 F_{340}/F_{380} 值，代表相对钙水平。电刺激背根后诱发脊髓后角浅层区域细胞的钙水平显著升高，具体表现为 340nm 激发波长下的荧光强度增加，而 380nm 激发波长下的荧光强度减弱，因此 F_{340}/F_{380} 值增大（图 5-6-2）。

（二）基因编码钙指示剂钙成像

下面以 DRG 钙成像实验为例，简单介绍基因编码钙指示剂钙成像实验的基本操作步骤。

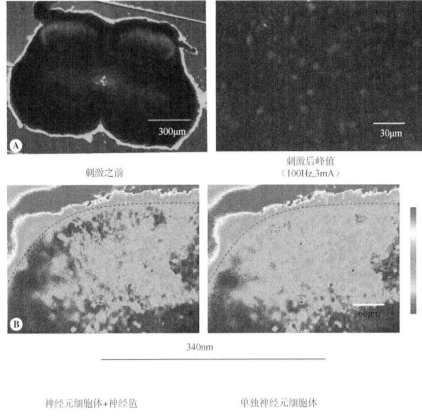

刺激之前

刺激后峰值
（100Hz,3mA）

340nm

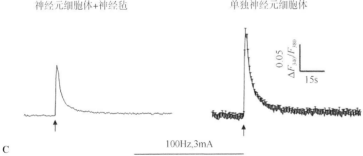

神经元细胞体+神经毡　　　　单独神经元细胞体

100Hz,3mA

图 5-6-2　Fura-2 钙指示剂检测脊髓薄片神经元钙变化

A. Fura-2 负载的带后根的脊髓薄片，右图显示的是 Fura-2 标记的脊髓后角神经元；B. 电刺激脊神经后根（100Hz，3mA）诱发的
脊髓后角神经元的钙反应，显示 340nm 激发波长下的荧光强度显著增强；C. 分别对整个脊髓后角浅层（包括后角神经元细胞体和
神经毡）或者后角神经元细胞体分析所得到的钙反应曲线

1. DRG 病毒注射　腰膨大 L_4/L_5 DRG 内定位注射 rAAV2/9-CAG-GCaMP6f 病毒载体。对出生
后 18～21 天的 SNS-Cre 小鼠麻醉后，将小鼠呈俯卧位固定于脑立体定位仪上，背部手术区进行
备皮及碘伏消毒，沿正中切开皮肤，切口从两侧髂嵴连线中点至 L_1 水平，长约 2cm，并向注射侧
行筋膜下钝性分离皮肤，使双侧髂嵴暴露，髂嵴水平即小鼠 L_6 椎体。沿正中切口逐层切开筋膜及
韧带，暴露 L_5 椎体棘突，沿棘突向注射侧行骨膜上钝性分离肌肉，完全暴露横突，将小鼠行术侧
卧位，于 10× 显微镜下，沿横突腹侧面将附着的腹斜肌及软组织行骨膜上分离，即可见椎间孔，
椎间孔上方头侧一点钟方向即 L_5 DRG，利用咬骨钳咬除少许骨质，暴露 DRG，呈类扁椭圆体，
微黄色。同样方法暴露 L_4 DRG。用拉制好的玻璃微管吸取 1.5μl 病毒，于显微镜下将玻璃微管尖
端缓缓插入背根节约 100μm，静置约 2 分钟后，缓慢推注病毒 1μl，静置 5 分钟，将玻璃微管尖
端退出约 50μm，缓慢推注余下病毒，可见背根节鼓胀反光，再次静置 5 分钟，缓慢退出玻璃微管，
无液体渗出，L_5 DRG 注射完毕。同样方法注射 L_4 DRG。注射完毕后，"8"字形修复剥离肌肉及

软组织，缝合皮肤，再次碘伏涂抹缝合口。术后，注射小鼠单笼饲养。

2. L₄/L₅ DRG 标本制备 病毒注射后 3 周，小鼠行腹腔注射 25% 乌拉坦（1.2g/kg）麻醉，小鼠呈俯卧位，背部术区备皮，碘伏消毒术区皮肤，沿正中切开皮肤，逐层切开至肌层，并沿棘突向两侧分离肌肉，在 T_1 水平横断脊柱，齿镊提起离断远端椎体背侧软组织，于椎体横突腹侧行椎板切除术，暴露脊髓及 DRG。通过髂脊定位于 L_6 椎体，于 L_4、L_5 椎间孔找出 L_4 DRG，于 L_5、L_6 椎间孔找出 L_5 DRG，并向远端游离神经约 1cm，以便于撕膜操作。将取出的 DRG 放入氧饱和的冰水混合物中，在显微镜下撕除 DRG 表面的外膜，撕膜完成后，DRG 呈膨松状态。将 DRG 放入 ACSF 中进行孵育，1 小时后进行实验。

3. DRG 钙成像 取孵育好的 DRG 放置于记录槽内，用粘有一定间隔尼龙丝的"U"形铂金丝固定，用氧饱和的细胞灌注外液持续灌注，在明场可视条件下，40× 显微镜下观察选择细胞，切换至 488 绿色荧光模式，选定荧光细胞，利用 Metafluor 软件采集图像，采集频率为 1Hz，记录 20 秒的基础水平，然后给予灌注相应诱发钙反应的激动剂，持续记录 3 分钟，通过 Metafluor 软件分析反映钙离子水平的荧光强度的变化。

四、注意事项

1. 为避免或减少荧光猝灭，所有操作程序需在避光下进行。

2. 在 Fura-2 AM 负载前应观察细胞或脊髓薄片的状态，其状态的好坏决定了 Fura-2 AM 负载的效率。温度对 Fura-2 AM 负载的效率没有绝对影响，室温或 33 ~ 37℃ 下负载均可。Fura-2 AM 负载细胞时间以控制在 30 ~ 60 分钟为宜。

3. 在配制 Fura-2 AM 溶液的过程中加入 HEPES 尤其重要，因为 Fura-2 AM 在穿过细胞膜被酯酶剪切形成 Fura-2 的过程中会产酸，因此需要在溶液中加入 HEPES 以维持 pH 的稳定。否则，过酸会导致细胞死亡。

4. 在应用 340nm 和 380nm 激发波长相继激发荧光时，曝光时间一般为 10 ~ 50 毫秒，曝光时间过长容易引起荧光猝灭。在钙指示剂负载脊髓薄片或脑片组织过程中，最好持续通有混合气，以保证良好的细胞状态。

5. 在手术中，应注意肌肉剥离的手法并使用钝性剥离技术，可有效防止出血，若发生出血应暂停手术并进行压迫止血。

6. DRG 呈类扁椭圆体、紧贴脊髓并有坚韧外膜，对玻璃微管无良好的对抗力，为避免进针时压迫 DRG 以及针尖刺穿外膜损伤脊髓，可在玻璃微管尖端插入 DRG 之前预先使用更细的玻璃微管刺穿 DRG 外膜，以确保注射顺利并且可以避免损伤脊髓。

7. 注射时，若感觉阻力较大，则可能因为进针较深；若推注后，动物随即出现呼吸深大、缓慢，则可能是误注入了蛛网膜下腔。

8. 除了上述通过孵育的方式将酯质化的钙指示剂 Fura-2 负载入细胞内进行钙测定外，还可以应用微电极将钙指示剂直接载入细胞内。这一方法是与电生理膜片钳技术相结合的钙测定所普遍采用的负载方法，将指示剂溶解在电极内液中，在对细胞形成全细胞记录后，指示剂通过低阻抗电极尖端被动地扩散至细胞内。利用这种方法负载指示剂，可适用于任何一种指示剂形式。指示剂负载入细胞后，钙测定程序同上所述。

（解柔刚）

第六章　光遗传学技术

第一节　光敏感蛋白质病毒选择

一、光遗传学技术概述

光遗传学技术（optogenetics）是一项整合了光学、软件控制、基因操作技术、电生理等多学科交叉的技术，可利用光敏感通道蛋白在微秒级别控制某一特殊类型的神经元。光遗传学自2005年出现至今，使科学家对神经回路的研究更加可控，特别是需要检测特定神经元对于神经回路的意义时，光遗传学已经逐渐成为研究动物行为的神经回路基础的标尺。在神经科学研究中，光遗传学技术可让实验人员利用光学手段无损伤或低损伤地精确调控特定神经元亚群（甚至单个神经元）的电活动。光遗传学技术结合钙离子成像、体外电生理记录等其他技术，在生理调控的基础上可进一步实现实时观测神经元的响应活动，进一步揭示其在神经回路中的具体作用，揭示脑疾病对整体脑功能网络的影响。

光遗传学技术的基本原理是利用分子生物学、病毒生物学手段，将外源性光敏感通道蛋白基因导入活细胞中，并在细胞膜上表达该光敏感通道蛋白。通过特定波长光的照射，控制细胞膜结构上的光敏感蛋白质的激活与关闭，继而激活或抑制细胞。与传统神经细胞操控技术相比，光遗传学技术目的性强、精确度高，具有时空分辨率高和细胞类型特异性强等特点（表6-1-1）。

表 6-1-1　光遗传学技术与传统刺激方式比较

技术	特点
传统刺激方式	药理学手段：可控神经元，但时间、空间分辨率低 电生理刺激：可精确控制神经元，但细胞选择性差
光遗传学技术	时间精确度高：以光为刺激媒介，可实现神经细胞的毫秒级甚至是亚毫秒级操控 刺激精确性高：可精准调节神经元刺激强度，对于刺激强度依赖的神经回路研究有不可替代的优势 空间分辨率高：通过脑定位注射、特异性启动子、亚细胞器定位肽等手段，将光敏感蛋白质锚定在靶向细胞或细胞器，可达到单细胞级别的精准定位 作用直接：不依赖于动物代谢水平，可通过激光直接操控细胞的激活或抑制 工具多样性好：目前已有一系列新突变的光敏感通道蛋白，其时间特性和激发光要求都不同，可根据具体的实验需求进行选择

二、光遗传学技术的应用方向

1. 研究特定神经元及神经网络的功能　由于光遗传学技术的细胞类型特异性，可以通过控制单一一种类神经细胞在整体动物中的活动来了解这一类神经细胞的特异性功能；同时，还可以通过监测周围细胞的活动来了解神经回路的工作机制。

2. 确定特定行为的神经网络基础　光遗传学技术可通过主动控制神经元活动的方式诱发出相应的行为，因而可以更确凿地理解与行为相关的神经网络。目前已有的相关研究已涉及恐惧情绪、学习记忆等多个方面。

3. 神经及精神疾病的临床治疗　光遗传学技术有着让人兴奋的临床应用前景，它至少可以用于以下几方面。①视力恢复：对视网膜缺陷致盲的小鼠，光遗传学技术可有效地使之恢复感光能力。②治疗帕金森病、癫痫等神经系统紊乱症：目前帕金森病的治疗可用到的是脑深部电刺激（DBS），但该方法成本高，定位不准，副作用较大，光遗传学技术有望提供更精准、更高效的治疗。一些以帕金森病小鼠为模型的研究已经表明，光遗传调控可有效降低动物的相应症状。③治疗抑郁症、成瘾等：通过对多巴胺神经元的调控，可以实现对抑郁症、成瘾等精神问题的干预。

三、光敏感蛋白质的选择

光遗传学技术的应用主要包括选择光敏感通道蛋白、立体定位手术、注射载体病毒、埋植光纤、光遗传行为学实验、数据读取等步骤。光遗传学操作的核心步骤是根据光敏感蛋白质的不同特性，需要寻找合适的光敏感通道蛋白。

光遗传学激活或抑制细胞的关键机制在于不同光敏感通道蛋白对阳离子或阴离子的通透性（图 6-1-1）。①如果转入细胞的是通道视紫红质（channel rhodopsin，ChR），则细胞接受蓝色激光照射时通道开放，阳离子（如 Na^+）内流，产生去极化电位，继而诱发动作电位，激活细胞；②如果转入细胞的是嗜盐菌视紫红质（halorhodopsin，NpHR）通道，则细胞接受黄色激光照射时通道开放，阴离子（如 Cl^-）内流，产生超极化电位，导致动作电位不易发放，抑制细胞活动；③细菌视紫红质/变形杆菌视紫红质（bacteriorhodopsin/proteorhodopsin，BR/PR）光敏感蛋白质通道则为质子泵，细胞接受激光照射时通道开放，泵出质子（H^+），产生超极化电位，抑制细胞活动；④此外，还有一类光激活/抑制的视蛋白-受体嵌合体（opsin-receptor chimaera，OptoXR），该蛋白质属于光敏感的膜结合 G 蛋白偶联蛋白，其中视紫红质的细胞内环被来自其他 G 蛋白偶联受体（如肾上腺素受体）的细胞内环取代。光刺激 OptoXR 后可改变细胞内激酶系统，导致一群细胞的兴奋性改变，而无须指定精确的神经放电时间。

光敏感蛋白质经过多年的发展，激活型和抑制型光敏感通道蛋白均发展出几种不同的突变型，可以根据激光器波长和实验需求进行选择，下面简要介绍。

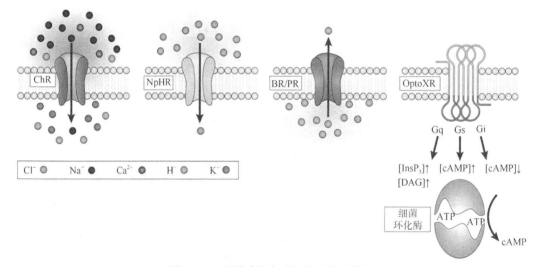

图 6-1-1　光敏感蛋白质的几种主要类型

常见的光敏感蛋白质包括引起细胞膜去极化的阳离子通透通道（如 ChR 类）、引起细胞膜超极化的氯离子泵（如 NpHR 类）和质子泵（如 BR/PR 类），以及模拟各种信号级联的光激活结合 G 蛋白偶联蛋白（OptoXR）或可溶性受体（如细菌环化酶）。ATP 腺苷三磷酸；DAG 甘油二酯；cAMP 环腺苷酸；$InsP_3$ 磷酸肌醇；Gq、Gs 激活型受体；Gi 抑制型受体

（一）激活型通道蛋白

1. ChR2（H134R）　ChR2 的突变体，是将第 134 个氨基酸由组氨酸突变为精氨酸，该蛋白质可以产生两倍的光电流，但通道开关速度也比野生的 ChR2 慢了 1 倍。该突变体是运用最广的一种类型，可被 470nm 蓝色激光激活。

2. ChR2（C128S/D156A）　ChR2 的突变体，为超灵敏光敏感通道，用 470nm 蓝色激光打开通道，可以打开其离子通道长达 30 分钟。绿色或黄色（0 ～ 590nm）激光可关闭该通道。

3. ChR2（E123T/T159C）　ChR2 的突变体，相较于其他 ChR2 通道蛋白具有更大的光电流和更快的动力学变化，可被 470nm 蓝色激光激活。

4. ChETA　ChR2 的突变体，具有更快的动力学变化，使得某些神经元在激光刺激下可以发放 200Hz 的 Spike，而其他的 ChR2 通道蛋白只能达到 40Hz，可被 470nm 左右蓝光激发。

5. C1V1　红移视蛋白，是由团藻发现的 VChR1 与 ChR1 组合在一起形成的通道蛋白，该通道蛋白类型更利于双光子激发，可被 450 ～ 650nm 单光子激光或 910 ～ 1050nm 双光子激光激发。

6. oChIEF　在某些神经元中可以响应高频光（100Hz）刺激，加速通道关闭的速度，在持续光照刺激下减少失活率，可被 450 ～ 470nm 蓝光激发。

7. Chronos　是具有高光敏感度及快速开关动力学的新一代通道蛋白，可被 500 ～ 530nm 激发。

8. ChrimsonR　做了 K176R 的点突变，增加了通道的关闭速度，适合用于刺激频率较高的场合，可被 590 ～ 600nm 激光激发。

9. ST-ChroME　应用于细胞体定位，属于激活型 ChroME 通道，可被 530nm 激光激发。

10. ChRger　被 470nm 蓝光激发。

（二）抑制型通道蛋白

1. NpHR　是首个有效抑制神经元活动的光遗传学工具，可在黄绿激光（589nm）照射下开放并使氯离子内流，抑制神经元活动。当 NpHR 表达在哺乳动物脑内时，NpHR 会聚集在内质网上；而如果将内质网输出元件加在 NpHR 基因序列后，可使 NpHR 在细胞内高量表达，而不会聚集在内质网上，这样修改过的 NpHR 被称为 eNpHR2.0。但是 eNpHR2.0 在细胞膜的定位仍然不够，而将一个高尔基体输出元件和来自钾离子通道 Kir2.1 的上膜元件加在 eNpHR2.0 基因序列后面，这样就能实现在神经元细胞膜上的高效聚集，这样修改过的 NpHR 被称为 eNpHR3.0。eNpHR3.0 对细胞膜的靶向性更好，电流较为持久，响应时间短，反应灵敏。

2. Arch　即 Archaerhodopsin，是一种黄色激光（566nm）激活的外向整流质子泵，能够将带正电的质子从神经元内移动到细胞外环境中，使神经元处于超极化状态，从而保证神经元处于静息状态。在特定条件下，可用于增加细胞内 pH 或减少细胞外基质 pH。和 NpHR 相比，当激光关闭的时候，Arch 可立即从通道打开状态恢复到关闭状态。

3. Mac　即 Leptosphaeria maculans fungal opsins，为蓝色激光（540nm）激活的质子泵，能够将带正电的质子从神经元内移动到细胞外环境中，使神经元保持超极化状态，从而保证神经元处于静息状态。

4. Jaws　是由 632nm 激光激发的红移视蛋白，在红光照射下会使氯离子内流，从而抑制神经元活动。

5. ST-eGtACR1　GtACR 是一个氯离子通道，效率比 NpHR、Arch 等离子泵高很多，可快速抑制神经元。适合光照时间特别短、行为效应特别短的情况。ST-eGtACR1 为其细胞体定位版本，由 515nm 激光激发。

常见的光敏感蛋白质的激活光谱可参考图 6-1-2。

四、光遗传学技术待解决的问题

近年来，光遗传学技术取得了瞩目的成就，但仍存在需要研究者密切关注的问题。

1. 有观点认为，光遗传学激活和抑制神经元的方法存在一定问题。神经回路中引入外源的兴奋/抑制刺激可能使神经元应答超出生理范围，在这种情况下，神经回路会出现异常变化，最后导致不正确的生理学结论。

2. 光敏感蛋白质在神经元上的表达和局部的激光照射在神经元群体中并不均匀，这会导致光遗传学操纵的量级和范围会出现异质性。

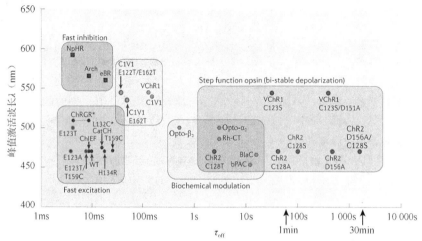

图 6-1-2　光敏感蛋白质的激活波谱

该图显示了针对衰减动力学绘制的光敏感蛋白质峰值激活波长，并说明了在特定光谱和时间范围内的光敏感蛋白质聚类。除 ChRGR 外，所有报告的值均在室温下记录

3. 当大范围光刺激同时作用在神经元群体上时，可能使神经回路出现非生理性的活动模式，如靶向特化的某些细胞时产生的能量沉积等问题。

4. 刺激表达光遗传学蛋白质的轴突是一个常用策略，但直接用光刺激轴突的终扣（boutons），可能会引起非生理性的神经递质释放，容易高估突触连接的影响。

5. 有研究表明，不论是用病毒还是质粒电转，长期高水平表达 ChR2 都会造成轴突形态异常。光敏感蛋白质是否还会对神经回路的功能产生一些潜在的影响依然存疑。

（王云鹏）

第二节　光刺激行为学实验及分析

一、基本原理及实验目的

通过光遗传学光刺激方法无损伤或低损伤地控制特定神经元的活动，来研究该神经网络功能，特别适用于在体，甚至清醒动物的行为学实验。同时，利用类似的光学与遗传学手段，可控制脑细胞外其他细胞中的蛋白质表达，从而实现光诱导的蛋白质表达，启动细胞内生物学过程，进而控制生物行为。

二、主要仪器设备、试剂及耗材

1. 仪器设备　激光 /LED 光源、信号发生器或刺激器、光功率计、光遗传跳线（延长线）、套管、光纤插芯、光纤换向器（滑环）、脑立体定位仪、麻醉仪、颅骨钻、手持电动剃须刀、螺丝刀、无菌手术器械、小动物加热毯、不锈钢螺丝钉等。

2. 试剂　75% 乙醇、碘伏、乙醇棉球、生理盐水、牙科水泥（玻璃离子水门汀）、异氟烷、3M 组织胶水等。

3. 耗材　医用缝合针线、注射器、棉签、洗耳球等。

三、操作步骤

（一）光遗传细胞特异性标记方法

光遗传学技术通过一定波长的光对细胞进行选择性的兴奋或者抑制，可达到控制特定类型细胞活动的目的。光遗传学技术对细胞的选择性目前主要通过 3 种方法实现：①通过病毒载体直接选择性表达光敏感基因。相比转基因动物，病毒载体具有很多优势，包括：制备周期短，从载体克隆到病毒表达只需要数周时间就可以完成；可用于难以转基因的动物，如灵长类等；病毒表达通常只局限于注射位点，如某个特定的脑区，因此具有空间选择性；某些病毒具有天然嗜性，只感染某些特定的细胞类型等。目前广泛用于光遗传学研究的病毒载体是慢病毒（lentivirus，LV）和腺相关病毒（adeno-associated virus，AAV）载体。②通过转基因动物直接选择性表达光敏感基因。转基因动物已经成为一项成熟的技术，转基因动物比通过局部病毒转染而导入光敏感通道的方法具有遗传稳定、效率高等优点。③依赖 Cre 重组酶的 AAV 载体选择性地表达光敏感基因。相比直接转光敏感基因动物，Cre/LoxP 的光敏感基因表达系统具有更好的空间选择性；另外，因为 Cre 重组酶的特异性表达决定了细胞选择性，因此可以更方便地更换各种光敏感基因 AAV 病毒；相比直接表达的病毒载体系统，依赖 Cre/LoxP 的光敏感基因表达系统的细胞选择性更广泛，结合目前已经培育的很多 Cre 转基因小鼠品系，能够满足大部分细胞选择性的实验要求。

下面以目前应用最为广泛的 AAV 病毒载体直接选择性表达光敏感基因为例，详细描述小鼠脑立体定位手术注射光遗传病毒载体的操作步骤。

1. 手术前准备　手术前一天将所有手术器械高温高压灭菌，放到烘箱中烘干。实验前将脑立体定位仪台面及手术桌面用 75% 乙醇擦拭 3 遍。将分装好的病毒从 -80℃中取出复温，放到冰上备用。

2. 麻醉及备皮　将微量注射泵装配到脑立体定位仪一侧的定位臂上，将玻璃电极或 1.0μl 微量注射器安装到微量注射泵上。将小鼠放到 4% 异氟烷麻醉诱导箱中至深度麻醉状态后取出小鼠，迅速将小鼠固定到脑立体定位仪上（图 6-2-1A），接通气体麻醉，以 1% 异氟烷维持小鼠麻醉状态。将人工眼泪啫喱涂到小鼠眼球上，以保护小鼠眼睛。用棉签蘸取 75% 乙醇给小鼠头顶毛发消毒，用小剪刀或电剃刀小心剔除小鼠头顶毛发，注意勿伤及皮肤（图 6-2-1B）。

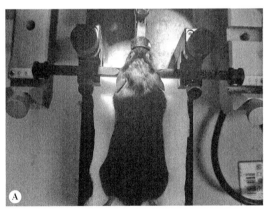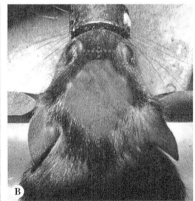

图 6-2-1　小鼠固定及备皮

A.脑立体定位仪固定小鼠头部；B.备皮区域（绿色部分为备皮区）

3. 脑立体定位手术　依次用乙醇、碘伏消毒小鼠头顶皮肤，用眼科剪沿着小鼠头皮矢状缝正中将小鼠头皮剪开，暴露前囟至后囟之间的颅骨。用棉签蘸取 75% 乙醇擦拭小鼠颅骨表面，将颅骨表面筋膜擦除，使颅骨充分暴露。用洗耳球将颅骨表面吹干（图 6-2-2A）。用玻璃电极或微量注射器针尖定位小鼠前囟位置，将数码显示器坐标归零（AP: 0.0mm；ML: ±0.0mm；DV: 0.0mm；图 6-2-2B）。根据前囟左、右 ±2.0mm 坐标将小鼠颅骨左右调平，然后依据前、后囟位置，将小鼠头部前后调平（图 6-2-2C）。待小鼠头部调平之后，依据需注射的脑核团坐标位置进行定位，用颅骨钻在颅骨表面钻孔，大小刚好可以通过注射器针头为准。钻孔时务必注意动作轻柔，防止意外损伤小鼠脑组织（图 6-2-2D）。

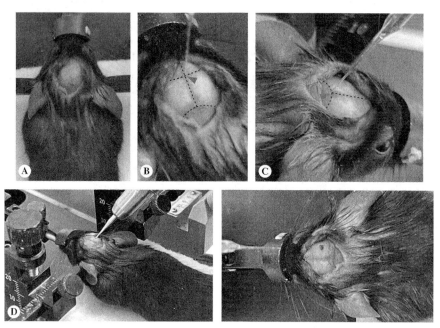

图 6-2-2　脑立体定位手术

A. 小鼠颅骨暴露区域；B. 微量注射器针尖定位小鼠前囟位置（虚线示颅骨骨缝，箭头示前囟点）；C. 颅骨前后调平图（虚线示颅骨骨缝，箭头示后囟点）；D. 定位核团位置并钻孔

4. 光遗传 AAV 病毒载体注射　用玻璃电极或微量注射器吸取适量病毒，将注射器定位到目标核团深度后打开微量注射泵，以 10 ～ 30nl/min 的速度注射病毒（较低的注射速度有利于病毒渗透并保护脑组织），注射完成后留针 10 分钟使病毒充分吸收扩散（图 6-2-3）。缓慢拔出玻璃电极或微量注射器，将多余病毒打出，再重新吸取病毒注射另一侧目标核团。病毒注射完成后，缝合头皮。在缝合处涂抹麻舒痛以缓解小鼠清醒后的伤口疼痛。将小鼠从脑立体定位仪上取下，放到加热毯上 30 分钟，待小鼠体温恢复正常并开始活动后再转移至饲养笼中。病毒注射过程中产生的废弃物均用有效氯消毒液浸泡，待实验结束之后将废弃物高压灭菌后按生物垃圾处置。

图 6-2-3　病毒载体注射

5. 术后护理　每只小鼠每天注射 2 万 U 青霉素 1 次，连续注射 5 天。

6. 光遗传病毒注射常见问题解析　①病毒保存：病毒 -80℃分装储存，避免反复冻融，4℃保存建议不超过 1 周。使用过程中病毒应置于冰上或放在 4℃冰箱，尽量减少在室温的放置时间。②病毒稀释：无菌 PBS 或生理盐水稀释均可，稀释后尽量一次用完。③病毒注射针尖堵住的处理方法：首先使用生理盐水棉球擦拭针尖，注射泵快推后针尖仍堵住则要剪掉部分电极尖端。④确定注射到脑组织：观察玻璃电极或微量注射器内病毒与液体石蜡接触液面分层是否下降。吸取病毒时建议比注射体积多约 50nl，吸取过多时液面下降程度较少，过少可能看不到最终液面，均不便于观察。⑤病毒较多漏到目标脑区上方核团的原因：注射后停针时间不够，原则上不少于 10 分钟；注射速度过快，建议注射速度选择 10 ~ 30nl/min，注射时间控制在 10 分钟为宜。⑥根据目标核团大小、病毒滴度、病毒种类和功能元件大小调整病毒注射量。

（二）光纤植入

光纤植入手术建议在光遗传病毒注射至少 5 ~ 7 天后进行，并应根据光遗传病毒表达特性调整手术时间。

1. 定位校准　将光纤夹持器固定到脑立体定位仪左臂上。将小鼠麻醉并固定到脑立体定位仪上，剃毛后将小鼠头顶皮肤剪去一块（约 1cm²），充分暴露颅骨并去除颅骨表面筋膜。用洗耳球将颅骨表面吹干。先用颅骨钻在小鼠颅骨表面钻一个小孔，将固定螺丝拧到颅骨上（螺丝固定位置应避开前后囟、颅骨骨缝及注射位点），使用牙科水泥与颅骨表面稳固结合。将定位针头固定到光纤夹持器上，调平小鼠颅骨。卸除定位针头并将光纤固定到光纤夹持器上，将一侧光纤放到前囟，将数字显示器调为零。

2. 光纤植入及固定　依照定位坐标将光纤定位到目标核团上方后钻孔，将光纤下降到目标核团上方 0.1mm 位置（图 6-2-4A）。将玻璃离子体水门汀粉剂和液剂按 1 ：1 的比例调匀后涂到颅骨上，将光纤固定到中间。待玻璃离子体水门汀凝固后，将义齿基托树脂粉剂与液剂按 1.2 ：1 调匀后涂到玻璃离子体水门汀表面（图 6-2-4B）。待义齿基托树脂凝固后将小鼠取下，放到电热毯上。待小鼠活动及体温恢复正常后放回饲养笼中。

3. 术后护理　术后每只小鼠每天注射 2 万 U 青霉素 1 次，连续注射 5 天。

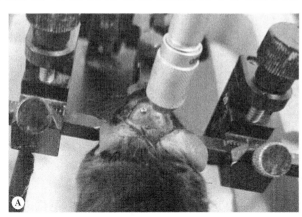

图 6-2-4　光纤植入及固定

A. 光纤植入目标核团；B. 玻璃离子体水门汀固定光纤

（三）光刺激光源及参数的选择

1. 光刺激光源　通过颅内光纤向脑组织传递特定波长光主要使用的是二极管泵浦固体激光器（diode pumped solid state laser，DPSS laser）或发光二极管（light emitting diode，LED）光源。两种光源各自在成本、尺寸、光功率、光谱调谐、稳定性和时间特性等方面具有不同优势，应结合实验情况慎重选择。

光纤耦合的激光器已成为许多光遗传实验的首选光源，这是因为激光光源和光纤之间的有效耦合能够将高功率的光照直接传递到神经组织中。尽管大多数光敏感蛋白质仅需要相对较低的光辐照度即可激活神经元放电（1 ~ 5mW/mm²），但神经组织具有较高的光散射和吸收特性，因此许多实验人员选择使用能够提供高达 100mW（或更高）光功率的激光器。这种高功率的光源能够以适当的强度将光传递到脑中，即使在经过光纤耦合、换向光纤旋转接头、双侧照明的分光器引入的损耗之后也足以诱导光遗传学技术的神经激活。激光光源的其他优点还包括非常低的光束发散角和紧凑的光谱带宽，这对于多色、多光敏感蛋白质的实验配置尤为重要。激光系统也有以下缺点：某些波长的激光光源的成本较高（如黄色光源价格为蓝色光源的数倍）；激光（尤其是黄色波长）的启动预热时间较长；激光光源较为笨重，需要专门的光学元件将光耦合到光纤；虽然某些波长的激光可以产生短的毫秒宽度的脉冲，但脉冲形状明显偏离方波形的大瞬变经常出现；激光光源在自由移动的行为实验中使用时还需要额外使用光纤旋转接头，这带来了额外的限制。

LED 光源在需要自由移动的光遗传学行为实验中使用更广泛，并已在多项研究中用于运动和行为控制。LED 光源的优势是价格较低、体积小巧、配置灵活、修改方便。LED 光源既可用于在小动物较薄的颅骨上方进行无创实验操作，也可直接固定在大脑皮质表面上方将光纤插入大脑。LED 光源只有一个严重的缺点，即相对较差的光源 - 光纤耦合，这会导致光功率下降严重而难以获得以驱动体内刺激时的行为反应。此外，LED 光源系统由于其小巧轻便的特性，目前已经开发出无线光遗传刺激系统。典型的无线 LED 光遗传刺激系统通常由控制器（图 6-2-5A）、接收器（图 6-2-5B）和双侧 LED 光源 - 光纤耦合器（图 6-2-5C）3 部分组成。控制器可以用来设置实验所需刺激的参数，包括功率、脉冲时长、脉冲间隔和刺激时间等。控制器与接收器通过蓝牙功能相互连接，每个接收器都有一个唯一的编码，控制器可以通过这个编码与接收器一一配对，防止仪器之间的相互干扰。控制器与接收器内均装有内置充电电池。双侧 LED 光纤内置波长为 470nm 和 590nm 波长的 LED 光源，下方链接了定制的双侧 / 单侧光纤。无线 LED 光遗传刺激系统已经被证明在清醒的自由移动动物的行为实验中具有独特优势。

  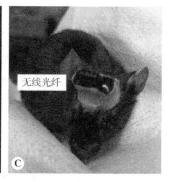

图 6-2-5　无线 LED 光遗传刺激系统

A. 无线 LED 光遗传控制器；B. 无线光遗传接收器；C. 植入双侧 LED 光源 - 光纤耦合器的小鼠

2. 光刺激参数　光刺激行为学实验前首先应考虑的是要刺激的神经元类型，先选择合适的光敏感蛋白质，再确定光刺激的各种参数。通常来说光刺激需要考虑的参数主要包括光刺激波长、强度、频率和光照在脑组织内的传播距离。

（1）光刺激波长：波长主要取决于光敏感蛋白质的种类，如 ChR2 可以选择 473nm 激光器，NpHR 选择 593nm 激光器。各类常见光敏感蛋白质的激活波长可参阅图 6-1-2。

（2）光刺激强度：对于兴奋性光敏感通道蛋白来说，光强度的选择很大程度上依赖其自身的特性，不同的光敏感蛋白质有不同的光刺激阈值，取决于细胞受光刺激后产生内向电流的大小，电流越大，越容易爆发动作电位，需要的光强相对越低。然而需要注意的是，光强太大容易产生额外的动作电位，延长刺激时间（即脉宽）也增加了内流入细胞的阳离子量，同样会产生非一对一的光电流，这与光遗传学技术精细调控神经元的优点是相悖的，因此要采取合适的光强和刺激脉宽。

（3）光刺激频率：光刺激的参数最重要的是频率的选择，因为大脑的神经元都有各自合适的发放频率，一般来说锥体神经元发放频率在 10Hz 左右，而抑制性中间神经元发放频率高达 40Hz 以上。同时，刺激频率还与光敏感蛋白质本身的动力学特征有关。野生型的 ChR2 在 40Hz 以上光刺激时，会丢失大部分动作电位，甚至呈现一种"抑制样现象"；而作为变体的 ChETA，如果表达在一群小清蛋白（parvalbumin，PV）中间神经元上，即使光刺激频率高达 200Hz，依然能产生一对一的响应。对于抑制性的 NpHR、Arch 或 Mac 来说，只有连续的光刺激才能有效地消除细胞的自发电活动。

（4）光照在脑组织内的传播距离：光强的计量单位是光功率密度 mW/mm^2，蓝光和黄光的功率在离尖端 0.75mm 左右降到 1%。注意，光强的大小跟组织传播距离的大小是非线性的。通过斯坦福大学的在线计算器能够计算出不同波长的光在不同距离的光功率密度，可以此为根据估计光纤深度跟目标脑区之间的距离。例如，473nm 激活的 ChR2，正常表达时，大概需要光强 1～5mW/mm^2，如果光纤末端输出为 5mW，那么距离尖端 0.35～0.75mm 的神经元都可以被激活。

（四）光刺激行为学实验要点

1. 动物预习惯化处理　进行光刺激行为学实验前，应提前两天对经过病毒效果检测并且植好光纤的小鼠进行预习惯化处理，主要内容是抚摸小鼠的背部，以减少实验时小鼠的应激反应，每只老鼠 5～7 分钟。3 天后将埋植好光纤的小鼠放置在测试装置中的箱体，让小鼠适应箱体的环境，每只小鼠约 10 分钟。注意放置小鼠之前和之后，都要用 75% 的乙醇擦洗，以排除外界的干扰。

2. 连接光遗传设备与实验动物　如为有线激光 /LED 光源，将光刺激光源和函数信号发生器或刺激器、光功率计等连接，使光刺激光源发射指定波长的刺激光，并经过波形示波器调制，然后通过设置任意函数发生器，调制给予小鼠刺激的光学参数（图 6-2-6，目前某些商业产品已将光源、信号发生器、波形示波器等进行集成整合）。需要说明的是，每次进行光刺激实验前应当检查整套设备的工作状态，可预先连接好光刺激装置并使用光功率计测量光纤末端的有效光强，这是实验结果稳定性的可靠保障。

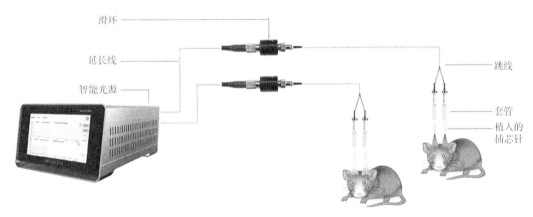

图 6-2-6　有线激光 /LED 光遗传系统连接示意图

以 Newdoon Aurora-400 智能光遗传系统为例

　　如为无线激光 /LED 光源，将动物预先埋置好 LED 针，实验前将接收器顶端的开关拨至"ON"档（使用镊子等带尖端的物品），将无线接收器与预埋置的 LED 针连接。打开控制器开关按钮，进入主界面将控制器与接收器相连接。接收器与控制器通常通过蓝牙加密连接，负责接收控制器信号（刺激参数），连接成功后接收器与埋置于动物头部（或其他部位）的 LED 针通过物理接口连接，即可在控制器上实时给予光刺激。接收器内置微型充电电池，可在 40 分钟左右充满。根据实验对续航时间的要求，可选择不同规格的接收器。无线激光 /LED 光遗传系统连接完成后，根据实验要求设置刺激参数即可（图 6-2-7）。

3. 行为学数据分析　常用的测试方法包括条件行为操作（斯金纳箱）、旷场（open field）、高架十字迷宫（elevated plus maze）、莫里斯水迷宫（Morris water maze）和 Y 迷宫（Y-maze）等。

图 6-2-7 无线激光 /LED 光遗传系统连接示意图

以 Newdoon Aurora-600 无线光遗传系统为例，控制器与接收器之间以蓝牙信号连接

四、结果判读

以本课题组实验结果为例（图 6-2-8），对无线 LED 光遗传实时调控神经元活性及行为结果进行解读。该研究中，我们使用吗啡诱导的条件性位置偏爱（CPP）范式来评估线索相关药物寻求的形成和复发。在 Vglut2-IRES-Cre 转基因小鼠岛叶皮层（insular cortex，IC）部位注射 AAV2-EF1a-DIO-ArchT-eYFP（7.4×10^{12} vg/mL）病毒，伏隔核（nucleus accumbens，NAc）中埋置光纤，用无线 LED 光遗传系统实时操纵 IC 投射至 NAc 神经元的活性。刺激参数为 560nm LED 光，功率 10mW，开 5 秒＋关 25 秒，持续 5 分钟。结果表明（图 6-2-8），光遗传抑制 IC → NAc 的谷氨酸能投射神经元活性可即时地抑制 CPP 复发，对 CPP 表达及运动能力无显著影响，表明了 IC → NAc 的谷氨酸能投射是恢复小鼠线索相关药物寻求行为所必需的。

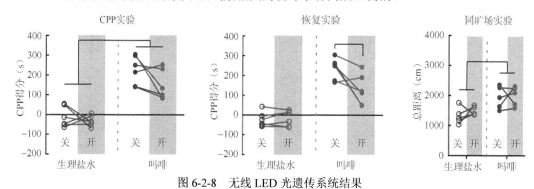

图 6-2-8 无线 LED 光遗传系统结果

五、注意事项

对脑组织进行光刺激时，必须考虑组织被光照激发后的加热效应。通过利用计算机模型，Owen 等证实光照激发后的热效应可以通过优化光刺激参数来避免，包括使用更短的激光脉冲时长、更低的激光能量、更长波长的光，以及频率更高的刺激发放来实现热效应的最小化。在这些变量中，脉冲时长和激光能量是影响热效应的最重要的元素，脉冲发放时长＜ 100 毫秒，激光能量 30mW 引起的温度变化仅为 0.1℃，几乎可以忽略；脉冲时长 20 分钟，激光能量 0.5mW 引起的温度变化仅为 0.2℃，也几乎可以忽略。由于大部分光遗传刺激模式的脉冲时长都小于 100 毫秒并且通常使用 mW 级别的光能，所以光照引发的热能问题多数出现于持续光照刺激的光抑制的实验中。

此外，在实验设计中应当加入一组仅表达了荧光基团但不经激光刺激的对照组，而光遗传抑制实验（如使用 NpHR 等抑制性光敏感通道蛋白应当包含光关闭时的对照组，特别是激光"关-开-关"的行为范式，能够更清楚地区分光敏感蛋白质或者光的热效应对神经生理以及行为的影响。

（王云鹏　张莹）

第七章　化学遗传学技术

第一节　化学遗传病毒选择

一、基本原理及实验目的

化学遗传学在传统意义上是一项利用化学小分子来研究细胞群和神经回路上的蛋白质及信号转导通路的技术。在神经科学领域，化学遗传学技术 DREADDs（designer receptor exclusively activated by designer drugs）技术应用最为广泛，其利用人工设计的蛋白受体与生物惰性配体的特定结合来激活或抑制神经元放电。

（一）根据实验目的选择 DREADDs 受体

DREADDs 主要包括人类毒蕈碱受体和 κ 阿片受体（KORD），在此，主要介绍这两种，其余仅做简单描述。

1. CNO-hM4Di/hM3Dq 系统　配体 CNO 全称为氯氮平—氧化氮（clozapine N-oxide），被摄入体内后需要先转变成氯氮平（clozapine）才能结合受体，因而具有延迟效应。CNO 同系化合物 C21 作为一种更强效、更快速的 hM3Dq 激活剂（不激活 hM3），同时拥有对氨基酸能 GPCR 的高选择性，可以弥补 CNO 的一些不足。hM4Di/hM3Dq 是从人毒蕈碱乙酰胆碱受体 M4/M3 改造的，是仅对 CNO 有反应的人工受体，不再被乙酰胆碱激活。通过氯氮平与 hM4Di/hM3Dq 结合，引起 GPCR 级联反应，最终抑制或激活神经元，进而起到行为调控作用。目前最广泛用于神经元调控的为 Gq 和 Gi 两种受体，最终可以激活或者抑制神经元则取决于毒蕈碱型受体的具体亚型。

（1）M4 型毒蕈碱型受体，与之偶联的是 Gi 蛋白，Gi 蛋白的后续反应会抑制 cAMP 产生，继而抑制神经元活动。

（2）M3 型毒蕈碱型受体，与之偶联的是 Gq 蛋白，Gq 蛋白的下游反应通过刺激磷脂酶 C 增加神经元放电来激活神经元。

2. κ- 阿片受体 DREADDs（KORD）　从实验设计的角度来看，人类毒蕈碱受体存在限制：兴奋性和抑制性受体都可被相同的配体激活，所以在同一个动物体内使用人类毒蕈碱受体达到既可兴奋，又可抑制目标神经元是不可能的。

通过开发由配体 Salvinorin B（SalB）（κ 阿片受体激动剂 Salvinorin A 的代谢物）激活的抑制性 KORD，解决了这一限制。SalB 具有有限的溶解度，可溶于 100% 二甲基亚砜，与 CNO 相比作用更快，在全身给药后数分钟即影响体内神经元活动，持续约 1 小时。KORD 允许在同一动物中多重控制不同的神经元群体，hM3Dq 和 KORD 在同一神经元群体中可同时表达，因此，既可以 hM3Dq 受体方式激活神经元，又可以 KORD 途径来抑制神经元活动，进而通过使用不同 DREADDs 配体来达到双向控制同一群体神经元活动的目的。

3. IVM/GluCl 系统　配体 IVM 的药动学较慢，而且为了实现在激活该系统后神经元功能上的完全沉默，受体需要可以表达两个相当大的独立亚基，即需要同一病毒载体的两个独立病毒结构。不过 IVM 可自由跨越血脑屏障与人工受体 GluCl 结合，同时不产生组织毒性反应。

4. Capsaicin-TRPV1 系统　配体 Capsaicin 难以通过血脑屏障，而且 TRPV1 在外周的伤害感受性神经元上也有表达，因此仅能通过套管给药的方式进行神经元调控。

5. DMCM-GABA 系统　激活该系统，通过诱导氯离子流入细胞膜来增强神经元活性。值得注意的是，此系统并非直接调节神经元活性，而是通过改变内源性 GABA 释放的效率进行间接调控，且需要使用对 DMCM 不敏感的小鼠。因此对于一些实验并不适用。

（二）选择病毒载体

为了在靶细胞中表达 DREADDs 受体，常通过将 DREADDs 受体基因和特异性启动子导入病毒载体，接着感染靶细胞。因所使用的病毒载体和启动子类型取决于具体的实验，在这里我们只简单列举最常用的病毒载体类型。

神经元研究常用的腺相关病毒（AAV）、（γ-）反转录病毒（retrovirus）和慢病毒（LV）等工具病毒一般被用作表达外源基因的载体。下面进行简要介绍（表 7-1-1）。

（1）腺相关病毒感染神经系统引起的免疫原性及不良反应低，基因表达持久，在神经回路示踪及功能研究中应用广泛。

（2）反转录病毒只在可分裂细胞中完成整合，能介导外源基因在可分裂神经干细胞中表达，多被用于研究神经元的发育。

（3）慢病毒对分裂及非分裂细胞均有较高的转导效率，所以常用于研究经典神经元功能。在细胞实验中使用更为广泛。

（4）单纯疱疹病毒（HSV）载体也提供特异性神经元转导以及高效的逆向转运，然而，使用 HSV 载体的转导效率通常低于 AAV 或 LV，且细胞毒性较大，在感染后一定时间内，神经元会出现病变、死亡，并引起大脑炎症反应，甚至在感染晚期，实验动物会死亡。

表 7-1-1　神经科学应用中基因传递常用病毒载体特性

病毒	腺相关病毒（AAV）	慢病毒（LV）	腺病毒（Ad）	杆状病毒（BV）
科	细小病毒科	反转录病毒科	腺病毒科	杆状病毒科
包膜	无	有	无	有
基因组类型	（+）ssDNA	（+）ssRNA	dsDNA	dsDNA
基因组大小	0～5kb	5～10kb	10～36kb	36～135kb
载体容量	0～4.8kb	4.8～8kb	8～36kb	＞38kb
生物安全水平	BSL1	BSL2	BSL2	BSL1
感染性	感染分裂和非分裂细胞；不同血清型具有不同趋向性和不同的入侵途径；炎症反应小	感染分裂和非分裂细胞；炎症反应小	感染分裂和非分裂细胞；炎症反应大	天然感染昆虫细胞，可通过改造包膜糖蛋白扩大细胞嗜性
优势	非致病性，安全的转基因传递；许多血清型具有不同的趋向性；低免疫原性	通过宿主细胞基因组整合实现稳定而持久的转基因表达	高效转导大多数细胞和组织	容易操纵以容纳外源的 DNA 大片段插入；较为安全

二、结 果 判 读

病毒表达验证：在完成所有行为实验后，使用免疫组织化学（immunohistochemistry，IHC）方法，标记对应的细胞类型（图 7-1-1），来分析观察 DREADDs 在靶细胞和脑区中的感染效率及细胞类型特异性，判断是否需要对实验方法进行调整。

病毒功能验证：通过膜片钳技术（图 7-1-2）钳制目标神经元，随后进行配体药物（CNO 或同系化合物）灌注，记录目标神经元的兴奋 / 抑制。

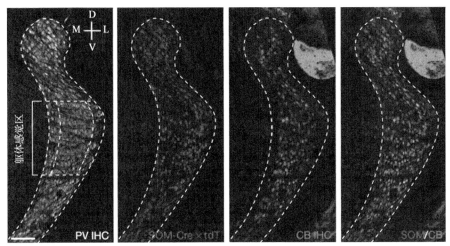

图 7-1-1 免疫组织化学标记细胞类型

白色：PV 免疫荧光染色；红色：SOM-Cre 小鼠与 Ai14 小鼠杂交后，SOM 神经元的分布；绿色：CB 免疫荧光染色

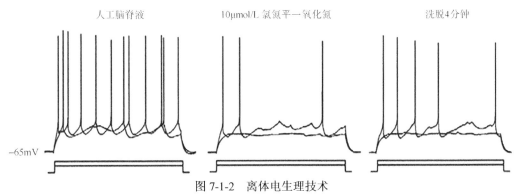

图 7-1-2 离体电生理技术

注入 250pA 及 350pA 电流后，存在 hM4Di 表达的神经元在正常状态下（左）、CNO 药物灌注状态下（中），以及 CNO 洗脱 4 分钟后（右）的动作电位

（李 燕 王菲迪）

第二节 化学遗传刺激行为学实验及分析

一、基本原理及实验目的

将人工设计的药物由不同途径注射到带有人工设计蛋白受体的动物中，通过与受体结合，影响相关行为，以此观察和分析特定类型的细胞在大脑的生理状态及认知活动中起到的作用。

二、主要仪器设备、试剂及耗材

1. 仪器设备 脑立体定位仪、麻醉机、微量输液泵、颅骨钻、无菌手术器械、小动物加热毯等。

2. 试剂 人工脑脊液（artificial cerebrospinal fluid，ACSF）、酒精棉球、碘伏、生理盐水、氯氮平一氧化氮（clozapine N-oxide，CNO）粉末等各种配体药剂、异氟烷、DMSO 等。

3. 耗材 （颅骨钻）钻头、0.48mm 显微注射套管、10μl 微型注射器、1.5ml 微量离心管、不同规格医用注射器、聚乙烯套管（PE-20）、3M 组织胶水、牙科水泥等。

三、操作步骤（以小鼠为例）

依据实验选择的化学遗传系统的不同，配体的选择并不相同（见本章第一节）。此处详细介绍使用最广泛的 G 蛋白偶联受体适用配体 CNO，其余配体仅做简单介绍（表 7-2-1）。

表 7-2-1　常见配体

		CNO		IVM	Cap
受体		hM3Dq	hM4Di	GluCl	TRPV1
功能（调控神经元）		+	−	−	+
常用注射途径		静脉、腹腔、颅内		皮下	腹腔、静脉、颅内
药动学	起效时间	5 ～ 10 分钟		4 ～ 6 小时	数秒
	达峰时间	45 ～ 50 分钟		24 小时	数分钟
	无效时间	9 小时		14 天	数分钟
给药时机（行为实验前）		45 ～ 60 分钟		12 小时	1 分钟
特殊适用		/		长时间持续沉默	迅速短暂调控
		唑吡坦（zolpidem）	DMCM	SalB	PSEM
受体		GABA$_A$-R		KORD	PSAM
功能（调控神经元）		−	+	−	+/−
常用注射途径		腹腔		肌肉	腹腔
药代学	起效时间	数分钟		数分钟	数分钟
	达峰时间	30 分钟		10 分钟	30 分钟
	无效时间	1 小时		1 小时	数小时
给药时机（行为实验前）		30 分钟		10 分钟	30 分钟
特殊适用		被氟马西尼快速拮抗		/	/

（一）人工配体制备

1. CNO 原液制备（5mg/ml）　取 5mg CNO 粉末溶于 1ml 无菌生理盐水中，涡旋直至完全溶解，转至 1.5ml 微量离心管中并于 4℃冷藏保存。一般 CNO 原液可稳定保存大于 6 个月。若随着时间推移出现沉淀，可加入 0.5% ～ 10% DMSO，涡旋直至澄清、黄色溶液。

CNO 工作液制备（1mg/ml）：取出原液放至室温，振荡溶解 CNO 颗粒，使用无菌生理盐水稀释至 1mg/ml。小鼠和大鼠适用剂量为 0.1 ～ 10mg/kg，大多用 3mg/kg。

2. IVM 工作液　取一定量 1% IVM 稀释于 0.1% DMSO 或甲醇、丙二醇中至一定浓度（有离体电生理实验发现，神经元对 1 ～ 20nmol/L 敏感）。小鼠和大鼠适用剂量为 5 ～ 10mg/kg。

3. Cap 工作液　取一定量 Cap 辣椒素完全溶解于 100% DMSO 至 100mmol/L，然后根据需要用 0.9% 无菌生理盐水稀释至 50μmol/L（离体电生理实验用 3nmol/L ～ 1μmol/L）。

4. 唑吡坦工作液　取一定量唑吡坦完全溶解于 DMSO 至 50mmol/L，然后根据需要用 0.9% 无菌生理盐水稀释至不同浓度（离体电生理实验用 ACSF 稀释于 1μmol/L）。小鼠和大鼠适用剂量为 1 ～ 30mg/kg。

5. DMCM 工作液　取一定量 DMCM 完全溶解于 30 ～ 60μl 0.1mol/L 的盐酸中，然后根据需要用 0.9% 无菌生理盐水稀释至不同浓度。小鼠和大鼠适用剂量为 20 ～ 60mg/kg。

6. SalB 工作液　取一定量 SalB 完全溶解于 100% DMSO 至较高浓度 25 ～ 30mg/ml。小鼠和大鼠适用低容积 1μl/g（体重），适用剂量为 1 ～ 17mg/kg，常用 10mg/kg。

7. PSEM 工作液 取一定量 PSEM 稀释于 0.9% 无菌生理盐水至 2.5mg/ml。小鼠和大鼠适用容积为 12μl/g（体重），适用剂量为 30mg/kg（二代 PSEM 常用 5mg/kg）。

（二）人工配体的注射（以 CNO 为例）

病毒的脑立体定位注射操作见第四章。病毒表达后，依据实验目的的不同，可选择不同的给药方式进行调控。

1. 显微注射 在行为实验数周前（根据病毒充分表达时间），于小鼠目标脑区注射病毒，然后配体处理脑区，埋置显微注射套管，用 3M 组织胶水或牙科骨水泥固定（图 7-2-1）。在行为实验前 0.5～1 小时，从笼中取出小鼠，用 2% 异氟烷麻醉小鼠后固定于脑立体定位仪上。首先向微量注射器注入蒸馏水检查注射体系是否通畅，接着用 PE 管连接显微注射套管和微量注射器，吸取 200nl 配制好的 CNO。将微量注射器组装到微量输液泵上，并置于目标区域上方，然后设置微量输液泵参数，如靶体积 200nl，输注速度 100nl/min。

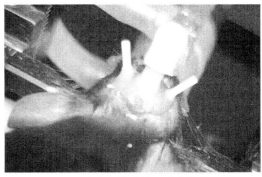

图 7-2-1 小鼠颅内套管及陶瓷插芯埋置

输注结束后，套管留置 10 分钟以防反流。缓慢取出套管，然后把小鼠放回新的鼠笼。5 分钟内小鼠应从全麻状态完全恢复，30 分钟后进行行为学实验。套管需要依次用 75% 乙醇、蒸馏水清洗，微量注射器依次用 PBS 溶液、蒸馏水清洗。

2. 腹腔注射 注射部位选择在小鼠下腹部腹中线两侧 0.5cm 处。在行为实验前 30 分钟，首先抓取小鼠，使其头部稍向后仰并固定（后仰可以使下腹脏器上移，以免伤及脏器），然后用 75% 乙醇棉球消毒注射部位。接着将注射器针头刺入皮肤，进入皮下后，调整针头方向，向下倾斜以约 45° 角刺入小鼠腹腔（穿透腹膜后，针尖的阻力消失，会有落空感）。然后回抽，如无回血或液体即可注入药物。随后将动物放回笼中自由活动，30 分钟后进行行为学实验。

3. 尾静脉注射 小鼠尾部背侧及两侧各有一根静脉，由于两侧的静脉易于固定，可用于注射及采血。在行为实验前 30 分钟，先固定小鼠并使其尾部充分暴露，用酒精棉球反复擦拭其尾部，然后轻捏住尾根部并轻弹注射位置或用 45～50℃ 的温水浸泡 30 秒，使血管充盈扩张。接着用左手拇指和示指固定尾部，右手持胰岛素注射器，沿静脉走向，在鼠尾后 1/4 处进针，针头刺入至少 3mm 后，轻推针栓，感觉无阻力后可注射。注射完成后，用干棉球按压或把尾部折向注射侧以止血。如阻力较大，或注射时有隆起，则说明注射到了皮下，此时应迅速抽出注射器，轻轻按压，然后在原注射位点近心端再次注射。如需反复注射，应从远心端向近心端移动。

（三）数据分析

化学遗传学操控常结合行为学实验进行。这里举例两项行为学实验分析方法进行参考。

1. 三箱社交实验 通过视频追踪软件自动采集、记录并分析。然后人为进行偏好评分，具体算法 = 受试鼠在左或右区域的交互时间 /（左区域交互时间 + 右区域交互时间）（图 7-2-2）。值得注意的是，"交互时间"被定义为受试鼠开始对"区域"内陌生小鼠进行嗅探或物理接触后，相机记录的嗅探时间或直接接触时间。"区域"被定义为在装或不装有小鼠的金属笼周围 2cm 区域。

2. 条件性恐惧实验 打开测试数据文件，并计算每只小鼠的测试数值，取数次刺激后的平均冻结值（图 7-2-3）。需要注意，检测者应该预先定义实验过程中的冻结阈值（利用运动指数直方图）和每一回合的冻结时间（如在阈值以下 ≥ 2 秒记录为一次冻结）。

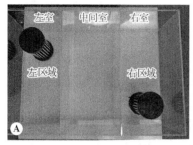

$$偏好评分（\%）= \frac{受试管在左或右区域的交互时间}{（左区域交互时间+右区域交互时间）} \times 100\%$$

B

图 7-2-2　三箱社交实验

A.三箱社交实验箱；B.三箱社交实验偏好评分公式

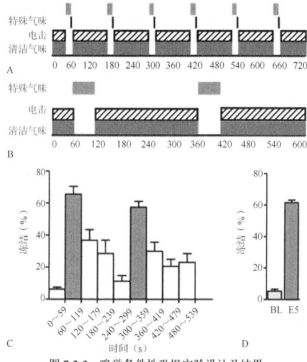

图 7-2-3　嗅觉条件性恐惧实验设计及结果

A.嗅觉条件性恐惧的训练范式。以特殊气味作为条件刺激，电击作为非条件刺激，恐惧表现为冻结，下方黑条纹和灰色框代表清洁气味。经训练后获得气味的条件性恐惧。B.嗅觉条件性恐惧的测试。红色框代表每次给予 60 毫秒的气味条件刺激。C.横坐标代表不同时间段，纵坐标代表小鼠冻结百分比。D.分别是中性气味与条件刺激气味刺激时的冻结百分比

四、结果判读

判断行为学实验结果有效，需要满足以下前提。

1. 设置对照病毒组，证明外源受体无表达，仅给予 CNO 对于小鼠行为无影响（图 7-2-4）。向内侧隔核（medial septal nucleus，MS 脑区）注射 AAV 病毒载体携带的 hM4Di 人工受体基因，2 周后进行配体 CNO 注射，45 分钟后进行三箱社交实验，其中，分别设置了人工受体和配体的对照组，即根据受体与配体结合引发级联反应的原理，任意改变条件之一，如果可以阻断相应神经元反应，则说明外源受体并无表达。

2. 通过体外电生理实验，验证配体药物灌注后，对于表达受体的神经元产生抑制、激活作用（图 7-1-2）。

五、注 意 事 项

1. 为了确认套管末端的位置及其靶向组织的体积，可在预实验中向每个注射点注射200nl的荧光染料，随后取材观察。由于过细的套管易导致某些颗粒较大的药物注射失败，而目前市面上的套管相对较粗，对于某些小核团的注射精确性并不能保证。因此，对于该类实验，应尽可能控制病毒注射的体积。若无法准确感染目标核团，应设好对照组。

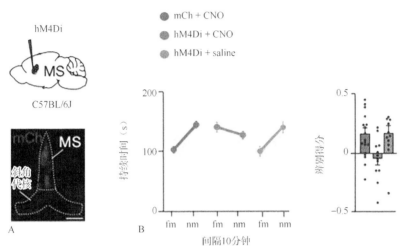

图 7-2-4 外源受体表达及 CNO 给药的阴性对照

A. MS 注射部位的示意图和代表性图像。比例尺，500μm。B. 左：小鼠与熟悉小鼠（fm）或新小鼠（nm）在小室中度过的持续时间。右：辨别力得分

2. 对于需要腹腔注射 CNO 随后进行行为实验的小鼠，应在实验前 1～2 天进行 1～2 次腹腔注射处理，将小鼠在实验日时对于腹腔注射导致的应激降至最小。一般操作时，以从笼中可以直接抓起小鼠，抓起后不挣扎或轻微挣扎为佳。注射完成后，可观察小鼠 1～2 分钟，观察小鼠无冻结反应可进行后续实验。

3. 由于 CNO 可与内源性配体竞争结合内源性受体，在使用时，应在实验目的允许的情况下尽可能选用小剂量 CNO，以达到最小的脱靶效应。

4. 在进行自身对照的行为学实验中，应注意药物洗脱时间，一般以两次实验间隔 48 小时为宜。

5. 由于化学遗传学调控时间精度差，对于神经元兴奋或抑制的调控可持续几小时，因此，对于一些需要快速调控神经元状态的实验不适宜（如实时位置偏好实验）。在调控神经元的方法选择上，应与光遗传学技术进行对比，综合考虑两种技术的优缺点后选用。

（李 燕 王菲迪）

第八章　大小鼠神经行为学常用检测技术

第一节　疼痛相关行为

一、基本原理及实验目的

疼痛是一种与实际或潜在的组织损伤相关的不愉快的感觉和情绪情感体验，其产生和调控机制尚不完全清楚。机械痛、热痛和冷痛等诱发痛行为测量作为评估痛觉敏化的经典方法在动物研究中已广泛使用，除此之外，步态分析、动物表情分析等客观疼痛监测手段也常与经典疼痛测量方法配合使用。

二、主要仪器设备、试剂及耗材

1. 仪器设备

（1）自发痛行为测量仪器设备：小动物三维步态分析仪、高清摄像机、条件性位置偏爱分析系统、面部疼痛测试仪等。

（2）诱发痛行为测量仪器设备：纤维丝测痛仪、冷板测痛仪、足底热辐射测痛仪等。

（3）内脏痛测量仪器设备：AVB-11A 生物放大器、VC-11 示波器等记录仪器、CED-1401 型（Spike2）生物信号数据采集分析系统等。

2. 试剂　75% 乙醇、碘伏、镇痛药物丁丙诺啡、异氟烷或戊巴比妥钠等麻醉药等。

3. 耗材　医用缝合针线、注射器、棉签、球囊、聚乙烯扩张导管等。

三、操作步骤

（一）自发痛行为测定

自发痛行为学评估是一种简便、快捷的疼痛评分方法，且与伤害性痛行为测量相比更为客观，对动物刺激性小，因此适用于长时间、重复测量实验。

1. 动物爪部承重和步态分析　通过静态承重或失能分析，测量动物整个后爪的重量分布，从而反映疼痛程度。通常将动物置于倾斜的支架中，迫使后爪置于两个独立的压力传感器上，若疼痛在同侧和对侧脚掌的重量分布不均匀，被认为是对痛觉感受程度的自然调节。使用双足平衡测痛仪和四足承重动态测试仪，可通过传感器记录动物脚掌的承重情况。步态分析系统可以自动测量自由移动的小鼠或大鼠每只爪子承受的重量（如动态承重），还可以获得随时间变化的力分布信息曲线，可用于研究镇痛药物和伤害感受等。行走后足使用评分指观察者根据受试动物的步态和后肢使用情况记录观察期内抬足次数和抬足时间，主要用于骨癌痛模型和短期内炎性痛模型的评估。连续后足使用评分指在 2 分钟内每 5 秒对受试动物进行 1 次疼痛评分，2 小时内重复两轮以上，取平均值，主要用于研究周围神经病变导致的疼痛。

2. 鼠面部表情评分（mouse grimace scale，MGS）　是一种基于面部表情的疼痛测量系统，用于小鼠自发性疼痛测试。通过高清电子摄像头录像 30 分钟并分析受试动物的面部表情特征。间隔 3 分钟对面部的表情截图，然后进行统计分析。痛苦表情包括以下 3 种：①眼眶紧缩、眼窝区域变窄、眼睑紧闭或挤眼睛；②鼻子隆起，是指在鼻梁上可见的皮肤的圆形延伸部分隆起；③耳朵的位置，是指耳朵向后贴。这些面部表情评分标准是基于：0（不存在）、1（中等可见）和 2（明显）。单个小鼠个体和综合得分是从每个时间点每只小鼠的 10 幅图像的平均值计算的。

3. 条件性位置偏爱（conditioned place preference，CPP）　检测疼痛动物的自发性疼痛，其原理是以疼痛缓解（镇痛）作为非条件刺激，并与特定环境结合，从而形成条件性刺激。当动物再次暴露于该环境中时，表现出明显的偏爱行为。目前 CPP 和条件性位置厌恶（conditioned place aversion，CPA）是评价自发性疼痛和疼痛缓解的公认方法。

（1）动物测试前需要先适应 1 ~ 3 天，确定潜在的位置偏爱，然后进行 1 ~ 4 次条件实验，并匹配相同数量的安慰药实验。

（2）最后一次训练结束后 24 小时内，在无任何干扰情况下，测量动物停留在两个环境中的时间，时间减少即为 CPA，时间增加即为 CPP。当某一条件设置为临床有效镇痛药物时，可见动物在该环境中出现 CPP；当药物无明显 CPP 或出现 CPA 时，提示该药物的临床镇痛效果差。

CPP 和 CPA 的优点是结合了疼痛的情感成分，且镇静和运动抑制成分不会干扰，因此对临床镇痛药物筛选具有重要意义。

4. 面部自发痛测试　小鼠面部自发痛测量多见于炎性痛模型以及神经损伤模型。小鼠建模后将其放在观察室中进行适应 15 分钟，随后采用视频记录小鼠自发疼痛行为进行统计分析。

小鼠自发痛行为可表现为：①小鼠表现出双侧前爪面部摩擦，包括用一只或两只前爪在面部和鼻子上反复摩擦或清洗，这些动作不包括击擦耳朵或摩擦全脸；②小鼠反复在地板摩擦下唇皮肤/脸颊；③后爪面部抓挠，包括后爪向注射区域或者损伤神经支配区域出现重复的快速刮脸抓挠动作。

5. 口颌面自我赏罚实验（orofacial operant test）　自我赏罚实验允许动物在接受奖赏或逃避伤害性刺激间做出选择，与诱发反应测试方法相比更为客观。

（1）实验使用面部疼痛测试仪，该仪器由带窗口的动物笼、刺激装置、食物奖励、红外线探头等部分组成。刺激装置可以提供面部机械刺激和热刺激。

（2）实验过程中，动物将头探出窗口获得食物奖励时会触动刺激装置产生颌面部伤害性刺激，通过分析动物忍受伤害性刺激时的摄食情况评估其疼痛程度。

（3）大鼠在进入测试笼后先熟悉环境 10 分钟，随后打开窗口，测试 10 分钟摄食水平（摄食总时间与摄食总次数）。

自我赏罚实验能够反映高级中枢对疼痛的整合，实验过程操作方便，且实验结果稳定。缺点是实验周期长，适应期训练时间较长，实验动物存在训练失败的可能。

（二）诱发痛行为测定

1. 机械性痛行为　是一种非伤害性的痛觉测试。使用纤维丝测痛仪进行测量，适用于以大鼠和小鼠为研究对象的机械触痛觉敏化实验。

（1）机械缩爪阈值测试：见图 8-1-1，使用 0.41 ~ 26g（4 ~ 255mN）的细丝行爪底部机械缩爪阈值测试。

1）将大鼠放置在不锈钢丝网格上的有机玻璃盒内适应约 30 分钟，直到没有明显的探索行为。

2）根据上下法（up and down method）方法，从 0.41g 细丝开始，依次将每个细丝垂直于爪子的足底部分至细丝弯曲成弧形，每次刺激持续 2 秒，观察大鼠后爪反应。若大鼠无明显反应，则依次用更大强度的细丝行下一次测试；若大鼠缩爪或舔爪，则依次挑选更小强度的细丝行下一次测试。

3）从大鼠第一次出现缩爪反应的前一个细丝的克数开始记录 6 个值，将其提交到阈值计算软件 JFlashDixon Calcultor（美国亚利桑那大学）中计算机械缩爪阈值，单位为"g"。得到的阈值克数越小，则机械痛状态越严重。

有时也可以在一定时间段给动物施加同一克数的细丝刺激 5 次，以产生 3 次缩爪反应的克数作为机械痛阈值。

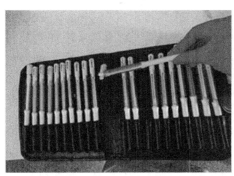

图 8-1-1　细丝机械缩爪阈值测试

（2）机械缩头阈值测定：常用于面部肌肉痛和关节痛的测量（图 8-1-2）。将大鼠置于软垫之上，使之后爪站立并靠在实验者的手上，实验者佩戴固定手套抚摸大鼠，测试前适应 3 日。提前将大鼠双侧咀嚼肌处的毛发剃除以减少干扰，使用细丝测试，测试部位为双侧颌面部距外眦和外耳道连线中点上下 1cm 范围的咬肌区，测试时将细丝垂直于皮肤给予刺激 2 秒，细丝以 15～100g 的对数间隔增加，大鼠出现头部迅速地缩回或用爪子推开细丝则认为是对刺激产生反应，根据上下方法，得到每只大鼠的颌面部机械缩头阈值，单位为克（g）。为避免对大鼠造成组织损伤，当大鼠对 100g 的刺激强度仍无反应时，将该鼠的阈值记为 100g。

图 8-1-2　大鼠面部痛适应大鼠机械缩头阈值测试

2. 热刺激诱发痛

（1）甩尾实验（tail flick test）：使用辐射热照射大鼠或小鼠尾部，动物感受疼痛发生甩尾动作，记录热刺激开始到甩尾动作的潜伏期，潜伏期越短说明动物对疼痛越敏感。

（2）热平板实验（hot-plate test）：用于研究动物的热痛觉敏化，实验温度通常在 52～55℃，抬足潜伏期一般为 5～10 秒。热平板实验以出现舔足或逃避反应为实验预期，可进行重复测量。若以出现跳跃反应为实验预期，则在实验中可能会因为动物自主学习和逃避而使实验重复性差。

（3）Hargreaves 法热辐射实验：用热辐射装置照射动物的爪底部，从照射开始到动物感受疼痛缩爪的潜伏期用作热痛程度的指标，潜伏期越短表明动物对热痛刺激越敏感（图 8-1-3）。

1）将大鼠放置在有机玻璃板上的有机玻璃盒内（长 22cm、宽 22cm、高 22cm），适应约 30 分钟。

2）待大鼠没有探索行为后，用一定强度的热辐射照射大鼠后爪底部，测痛仪自动开始计时。

3）当大鼠感到热痛时，缩爪或舔爪反应出现，热辐射自动停止，计时停止。

4）从开始测试至大鼠缩爪的时间记为缩爪潜伏期。

设置 20 秒为照射上限以防止足底烫伤。缩爪潜伏期越短，则热痛敏越严重。每只大鼠测试 3 次，每次测试间隔不少于 5 分钟，3 次结果的平均值为最终的热痛缩爪潜伏期。

图 8-1-3　足底热痛仪热缩爪潜伏期测试

3. 冷刺激诱发痛

（1）丙酮实验：指将丙酮滴到动物后肢局部产生冷刺激，大鼠对丙酮不敏感，因此丙酮只适用于大鼠冷刺激敏化的实验。正常小鼠对丙酮敏感，易产生疼痛反应。

（2）冷板实验：应用冷板测痛仪测定大鼠或者小鼠足掌冷刺激缩足反射潜伏期，该值可以反映大鼠是否存在冷痛敏，适用于冷刺激及冷痛觉敏化的神经生物学机制和药物疗效研究（图 8-1-4）。小鼠冷痛测试时将小鼠放在冷板测试仪中，将冷板温度设置为 0℃，保持测试环境安静。每只小鼠测试 3 次，每次间隔 10 ～ 15 分钟，记录每次每只小鼠左侧后足出现缩足、舔足、甩腿、跺脚和跳跃的时间，以 3 次测试值的平均值作为缩足潜伏期。为了避免对小鼠足底造成冻伤，将刺激持续时间的上限设定为 20 秒。

图 8-1-4　小鼠冷痛缩足潜伏期测试

4. 内脏痛行为测量

（1）内脏运动反应

1）腹壁电极植入步骤：①以异氟烷麻醉大鼠，等大鼠呈现麻醉状态后将大鼠仰卧位固定，剃除下腹部和颈背部毛发，足够暴露，碘伏消毒手术部位。②以手术刀逐层切开皮肤及皮下组织，暴露肌肉，将表层绝缘的不锈钢丝电极缝入腹外侧腹壁，其位置在腹中线旁 2cm，腹股沟韧带上 2cm。③电极引线的游离端经皮下隧道从大鼠颈后部引出，用丝线固定于皮肤表面，以防大鼠抓脱，分别缝合颈部及腹部切口，预防感染。在电极植入术后连续 2 天（2 次 /d）皮下注射镇痛药物丁丙诺啡（buprenorphine，0.03mg/kg）。④经历 6 天的恢复后，将大鼠宽松地约束在丙烯酸塑料管中，每天 1 小时，连续 4 天，使大鼠适应测试状况。

2）腹外斜肌肌电图测量步骤：①在行为学实验前使大鼠禁食 24 小时，但不禁水，促使动物肠道排空。②测试当天，用异氟烷对大鼠进行麻醉，并通过肛门将一个长 5cm 涂有润滑剂的球囊通过聚乙烯扩张导管置入降结肠和直肠。球囊末端与大鼠肛门外口之间大约有 1cm 长，球囊固定端在肛门括约肌外 1cm 处，将管子绑在鼠尾根部。③把大鼠放进有机玻璃容器内，等大鼠苏醒后再适应环境 30 分钟。④在计算机控制下对膨胀球囊快速充气加压，以不同压力（每次均持续 20 秒，刺激间隔 3 分钟）行结直肠扩张（colorectal distention，CRD）刺激，根据引起的腹外斜肌肌电图（electromyogram，EMG）改变以反映内脏运动反应（visceromotor response，VMR）程度。EMG信号用 CED 1401 记录，并使用 Spike2 生物电信号采集及分析软件记录测量数据，计算平均曲线下面积（area under the curve，AUC）以定量分析 EMG。⑤从扩张期间的 AUC 中减去扩张前 20 秒的 AUC（基线值）作为每次扩张刺激后的有效反应。计算每次实验后反应的平均值，将 3 次实验计算值的平均值作为最终的 VMR 数值。

（2）腹壁撤退反射（abdominal withdrawal reflex，AWR）：是国际公认的用于检测动物内脏痛觉敏感的行为测痛方法。

1）实验前动物禁食不禁水 18 小时以上，然后异氟烷麻醉动物，将涂上液体石蜡的未充气球囊插入动物结直肠内。

2）待动物清醒、适应环境后分别采用 20、40、60、80mmHg 的压力进行直肠充气扩张试验，每次扩张持续 20 秒，刺激间隔一般 3 分钟，每个刺激强度测试 3 次，取平均值作为 AWR 评分。

AWR 评分标准：0 分为未见明显行为反应；1 分为仅见大鼠头部短暂的运动；2 分为可见腹部肌肉收缩；3 分为有腹部抬起行为；4 分为腹壁拱起，盆腔、阴囊抬起行为。

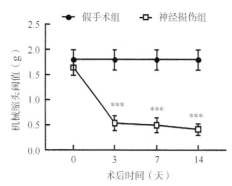

图 8-1-5　眶下神经分支损伤引起颌面部机械痛阈值降低

*** 表示神经损伤组与假手术组比较（$P < 0.001$）

四、结果判读

1. 与假手术组比较，眶下神经远端分支损伤引起小鼠颌面部痛觉敏化，神经损伤同侧的机械缩头阈值在神经损伤后第 3 ～ 14 天产生显著性降低（图 8-1-5）。

2. 与假手术组比较，脊神经分支结扎引起神经损伤同侧小鼠后爪机械缩足频率在神经结扎后第 3 ～ 14 天明显升高，热缩爪潜伏期显著降低，产生后爪痛觉敏化（图 8-1-6）。

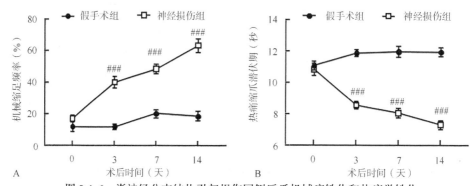

图 8-1-6　脊神经分支结扎引起损伤同侧后爪机械痛敏化和热痛觉敏化

表示神经损伤组与假手术组比较（$P < 0.001$）

五、注意事项

1. 疼痛行为学测试需由同一测试者统一进行，动物测试前应在同一测量环境中适应 3 天，行为学实验开始前再适应 30 分钟，待动物安静、停止理毛、探索等行为时才可进行测量。

2. 热痛和冷痛测量对实验环境温度要求较高，要求在恒温实验室进行，并且保持实验环境安静、干净、无异味，应根据季节更替、温度变化及动物批次的不同需要调整热痛仪和冷痛仪的刺激强度。

（曹东元）

第二节　运动能力

一、基本原理及实验目的

本节所述运动能力检测方法包括动物跑台、转棒实验和步态分析，主要用于神经疾病、神经创伤、疼痛、药物对动物模型步态及运动行为影响的系统研究，通过分析，用以了解神经系统疾病发展过程、评价干预策略的疗效等。①动物跑台：也称平板跑步机，用于强制运动训练和精确测试啮齿动物的疲劳，是体能、耐力、运动损伤、营养、药物、生理和病理等实验中运动能力检测的必要手段之一。动物跑台主要部件为速度和斜率可调的转动皮带，通道的后壁有刺激电极、发声、发光装置等，当动物拒绝跑动或者跑速低于实验要求时，就会在传送带上退行而碰触到后壁的刺激装置，刺激将迫使动物按照跑台的速度奔跑。通过动物的跑步时间、距离、被后壁刺激次数、跑姿等数据可以反映动物的运动能力及疲劳度。②转棒实验：是通过测量动物在滚筒上行走持续的时间来评定神经系统疾病、损伤及药物等干预影响动物运动能力的检测方法。③步态分析：是通过记录自发行走动物的足间距离、摆动时相、支撑方式和正常步序比等参数评估运动协调性的方法之一。CatWalk XT 步态分析系统是实验室评估啮齿动物运动障碍和疼痛引起的步态调整的常用工具。当大、小鼠自发从步行台的一端沿玻璃板移向目标箱时，CatWalk XT 系统会自动记录动物的完整运动并捕获足印，将足迹可视化呈现。后期可通过处理视频数据，依据每个脚步的尺寸、位置、移步动态和压力计算出足迹相关参数，定性和定量分析大、小鼠的运动能力。

二、主要仪器设备

动物跑台、转棒仪、步态分析系统（CatWalk XT 软件）等。

三、操 作 步 骤

（一）动物跑台实验步骤

1. 适应性训练　可根据实验需求选取不同的训练方案。

（1）匀速平坡训练模式：首先进行环境适应 7 天之后，正式训练前进行 3 ～ 4 天的适应性跑台训练，每天 1 ～ 3 次，每次间隔 5 ～ 10 分钟，跑台初始速度设定为 20m/min，加速度时间设置为 2 秒，初始速度时间设定为 15 ～ 30 分钟，实验时间设定为 15 ～ 30 分钟，电流大小设置为大鼠 0.6 ～ 0.8mA、小鼠 0.3 ～ 0.5mA，当大鼠能够以 20m/min 的速度持续跑 30 分钟即可认为适应性训练成功，淘汰不能完成上述运动的大鼠。

（2）匀速多坡度训练模式：为了获得更好的训练效果，可以逐天增加训练时的坡度以增加训练的难度，如第 1 天坡度为 5°，第 2 天坡度为 10°，第 3 天坡度为 15°。

（3）多阶速度训练模式：为了获得更好的训练效果，可以分段设定不同速度，如实验时间设置为 15 ～ 30 分钟，初始速度设置为 5m/min，加速度时间为 2 秒，初始速度时间为 5 分钟；一级速度设为 10m/min，加速度时间为 2 秒，一级速度时间为 5 分钟；二级速度设为 15m/min，加速度时间为 2 秒，二级速度时间为 5 分钟；采用这种循序渐进的训练方式，可以让动物更快适应跑步机训练节奏。

2. 跑步测试　打开跑台机器及其相应软件，并将实验动物按其编号放入相应跑道，盖上盖子（图 8-2-1）。根据实验需求选择测试方案，设置相应参数，如时间、速度、坡度等，然后点击开始即可。

（1）匀加速实验：首先将训练好的小鼠进行匀加速实验，实验时间设定为 15 ～ 30 分钟，初始速度设定为 40m/min，加速度时间设定为 60 秒，记录小鼠首次被电击时的速度，将这些速度取平均值作为下次小鼠匀速实验时的速度参考值。

（2）匀速实验：按照上一次的速度参考值设定跑台的运动速度，可适当增加跑台坡度进行匀速实验，直到动物力竭，记录其力竭时间及运动路程。训练结束，将实验动物取出，换下一组动物，其他步骤同上（图 8-2-2）。每周训练 4 ～ 6 天，均安排在同一时间。

对于跑步训练实验，在运动训练的过程中，应密切观察动物运动表现的变化，避免运动性过度疲劳的发生。运动训练过程中指标的观察包括：①一般状况，包括"表情"和"逃避"反应。"表情"：运动前神态安静，时而表现为活泼好动，反应较快，眼睛有神，对食物反应敏感；当动物运动能力下降时，表现为表情冷淡，反应迟钝。"逃避"反应：运动前对捕捉反应较敏感，捕捉动物时，表现出对实验者捕捉的逃避反应，当动物明显疲劳或力竭时，这种逃避反应能力下降。②跑姿，根据动物跑时的蹬地动作和腹部接触跑道情况，动物的跑姿分为3种。蹬地跑：后肢蹬地积极、有力，腹部与跑道面无接触；半卧位跑：后肢蹬地较吃力，腹部与跑道面时有接触；卧位跑：后肢趴地无力，腹部与跑道面接触。

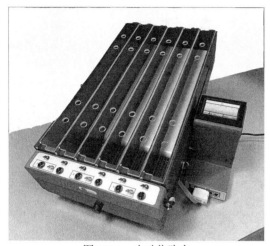

图 8-2-1　小动物跑台

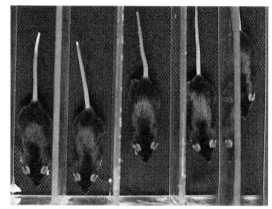

图 8-2-2　小动物跑台训练图

对于运动功能恢复检测，采集数据主要包括跑步时间、坡度、距离、被后壁刺激次数等。

（二）转棒实验操作步骤

1. 适应性训练　实验开始前先将小鼠放置在仪器所在房间进行环境适应 0.5 ～ 1 小时。紧接着进行 3 天的适应性训练（图 8-2-3），训练时捏住动物尾尖，使其在转棒上爬行，转速调到 10r/min，爬行一段时间后逐渐放松鼠尾，使其不再依靠鼠尾平衡身体时可完全放手，对于跳跃和团身抱轴的鼠弃之不用。若小鼠从转棒仪上落下和（或）小鼠紧抓于转棒仪连续 2 转不做运动和（或）小鼠在转棒仪上的运动时间达 300 秒，则该次测试结束。共重复测试 3 次，间隔 10 分钟。小鼠在转棒仪上的运动时间 ≥ 300 秒为完成了转棒实验测试，可被纳入进行后续的实验。第 4 天记录小鼠在转棒上运动的时间。

图 8-2-3　小鼠转棒仪检测

第一天，训练 3 轮，每轮 5 分钟，两轮次间隔 10 分钟，在 10 秒内将转速从 0 加速到 5r/min 并保持。

第二天，训练 3 轮，每轮 5 分钟，两轮次间隔 10 分钟，在 10 秒内，将转速从 0 加速到 10r/min 并保持。

第三天，训练 3 轮，每轮 5 分钟，两轮次间隔 30 分钟，在 10 秒内，将转速从 0 加速到 5r/min 后，300 秒内再加速至 20r/min。

第四天，训练 3 轮，每轮 5 分钟，两轮次间隔 30 分钟，在 10 秒内，将转速从 0 加速到 5r/min 后，90 秒内再加速至 40r/min 并保持；记录小鼠在转棒上运动的时间。

2. 转棒检测　可根据实验需求及设备功能选择匀速或匀加速检测。

（1）匀速实验：将小鼠放在转轮上，转速调至 20r/min，每只小鼠重复测定 3 次，记录小鼠在滚轴上持续运动不掉落的时间，并取其最长停留时间及 3 次停留时间的总和作为观察指标。

（2）匀加速实验：设定初始转速为 4r/min，5 分钟内匀速加速至最大转速 40r/min。记录小鼠在转棒仪上的运动时间，并取 3 次的均值作为每组小鼠的转棒运动时间。正式实验中，待动物在以恒定速度转动的转棒上保持平衡后，逐渐加快转棒的转速，直至动物从转棒上掉落。动物在转棒上的停留时间可作为衡量实验动物运动功能的指标。动物掉落后，将实验动物取出，换下一组动物，其他步骤同上。一组动物检测 3 次，取平均值，每次之间要间隔一定时间。

（三）步态分析（CatWalk XT 系统）实验操作步骤

1. 适应性训练　每只大鼠接受前期训练 7 天（该期间的数据不进行统计分析），采集基线值。前 3 天为学习适应期，第 4 天测得基础数据，前 3 天数据不进行分析，第 4 天需要记录分析。主要目的是：在尽可能减少食物引诱之外的其他干扰因素的情况下，使大鼠可以顺利通过 CatWalk 玻璃板，即在 8 秒内不停顿、不回头地通过 CatWalk 玻璃板。

2. 步态采集　打开 CatWalk XT 系统软件，并将实验动物放至玻璃板上（图 8-2-4），点击开始记录按钮。对于大鼠至少记录 3 次顺畅通过玻璃板的过程，而且每只动物至少记录 10 步。当大鼠顺利通过 CatWalk 玻璃板时，大鼠爪印会因玻璃内的荧光灯发出的荧光而发生反射，被下方的摄像头捕捉，从而传输到计算机，记录下来。

3. 数据分析　在线或离线处理、分析视频数据。

图 8-2-4　CatWalk XT 步态分析装置

四、结果判读

（一）动物跑台

在实验过程中主要根据下列指标判定动物的运动能力和疲劳度。

1. 运动强度　以调节跑速设定运动强度为主。对于大鼠，当跑台坡度为 0° 时，低强度为运动速度小于 16m/min，中等强度为 16～20m/min，高强度为 21～35m/min，极限强度为 36m/min，根据动物适应性训练中的参数设定，可在运行中设置。

2. 维持原强度运动的时间　从动物在跑台上开始运动到首次被跑台后挡板刺激的时间。

3. 刺激频率　用每分钟刺激动物的次数表示。由于动物运动能力下降会触及跑台后挡板，动物疲劳度越重，刺激频率越高。

4. 刺激时间　是指每次刺激动物的持续时间，动物的运动能力越低，每次刺激的时间越长。

5. 动物力竭　用于动物的疲劳评定。在运动过程中，大鼠跟不上预定速度，但经反复刺激（每次刺激时间在 1～2 秒及以上，刺激频率在 4 次/分及以上）后仍能跟上预定速度，属于轻度疲劳。大鼠完全跟不上预定速度，但当降低运动强度或短时间休息后（一般为 10 分钟以内，多为 5 分钟），经反复刺激大鼠仍能运动为重度疲劳。当跑台速度降为零，经反复刺激大鼠仍不能运动，大鼠表现为表情冷漠、反应迟钝、卧位跑、腹部与跑道面接触，将动物从跑台内取出时，动物基本无逃避反应，为重度疲劳。

（二）转棒实验

在实验过程中主要记录下列指标以判定动物的运动能力和疲劳度。

1. 运动时间　动物在转棒仪上的运动时间，并取 3 次的均值作为每组小鼠的转棒运动时间。

2. 最大转速　对于具有匀加速功能的转棒，可以让转棒一直进行匀加速运动，看动物在何速度下掉落，从而考察动物能够承受的最大转速。可以为实验前的初次筛选提供帮助。

（三）步态分析

CatWalk XT 系统可自动记录动物的完整运动及动物足印的面积和尺寸；支撑时相、摆动时相；支撑时相比；压力；摆动速度；触地速度；单位时间脚步数；步周长；足间距离；步序；时相延迟；支撑方式；正常步序比等，均可作为动物步态分析的指标。具体分析步骤如下。

1. 通过步态分析仪的自分析（Auto-analysis）技术，对步态数据进行读取（图 8-2-5）。

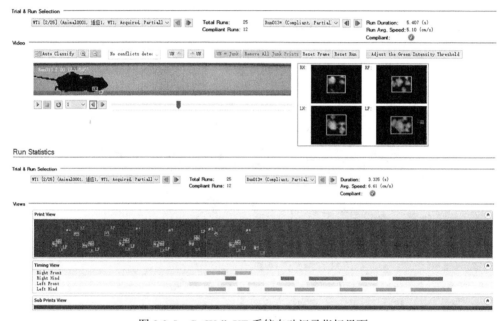

图 8-2-5　CatWalk XT 系统自动记录指标界面

2. CatWalk XT 系统根据每只小鼠每次经过玻璃板时每只爪印所留下的痕迹间的相互关系计算出与步态相关的动态与静态参数（图 8-2-6 和图 8-2-7）。

五、注意事项

（一）动物跑台注意事项

1. 选取体重相近的动物，因为体重相近的动物生理指标差异不会太大。每周称重一次，观察其体重变化。

2. 正式训练前要有一段适应性训练（3～7 天），给予实验动物适应性的时间。

3. 实验应剔除拒跑的动物。

4. 跑台训练期间注意看护，防止意外，动物夹尾时，要抬高跑台，跑完后用碘伏消毒。

5. 过多的刺激会引起动物生理上的变化，如肾上腺素升高。因此，在动物跑台过程中应当尽量降低刺激强度和刺激频率，尤其是电刺激，一般调为 0.5～0.8mA，最多不超过 1mA。

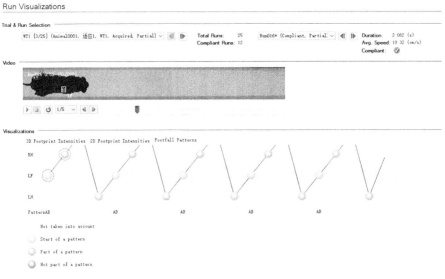

图 8-2-6　实验小鼠的行走视频及步态模式

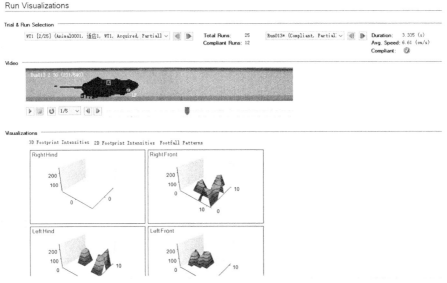

图 8-2-7　实验小鼠四肢爪印压强的三维分布图

6. 训练时及训练后应及时清理跑台内的污物，防止气味对下一只动物产生影响。

7. 动物运动期间消耗很大，要及时加粮加水，更换垫料。

8. 根据不同动物生活习性，训练尽量安排在每天同一时间进行。

（二）转棒实验注意事项

1. 正式检测前要有一段适应性训练（2～3天），给予动物适应性的时间。

2. 大小鼠轴套直径不同，不能通用。

3. 根据动物生活习性，训练尽量安排在一天中同一时间进行。

4. 仪器使用后应及时进行清理。

（三）步态分析注意事项

1. 实验开始前，将高频摄像头调节到所需高度，使用 CatWalk XT 系统自带的校准卡纸（20cm×

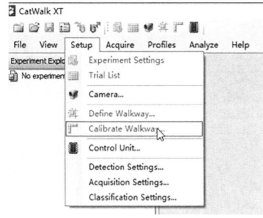

图 8-2-8 CatWalk XT 软件中跑道距离的设置

10cm），定义摄像头所捕捉的距离，并在软件上依次点击"Define Walkway"和"Calibrate Walkway"来定义跑道的距离（图 8-2-8）。使用校准卡纸调节摄像头的焦距，使之聚焦在玻璃板跑道上，以确保尽可能清晰地捕捉到动物运动的足印。

在录像前，需要对软件的检测进行校准设置（图 8-2-9）。点击"Detection Settings"后，先点击"Reset Prints"，后点击"Start Auto Detect"，挑选一只体型适中的老鼠，让其跑过跑道后，软件会自动弹出"Finish"样的弹窗，代表校准结束，可以开始录像。

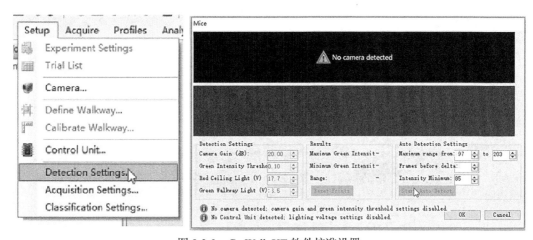

图 8-2-9 CatWalk XT 软件校准设置

2. 正式测试前要有一段适应性训练（3～7 天），使动物可以顺利通过 CatWalk 玻璃板，即在 8 秒内不停顿、不回头地通过 CatWalk 玻璃板。一只动物成功通过 3 次即可开始下一只，每次都需要让动物从跑道的左侧跑至右侧，不能来回跑，不能反方向跑。录制完成的动物需单独放置，以免和未录像的动物混放。

3. 开始实验前及每只动物检测完毕后以适量 10% 乙醇蘸湿纱布，轻柔擦净玻璃板，根据动物体重及身形合理调整跑道宽度。

4. 训练及测试过程中关闭实验室灯光、关闭窗帘，保证室内黑暗环境。

5. 最好将要比较的动物同批次录制完成，因为软件设计问题，实验数据不同批次之间差异较大。录像中的足印在后期处理时，需要逐一进行人工校准核对。

（张　坤）

第三节　情绪相关行为

一、基本原理及实验目的

情绪是认知过程、生理状态和环境因素共同作用的结果，下丘脑、额叶皮质和杏仁核在情绪的表达和认知中起关键作用，焦虑、抑郁和恐惧等负性情绪障碍严重影响着患者的身心健康。情绪相关行为学实验为研究情绪疾病的发病机制和相关药物的研发提供了重要途径。

二、主要仪器设备、试剂及耗材

1. 仪器设备　旷场实验箱、高架十字迷宫、黑白箱、强迫游泳圆桶、悬尾装置、带刻度饮水瓶、摄像头、记录和分析软件等。

2. 试剂　75% 乙醇、1% 糖水（质量 / 体积）等。

3. 耗材　直径 15mm 的玻璃珠、棉布手套、医用胶带、温度计、喷壶和纸巾等。

三、操 作 步 骤

实验动物为 C57BL/6 雄性小鼠、周龄 6 ~ 8 周、体重 20 ~ 24g。在实验期间，小鼠被饲养在标准环境下：温度（24±2）℃，空气湿度 55% ~ 60%，可以自由进食和饮水，12 小时昼夜循环光照。实验前 3 天，实验人员戴手套轻柔抓取小鼠并与之玩耍 5 分钟，使其适应抓取以及熟悉实验者，连续适应 3 天。

（一）旷场实验（open field test）

旷场实验是检测大鼠或者小鼠自发活动行为和探索行为的一种方法。动物对新开阔环境的恐惧使其主要在四周区域活动，而在中央区域活动较少，但动物的探索行为又促使其产生在中央区域活动的动机。

图 8-3-1　旷场实验

1. 旷场的装置为白色背板的 40cm×40cm×30cm 的塑料材质盒子。在实验之前让小鼠提前适应室内环境 30 分钟。

2. 实验前使用记录软件划分中心区域（以底部对角线 1/4 处交点围成的中间方形区域，见图 8-3-1，黄色虚线框）和四周区域（紫色虚线框）。设置软件使其能清晰捕捉到小鼠的运动轨迹。设置记录时间，延迟 3 秒后记录 30 分钟。

3. 将小鼠放入旷场的中心区域，使其自由活动 30 分钟，使用摄像机记录小鼠活动的轨迹。

4. 使用 Smart3.0 软件分析小鼠在中心区域停留时间、进出中心区域的次数，以及总的运动距离。

（二）高架十字迷宫实验（elevated plus maze test）

高架十字迷宫实验是利用动物对新异环境的探究特性和对高悬敞开臂的恐惧冲突行为来考察动物的焦虑状态。实验动物由于嗜暗性会倾向于在闭合臂中活动，但出于好奇心和探究性又会在开臂中活动，在面对新奇刺激时，动物同时产生探究的冲动与恐惧，这就造成了探究与回避的冲突行为，从而产生焦虑心理。

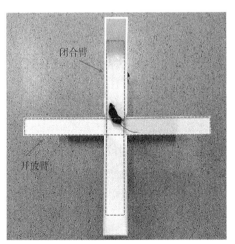

图 8-3-2　高架十字迷宫实验

1. 高架十字迷宫由两个相对的开放臂（图 8-3-2，绿色虚线框）和两条闭合臂（红色虚线框）组成，呈"十"字形交叉，交叉部分为中央区（蓝色虚线框），距地面 50cm。在实验之前让小鼠适应室内环境 30 分钟。

2. 实验前使用记录软件划分开放臂、中央区和闭合臂的区域。设置软件使其能清晰捕捉到小鼠的运动轨迹。设置记录时间，延迟 3 秒后记录 5 分钟。

3. 实验时将小鼠轻轻放在中央区并使其头部面向开放臂，允许动物自由移动，记录小鼠 5 分钟内的轨迹运动。

4. 使用 Smart 3.0 软件分析小鼠在开放臂和闭合臂中停留的时间，以及总的运动距离和进出中央区的次数。

（三）黑白箱实验（light-dark transtition test）

黑白箱又称明暗箱，小鼠或大鼠喜欢在暗箱中活动,但动物的探究习性促使其试图去探究明箱。然而，明箱的亮光刺激又抑制动物在明箱的探究活动。抗焦虑药物可解除这种抑制作用。

1. 明暗箱（27cm×27cm×40cm）（图 8-3-3）分为明箱（白色）和暗箱（黑色），两箱之间的隔板有一个门洞供动物穿过。在实验之前让小鼠适应室内环境 30 分钟。

2. 实验前使用记录软件划分明箱和暗箱的区域。设置软件使其能清晰捕捉到小鼠的运动轨迹。设置记录时间，延迟 3 秒后记录 10 分钟。

3. 实验时将小鼠轻轻放在明箱的中央，允许动物自由移动，记录动物 10 分钟内的轨迹运动。

4. 使用 Smart 3.0 软件分析小鼠的穿箱次数及在明箱和暗箱的停留时间。

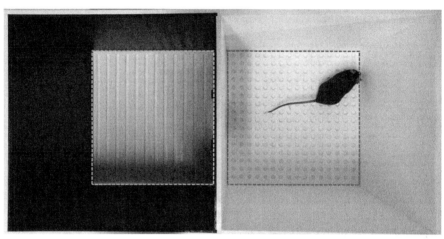

图 8-3-3　黑白箱实验

（四）埋珠实验（marble-burying test）

实验动物将玻璃珠看作一个不熟悉的、具有潜在威胁的物体，将这些威胁物清除的埋珠行为是本能的焦虑样反应的表现，根据固定时间内埋下（埋入体积大于 50%）玻璃珠的数量，分析动物的焦虑水平。

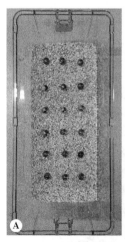

图 8-3-4　埋珠实验

A. 埋珠前；B. 埋珠后

1. 在无盖的小鼠笼子底部铺上 5cm 厚的玉米芯垫料，铺平。

2. 笼子内放入 18 个不透明的玻璃珠（直径为 15mm），分为 6 排，每排 3 个，规律排布。

3. 小鼠被单独放入笼中自由活动 30 分钟，取出小鼠后，记录被埋体积大于 50% 的玻璃珠的数量（图 8-3-4）。

（五）强迫游泳实验（forced swimming test）

强迫游泳实验是用来评价抗抑郁作用的动物行为学方法。该方法是一种行为绝望实验法，其基本原理是当实验动物被放进一个有限的空间使之游泳，开始时拼命游泳力图逃脱，很快就变成漂浮不动状态，仅露出鼻孔保持呼吸，四肢偶尔划动以保持身体不至于沉下去,实际是动物放弃逃脱的希望,属于行为绝望。

1. 用于强迫游泳的透明丙烯酸圆筒高 25cm,直径 10cm。向圆筒中装入温水,水深 15cm,水温一般控制在(24±1)℃。

2. 将小鼠放置于装水的容器内,当小鼠在水中停止挣扎呈漂浮状态,或仅有细小的肢体运动以保持头部浮在水面,它被认为是静止不动的(图 8-3-5),将小鼠放入水中时,应避免小鼠头部全部浸入水面下,尤其是口鼻部,避免小鼠呛水。

3. 用软件记录 6 分钟,前 2 分钟为适应时间,分析小鼠最后 4 分钟的静止时间。计算动物绝望状态的行为,通常以动物的后肢是否活动为判断依据,分析时仅有前肢但没有后肢介入的小动作可判断为不动。

4. 实验结束将小鼠从水中取出后,应用纸巾或吹风机辅助小鼠烘干毛发放回笼中,避免小鼠生病。

图 8-3-5 强迫游泳实验

A. 小鼠强迫游泳时静止状态;B. 小鼠强迫游泳时活跃状态

(六)悬尾实验(tail suspension test)

倒立悬尾是让实验动物不适的操作,动物悬尾后企图逃脱但又无法逃脱,从而放弃挣扎,进入特有的抑郁不动状态。抑郁水平高的动物更倾向于"听天由命",更早放弃挣扎,抗抑郁药物能明显地缩短、改变其状态。

图 8-3-6 悬尾实验

A. 小鼠悬尾时静止状态;B. 小鼠悬尾时活跃状态

1. 将小鼠尾尖 1cm 的部位用胶带固定在离地面 50cm 的地方,使其被单独悬挂。悬挂小鼠的空间宽度和深度要足够大,不能使其与墙壁接触。

2. 当小鼠被动地悬挂,没有表现出任何身体的运动时,认为其是静止不动的(图 8-3-6)。

3. 软件记录 6 分钟,前 2 分钟为适应时间,分析小鼠最后 4 分钟的静止时间。计算小鼠绝望状态的行为,通常以动物的后肢是否活动为判断依据,分析时仅有前肢但没有后肢介入的小动作可判断为不动,因惯性产生的摆动可判断为不动。

4. 实验结束后将动物放回鼠笼,应将胶带从尾巴上轻轻撕下来,不要大力拉扯胶带,避免给动物带来痛苦。

(七)糖水偏好实验(sucrose preference test)

快感缺失是抑郁的表现之一,抑郁的动物在同时接触糖水和普通水时,对糖水不会产生明显的兴趣。检测指标为在一定时间内,糖水的饮用量差异。

1. 糖水偏好实验包括两个部分,分别为适应训练部分和测试部分。适应训练的前 24 小时,每笼小鼠放入两瓶 1%(质量 / 体积)的蔗糖溶液,接下来的 24 小时将其中的一瓶换成纯水。

2. 适应结束后,禁食禁水 24 小时,之后进行 24 小时的测试。在测试中(图 8-3-7),提前称量好的两个瓶子,一瓶为 1% 的蔗糖溶液,另一瓶为纯水,小鼠被允许自由接触两个瓶子 24 小时。

3. 测试结束后取走两瓶并称重,记录小鼠的总液体消耗、糖水消耗和纯水消耗。

4. 糖水偏好的计算公式:糖水偏好(%)= 糖水消耗量 /(糖水消耗量 + 纯水消耗量)×100%。

图 8-3-7　糖水偏好实验

四、结 果 判 读

（一）旷场实验

旷场实验中，动物的探索特性会促使其在中心区域活动，如果动物主要在四周区域活动代表小鼠表现为焦虑样行为。不同的处理方法可能使动物在旷场的中心和四周区域的滞留时间和路程有所差异。中央区域停留时间和中央区域进入总次数反映大鼠的焦虑或抑郁情况。焦虑或抑郁小鼠在中央区域的停留时间和次数会大幅度下降。药物可以在不改变一般运动情况的前提下增加小鼠的中央区域滞留时间和进入次数。运动总距离反映大鼠的运动情况。焦虑或抑郁小鼠的水平运动距离将大大减少，多躲避于旷场一角不动（图 8-3-8）。

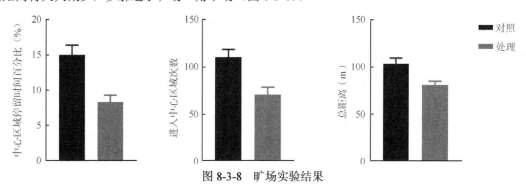

图 8-3-8　旷场实验结果

（二）高架十字迷宫实验

高架十字迷宫距离地面的高度易导致动物产生恐惧不安的心理。通过对比动物在开放臂和闭合臂内停留时间和路程来评价焦虑样行为。动物开放臂停留时间越少代表焦虑样水平越高，穿越次数和总路程越少代表焦虑水平越高。不同的处理方法可能使动物在高架十字迷宫的开放臂和闭合臂内停留时间和路程有所差异（图 8-3-9）。

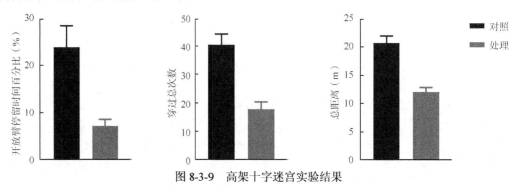

图 8-3-9　高架十字迷宫实验结果

（三）黑白箱实验

在黑白箱实验中，动物喜欢在暗箱中活动，对明亮区域存在自然厌恶，但动物的探究习性又促使其试图去探究明箱。在暗箱活动时间越长代表焦虑样水平越高。不同的处理方法可能使动物在明箱和暗箱的停留时间有所差异（图 8-3-10）。

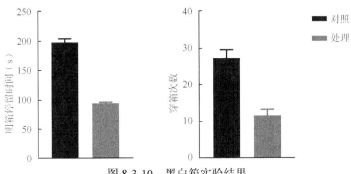

图 8-3-10　黑白箱实验结果

（四）埋珠实验

玻璃珠被看作不熟悉的、具有潜在威胁的物体，动物将这些威胁物清除的埋珠行为是本能的焦虑样反应的表现。通过记录 30 分钟内被埋体积大于 50% 的玻璃珠的数量，可分析动物的焦虑水平。被埋玻璃珠数量越多代表焦虑样水平越高。不同的处理方法可能使埋珠数量有所差异（图 8-3-11）。

（五）强迫游泳实验

动物被放入水中后会出现攀爬挣扎行为和游泳行为，企图摆脱该困境，在经过努力仍无法摆脱后，会出现间断性不动，显示"行为绝望"状态。动物被放入水中适应 2 分钟后，记录接下来 4 分钟内在水中的静止时间，静止时间越长代表抑郁样水平越高。不同的处理方法可能使强迫游泳的静止时间有所差异（图 8-3-12）。

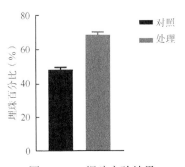
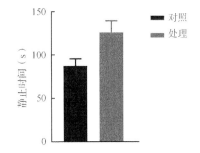

图 8-3-11　埋珠实验结果　　　　图 8-3-12　强迫游泳实验结果

（六）悬尾实验

动物被悬挂尾尖后会出现攀爬挣扎行为，企图摆脱该困境，在经过努力仍无法摆脱后，会出现间断性不动，显示"行为绝望"状态。动物被悬挂尾尖适应 2 分钟后，记录接下来 4 分钟内的静止时间，静止时间越长代表抑郁样水平越高。不同的处理方法可能使悬尾的静止时间有所差异（图 8-3-13）。

（七）糖水偏好实验

蔗糖偏好实验是反映快感是否缺失的一种检测指标，快感缺失指的是对奖励刺激（蔗糖）缺乏兴趣，这是一种情感障碍（包括抑郁症）的表现形式。蔗糖消耗量越少代表抑郁样水平越高。不同的处理方法可能使蔗糖偏好有所差异（图 8-3-14）。

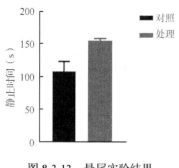

图 8-3-13　悬尾实验结果

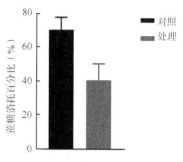

图 8-3-14　糖水偏好实验结果

五、注意事项

1. 不同种系的实验动物在情绪行为中表现不一样，要做到研究结果的可比性，需选择相同种系的实验动物；实验环境应保持安静，突然大的噪声会使实验动物惊慌失措，影响结果；多通量实验时，为防止动物彼此观察或互相影响，中间用隔板隔开。

2. 埋珠实验时为了能把玻璃珠埋起来，垫料需要铺得比平时稍微厚，以 3 ～ 5cm 为宜。垫料需要铺平，保证玻璃珠只轻轻放在垫料表面。

3. 强迫游泳实验中，实验动物行为会受到水温的影响，在冷水中容易出现静止不动行为，相反，在温度较高水中不动行为则出现较晚。因此，温度通常控制在（24±1）℃；水桶内水的高度应当尽量保证实验动物的后肢不能支撑或者接触到水桶底部，但水面也不能离水桶上缘太近，避免动物逃脱；实验时间不能太长，通常建议小鼠为 6 分钟左右。

4. 悬尾实验过程中，小鼠会出现攀爬自己尾巴的现象。解决方法是将一段塑料管切成 4cm 左右的中空圆柱体（内径 1.3cm 左右，1.5g）套在小鼠尾根就能防止这种尾巴爬行行为。

5. 糖水偏好实验的动物需进行单独饲养，从而获取准确的测量结果；实验前一定要旋紧瓶盖，检查好水瓶是否漏水；糖水偏好实验开始前应保证动物状态良好，不存在因体力消耗过多而疲惫，导致实验时动物更倾向于休息和睡觉，或因饥饿而对带有热量的蔗糖水更有偏好，从而影响实验结果；糖水偏好实验中应注意时间的一致性，多组实验间保证开始时间一致，以消除昼夜节律的影响；当同时给予小鼠一瓶糖水和一瓶纯水时，两个瓶子的位置应该定期交替，以消除位置偏好。

（李旭辉　史婉彤）

第四节　刻板行为

一、基本原理及实验目的

刻板行为（stereotypic behavior）是一种重复不变的、没有明显目标的行为模式，广泛见于啮齿类、非人灵长类等多种动物中。在精神分裂症、孤独症等疾病中，刻板行为更是一种常见的症状。理毛行为是啮齿类动物经典的刻板行为，遵循头—体—尾的顺序，形成了理毛微序列（grooming microstructure），其异常可见于多种疾病模型。理毛时间增加在如孤独症、强迫症、精神分裂症等模型中均有报道，而异常的理毛刻板序列亦可见于各种神经精神疾病，如焦虑症、神经退行性疾病等动物模型中。因此，小鼠理毛行为是研究神经精神疾病重要的一种行为表型。

二、主要仪器设备、试剂及耗材

1. 仪器设备　①自制理毛观察箱（20cm×20cm×25cm）为长方体亚克力箱体，顶面开口，底面根据小鼠体毛颜色选择反差较大的颜色（小鼠黑色底板为白色），箱体面对摄像头一侧为透明，竖面其他 3 个侧板颜色与底板颜色相同。箱体放入自制隔音箱中，摄像头安装在隔音箱侧面，隔音箱顶可选安装照明灯。可根据实验需要配置多个箱体，这时可用监控用画面分割器同时采集多个通道的视频信号。如果是采用 USB 摄像头，则可用 USB 扩展卡同时记录多个摄像头信号。②视频录制用电脑。③其他根据特殊实验目的选择，如和光遗传学技术配合时选配激光器；记录小鼠脑内神经元活动时选配光纤记录系统或在体多通道电生理系统等。

2. 试剂　75% 乙醇等。

3. 耗材　喷壶、纸巾等。

三、操作步骤

小鼠理毛行为是一种精细化的行为，目前常用的方法是采用视频录制行为，后期人工对视频中的理毛行为及理毛微序列进行分析。此外，新近还有利用人工智能对视频进行智能分类识别的软件进行理毛自动或半自动分析的方法，在此不做赘述。理毛行为的录制也同样要遵守行为学实验的基本原则：行为实验前 3 ~ 5 天实验者戴手套轻轻抓持小鼠，让小鼠在实验者手上爬玩，使之适应实验者；保持录制环境的低噪声（≤ 40dB）和低光照强度（0 ~ 100lux）；小鼠提前适应录制环境。

理毛行为相对于高架迷宫、水迷宫等实验对小鼠应激不大，对小鼠体力要求不高。因此，对小鼠年龄和性别无特殊要求（特殊实验要求除外），宜根据实验目的选择小鼠。

1. 用 75% 乙醇清洁观察箱底板，不放垫料，调整隔音箱顶部的照明灯亮度，以光度计测量光照强度。

2. 待乙醇气味挥发完毕后，用手掌轻轻托着小鼠依次放入理毛观察箱内，记录下每个观察箱对应的小鼠的编号。

3. 电脑上打开视频录制软件，录制小鼠在理毛观察箱内自由活动 30 分钟的视频，视频保存格式不限。

4. 打开 BORIS 软件，软件界面见图 8-4-1A。新建一个项目或打开已有项目。新建项目时定义理毛行为为 state event，设置好 start 和 stop 的快捷键（图 8-4-1B）。

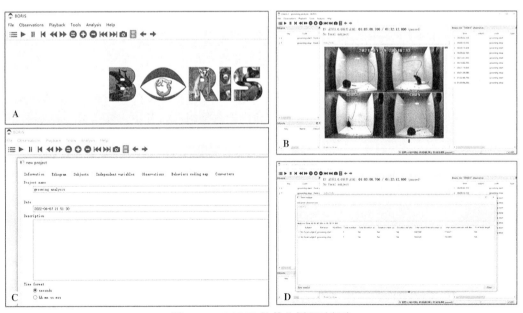

图 8-4-1　BORIS 软件分析理毛行为

5. 新建一个观察，输入 observation id、日期、具体描述等信息。

6. 导入视频，调整好播放速度,利用快捷键对每次理毛行为的开始和结束进行定义(图 8-4-1C)。新一次的理毛行为定义为上次理毛行为停止时间超过 6 秒。

7. 分析完毕后将数据导出到 excel，对理毛次数、理毛总时间和单次理毛的平均时间进行统计(图 8-4-1D)。

8. 理毛微序列分析(选做)。将小鼠的完整理毛行为分为 6 个阶段,没有理毛(0)、前肢梳理(1)、面部清理（2）、身体清理（3）、后肢梳洗（4）、尾巴 / 生殖器梳理（5）(图 8-4-2)。接着对小鼠 6 个阶段的转换进行定义:按照 0–1、1–2、2–3、3–4、4–5 和 5–0 这样的顺序进行被认为是正确的转换，而其他类型则为异常的转换；按照 0–1–2–3–4–5–0 的转换被认为是刻板的完整序列，其他则为不完整的序列等。在 BORIS 软件中分别对这 6 个阶段进行分析。导出到 excel 进行后续分析。

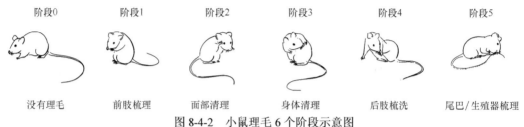

阶段0	阶段1	阶段2	阶段3	阶段4	阶段5
没有理毛	前肢梳理	面部清理	身体清理	后肢梳洗	尾巴/生殖器梳理

图 8-4-2　小鼠理毛 6 个阶段示意图

四、结果判读

以孤独症小鼠模型 *Shank3* 敲除小鼠为例，从侧面录制 *Shank3* 敲除小鼠和同窝对照小鼠在理毛观察箱内的自由活动，并对小鼠理毛进行了比较。结果表明，敲除小鼠在 30 分钟内理毛的总时间明显多于对照小鼠，而理毛的次数并无差异。对两组小鼠平均的理毛持续时间分析发现，敲除小鼠的平均理毛时间明显增加。接下来对敲除小鼠理毛的微序列进行了分析，结果发现，模型小鼠理毛增加主要是由于对面部清理和身体清理理毛增加为主。表明 *Shank3* 敲除小鼠由于单次理毛持续时间增加以及面部和身体清理增加导致了明显增多的理毛行为。这种理毛时间增加和理毛微序列的增加具体机制有待进一步研究。

五、注意事项

1. 应激、外界环境和情绪异常等因素会影响小鼠刻板理毛。因此，除特殊实验（如束缚和喷雾等人工诱发）需要外，实验中应尽量减少对小鼠的刺激。

2. 遵循行为学原则，在相对固定的时间录制行为，不同批次实验光照和噪声等条件保持一致。

3. 人工分析存在一定的主观性，所有的视频应确保录制视频者和分析者对小鼠分组信息双盲。此外，可以在统一分析标准后由两人同时对同一批视频进行分析，若两人数据差异小于 10% ～ 15%，可采纳两人数据平均值；若两人数据差异大于 15%，由第 3 人对争议视频再分析，取三人接近两人数据进行平均。

（王文挺　刘海鹰）

第五节　成瘾行为

药物成瘾的模型是动物模型的一类，是用动物模型反映临床药物成瘾的神经生物学、心理学、病因学、临床治疗学的特征或者至少能模仿临床药物成瘾的某一或某些方面，从而对人类疾病的病因学、发病机制、行为特征和防治进行研究。目前广泛用于成瘾研究的动物模型主要分为：条件性位置偏爱（CPP）模型、自身给药（self-administration，SA）模型、行为敏化模型等。

一、条件性位置偏爱（CPP）模型

（一）基本原理及实验目的

根据巴甫洛夫的条件反射学说，如果把奖赏刺激与某个特定的非奖赏性条件刺激（如某特定环境）反复练习之后，后者便可获得奖赏特性。反复几次将动物在给药后放在一个特定的环境中，如药物具有奖赏效应，则特定环境就会具有了奖赏效应的特性，动物在不给药的情况下依然表现出对该特定环境的偏爱。

（二）主要仪器设备、试剂及耗材

1. 仪器设备 典型的CPP实验设备一般为两个或3个互通的实验箱，也有四箱或开场式的装置。每个箱体设置的环境，如箱体颜色、材质等有着极大的差异，使动物把不同的环境线索与给予的实验处理即非条件刺激进行匹配。

2. 试剂 75%乙醇、实验药物、生理盐水等。

3. 耗材 注射器等。

（三）操作步骤

C57/BL6J小鼠，6～8周龄，体重20～25g。

1. 前测（第1天） 将小鼠放入CPP箱自由活动15分钟，记录小鼠在黑、白两箱各自的时间，以动物在CPP箱某一侧（此侧即定义为伴药侧）所处时间减去另一侧（此侧即定义为伴盐水侧）所处时间，即为前测（pretest）的CPP分数。

2. 形成（第2～6天） 第1天上午腹腔注射实验药物（以10mg/kg吗啡为例），放入CPP箱一侧45分钟，下午腹腔注射等体积生理盐水后立即放入CPP箱另一侧45分钟，接下来的4天每天重复此训练内容。

3. 后测（第7天） 将小鼠放入测试箱中自由活动15分钟，记录小鼠在CPP箱两侧时间，计算后测（posttest）的CPP分数（图8-5-1）。

图8-5-1 条件性位置偏爱装置

（四）结果判读

观察指标：停留时间，如果实验动物在给药箱内停留的时间较长，表示它对该箱有偏爱，说明受试药物有奖赏作用，动物对其有精神依赖性，反之则认为对受试药物有厌恶性。计算机辅助CPP实验系统，可以通过视频记录实验动物的活动距离和穿梭次数来衡量动物给药引起的运动活性变化。

药物处理组小鼠后测CPP分数对比盐水组小鼠后测CPP分数有显著差异，证明可建立药物诱导的CPP模型。

（五）注意事项

1. 通过前期饲养，去掉体重不达标的动物，再对实验动物进行前测。

2. 去除活动异常的小鼠（运动活性较低：总路程过少，穿梭次数小于20次；出现天然偏爱：任意一侧停留时间大于600秒），根据前测数据决定放入给药箱还是非给药箱。

3. 每次实验开始前，将小鼠放置于行为实验室30分钟，让小鼠适应房间环境及光线，缓解动物应激状态，确保实验过程的顺利和实验结果的稳定性。

4. 实验过程中，每组小鼠结束后，均需要用 75% 乙醇对 CPP 箱子进行擦拭，消除上一小鼠的气味，以免干扰下组小鼠实验结果的准确性。

二、自身给药（SA）模型

（一）基本原理及实验目的

SA 实验是基于操作式条件反射，实验动物主动踩压踏板或碰触鼻触器后，可获得一定药物，这些药物使动物产生渴望或是厌恶，而这一作用强化了实验动物的行为，实验动物通过训练可以进行主动觅药。在建立操作式条件反射时，大多数实验过程与条件刺激相结合，如声音刺激或光刺激，动物在进行鼻触或压杠时获得药物，同时伴随声音出现或信号灯关闭，这些条件刺激可以使动物获得条件性强化能力。

（二）主要仪器设备、试剂及耗材

1. 仪器设备 无菌手术器械、SA 行为操作箱、信号转换器和计算机软件系统，每只动物分配一个操作箱，箱中装有压杆或鼻触器、信号灯、注射泵、声音发生器等。

2. 试剂 实验药物、生理盐水、75% 乙醇、150U/ml 肝素钠注射液、5% 水合氯醛等。

3. 耗材 注射器、硅胶管、眼科剪、止血钳、电动剃毛器等。

（三）操作步骤

健康雄性 SD 大鼠，20 只，5 ～ 6 周龄，体重 160 ～ 190g。

1. 颈静脉插管手术

（1）术前准备：准备足够的无菌手术器械（121℃高压灭菌 30 分钟），确保 1 只大鼠用 1 套手术器械，以防止交叉感染。

（2）手术操作：给予动物镇痛药和麻醉药后，剃除背部和右侧颈部被毛并消毒。在右侧颈部剪 1 个约 1cm 的纵口，末端靠近锁骨中线，分离右颈静脉，用缝合线结扎远心端。在背部肩胛骨中心皮肤切 1 个小切口，再在远离肩胛骨中心约 2cm 处皮肤纵向下行切 1 个大切口，将自制插管组件的导管部分在镊子辅助下从皮下引至颈部切口，底座部分从大切口移至小切口，将导管插入颈静脉中并结扎固定，皮肤切口缝合并消毒。

（3）术后护理：术后至少连续 3 天经插管注射抗生素防止感染，术后伤口恢复至少 7 天。为了保持插管的通畅性，术后第 2 天直到整个实验结束，每天给予 0.2ml 无菌肝素钠（25U/ml）检查导管的通畅性。每周 1 次经插管用氯胺酮进行插管性能测试（5mg/kg），如果动物在给予氯胺酮后 3 秒内便出现步态不稳，则表明插管状态良好，也可选用戊巴比妥、丙泊酚、依托咪等麻醉药进行测试。

2. FR1 自身给药行为建立及消退

（1）FR1 自身给药行为建立：手术恢复期结束后，将伤口恢复良好及插管通畅的大鼠进行自身给药行为训练。吗啡最佳训练剂量为 0.5mg/kg。根据仪器注射泵的特点和预计给药体积，选取最佳转速和最佳注射器规格并确定流速，从而推算注射时间，条件刺激程序与食物训练一致。训练期间将动物体内插管与仪器输液系统相连，每天训练 1 次，每次 2 小时，不应期为 20 秒，最大奖赏次数为 30 次，FR 设置为 1（图 8-5-2）。实验期间记录总奖赏次数和总有效踏板次数。训练成功标准：连续 3 天注射次数维持稳定，波动不超过 ±20%，且连续 3 天奖赏次数不小于 4，即可认为 FR1 自身给药行为训练成功。由于训练初期，动物所希望得到的可能仍然是食物奖赏，故至少训练 7 天后再评估其自身给药训练是否成功。

图 8-5-2　自身给药装置

（2）FR1 自身给药行为消退：当用非强化剂（如生理盐水）替代强化剂（如吗啡）后，会产生消退现象，即替代初期动物会拼命踏板以期得到药物，随后动物因得不到药物逐渐失望而无法维持稳定的自身给药行为，表现为踏板次数逐渐减少甚至减少至零的现象。消退实验的目的是进一步确认动物所产生的自身给药稳定行为是由吗啡所引起的。消退期间，将吗啡替换成生理盐水，其余实验参数和操作步骤与 FR1 自身给药行为训练保持一致。当动物出现明显的消退现象时即可停止消退实验，也可根据个体动物情况继续进行消退。

（四）结果判读

模拟动物成瘾的 3 个标准：第 1 个标准是在知道药物不能获得时仍然觅药。如用绿灯信号代表有药而红灯信号代表无药，对照鼠很快学会在绿灯信号时压杆，在红灯信号时停止压杆；而成瘾鼠即使在红灯信号时仍持续觅药。第 2 个标准是对药物获取的非同寻常的高动机，用累进比率来衡量。第 3 个标准是即使面临有害后果仍然继续用药。用药同时给予足底电击或足底电击信号。对照鼠在给药同时给予电击或电击信号，反应即被抑制；成瘾鼠即使给予电击或电击信号，反应也不能被抑制。

（五）注意事项

1. 实验维护上，尤其是周期长的实验，应防止因感染、插管脱落或堵塞而前功尽弃。

2. 应控制药物的剂量范围，剂量过高可导致身体依赖或产生不良反应而影响对该药精神依赖性的评价，甚至引起动物死亡；剂量过低又使那些可能有强化效应的药物不能形成和维持稳定的自身给药行为。

3. 采集脑电信号时，应认真检查电极，正确连接放大器及软硬件系统，避免接反。

三、行为敏化模型

（一）基本原理及实验目的

行为敏化与强迫性用药、觅药行为及戒断后的复吸密切相关。行为敏化是判断药物精神依赖的重要动物模型之一，实验中常以自主活动总距离作为检测指标。吗啡行为敏化建模流程通常经历 4 个阶段，分别为适应阶段、形成阶段、转化阶段和表达阶段。

（二）主要仪器设备、试剂及耗材

1. **仪器设备**　自主活动测试箱（图 8-5-3）。

2. **试剂**　生理盐水、处理药物（以 10mg/kg 吗啡为例）。

3. **耗材**　注射器。

图 8-5-3　行为敏化装置

（三）操作步骤

C57/BL6J 小鼠，6～8 周龄，体重 20～25g。

1. 适应　第 1～3 天将小鼠放入自主活动测试箱中适应 1 小时后取出，腹腔注射生理盐水，再次将小鼠置于自主活动测试箱中自由活动 1 小时，系统自动记录小鼠 1 小时内的总活动距离。

2. 形成　第 4～8 天小鼠放入自主活动测试箱中适应 1 小时后取出，腹腔注射药物，将小鼠置于自主活动测试箱中，并记录其随后 1 小时内的总活动距离。重复操作 5 天。

3. 转化　第 9～17 天将小鼠置于饲养笼中不做任何处理，自由摄食和饮水。

4. 表达　第 18 天与形成阶段操作类似，不同之处在于吗啡与盐水组小鼠均进行腹腔注射低剂量药物处理。

（四）结果判读

评估指标：选择在自主活动观测箱中记录观测到的自主活动的总距离、平均活动速度和中心活动比例 3 个指标，来综合反映药物所诱导的自发性活动增加以及焦虑等精神情绪反应导致的刻板行为。

结果评定：给药后自主活动的总距离、平均活动速度和中心活动比例与对照组相比差异有统计学意义，证明该药物可以诱导行为敏化。

（五）注意事项

1. 正式实验开始前 3 天，每天上午对实验动物进行操作适应处理，即实验人员将小鼠置于手掌中，另一只手轻轻抚摸小鼠，每只每天 5 分钟，以减少小鼠对实验人员的恐惧，降低无关因素干扰。

2. 严格保证实验时段、光线、温度一致，实验者严格控制各类干扰，以确保数据的可靠性。

（张玉向）

第六节　社交行为

一、三箱社交实验

（一）基本原理及实验目的

三箱社交实验是根据小鼠倾向于探索社交对象的自然属性，利用实验鼠与刺激鼠交互时间的长短来反映小鼠对社交对象的偏好，从而评估小鼠的社交性。

（二）主要仪器设备

三箱测试箱体：每个小箱体为 20cm×40cm×20cm，连接相邻小箱体的通道宽 10cm；圆筒形交互笼：直径 10cm，高 20cm，底部均匀分布有高 10cm、宽 1cm 的开孔；新物体：无气味的塑料鼠或乐高等；摄像机；电脑；视频追踪分析软件（EthoVision XT、Anymaze、idTracker 等）。

（三）操作步骤

8 ～ 14 周龄 C57BL/6J 雄性小鼠（测试鼠），3 ～ 5 周龄 C57BL/6J 雄性小鼠（刺激鼠）。

1. 动物饲养　将年龄和体重相似的同性小鼠群养（4 只 / 笼）。确保小鼠可自由获取饲料和水。饲养环境温度维持在（22±1）℃，湿度维持在 55%±5%，光照时间为每天 7 ～ 19 时。在测试前，实验动物应饲养 1 周以上，以充分适应新环境。

2. 测试前动物准备

（1）标记小鼠：给小鼠尾巴涂色、剪足趾或打耳标等。

（2）让实验小鼠充分熟悉实验员：轻柔地将小鼠放在手中，让其自由活动。每天 1 次，每次每只 3 ～ 5 分钟，连续 5 天。

3. 测试房间准备　测试场所包括 3 间相邻房间，第一间为测试房间，用于行为学测试；第二间为暂养室，用于存放待试小鼠，测试房间和暂养室环境条件相似；第三间为观察和清理室，用于实验员在电脑前观察摄像机拍摄画面中动物的实时行为状态和清理测试器具。测试前应做好以下准备工作。

（1）测试环境应保持安静、整洁、无异味。实验环境光照需均匀，光照强度为 5 ～ 6lux（利用光度计在三箱中测得），应避免光源直射测试箱体。

（2）将三箱放置于测试房间的合适位置，将两个交互笼分别放置在三箱的两侧箱体的正中央（图 8-6-1）。

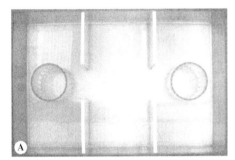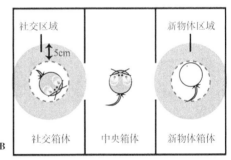

图 8-6-1　三箱社交实验装置

A. 三箱设置实物图；B. 三箱各位置名称

（3）调整摄像机从三箱正上方拍摄，清晰记录三箱内的情况。每轮测试中三箱位置保持不变。

（4）准备好干净的饲养笼，用于暂时存放测试鼠和刺激鼠。

4. 测试

（1）轻柔地将实验动物搬运到暂养室中，让其适应实验环境至少 1 小时。

（2）用 75% 乙醇充分擦拭三箱、交互笼、新物体，随后用干燥纸巾擦干，重复 3 次，确保三箱、交互笼、新物体清洁且干燥。若有小鼠排泄物，则先用干燥纸巾清理小鼠的排泄物。

（3）按前文要求摆放好三箱、交互笼并调整好摄像机。

（4）轻柔地将测试鼠放入三箱的中央箱体，让小鼠自由探索三箱环境 10 分钟。

（5）用挡板将连接中央箱体和两侧箱体的通道关闭，将测试鼠限制在中央箱体。

（6）轻柔地将新物体放入一侧箱体的交互笼，将刺激鼠放入另一侧的交互笼。为避免新物体沾染刺激鼠气味，应先放入新物体。在后续测试中，新物体和刺激鼠的放置位置应交替变换。

（7）轻柔地打开三箱中连接中央箱体和两侧箱体的通道，让测试鼠自由探索三箱环境 10 分钟。

（8）轻柔地从三箱中取出测试鼠，放入新饲养笼中。当此笼测试鼠全部测试完毕后，将它们一起放回原始饲养笼中。

（9）轻柔地从三箱中取出刺激鼠，放入新饲养笼中。当此笼刺激鼠全部使用完毕后，将它们一起放回原始饲养笼中。

（10）重复步骤（2）～（9），直至所有测试鼠检测完毕。

（11）轻柔地将实验动物搬运回原始饲养房间。

5. 数据分析　利用视频追踪分析软件获取小鼠在三箱3个箱体中的停留时间、进入两侧箱体的次数（图 8-6-1A），计算出社交箱体偏好指数和每次进入后的平均停留时间：社交偏好指数（箱体）=（社交箱体的停留时间 − 新物体箱体的停留时间）/（社交箱体的停留时间 + 新物体箱体的停留时间）；每次进入后的平均停留时间（箱体）= 社交箱体的停留时间 / 进入次数。同样地，获取测试小鼠在交互笼周边 5cm 区域内的停留时间和进入次数（图 8-6-1B），计算出社交区域偏好指数和每次进入后的平均停留时间：社交偏好指数（区域）=（社交区域的停留时间 − 新物体区域的停留时间）/（社交区域的停留时间 + 新物体区域的停留时间）；每次进入后的平均停留时间（社交区域）= 社交区域的停留时间 / 进入次数。

（四）结果判读

该实验利用三箱社交实验检测了基底前脑的生长抑素（somatostatin，SST）阳性神经元在调控社交行为中发挥的作用。作者发现，抑制基底前脑的 SST 神经元显著减弱了动物的社交性，表现为 NpHR 组动物在社交箱体和社交区域的停留时间减少（图 8-6-2A、E）、社交偏好指数降低（图 8-6-2B、F）、进入社交箱体和社交区域的次数未发生改变（图 8-6-2C、G）、每次进入后停留的时间减少（图 8-6-2D、H）。

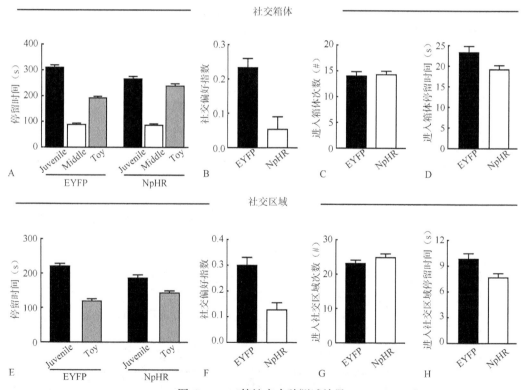

图 8-6-2　三箱社交实验测试结果

A. 测试鼠在三箱各个箱体中的停留时间；B. 社交偏好指数（箱体）；C. 测试鼠进入各箱体的次数；D. 平均每次进入后的停留时间（箱体）；E. 测试鼠在交互笼周边 5cm 区域内的停留时间；F. 社交偏好指数（5cm 区域）；G. 测试鼠进入交互笼周围 5cm 区域的次数；H. 平均每次进入后的停留时间（社交区域）。EYFP：黄色荧光蛋白 EYFP 组；NpHR：抑制性光敏感蛋白 NpHR 组

（五）注意事项

1. 整个实验中轻柔地对待小鼠，避免小鼠出现焦虑而影响结果的准确性和稳定性。

2. 在抓取和放置小鼠时，用手托住小鼠的四肢，避免悬空倒提小鼠尾巴。

3. 实验环境始终应保持安静、整洁，以避免环境中的信息对小鼠行为产生干扰。

4. 实验中用 75% 乙醇清理实验器具后，应让乙醇充分挥发，避免干扰小鼠行为。

5. 每只刺激鼠 1 天最多使用两次，且中间应有较长间隔，以避免刺激鼠状态改变而影响结果的准确性。

二、直接社交实验

（一）基本原理及实验目的

小鼠通过探索社交对象获取社交信息，并由此做出相应的行为决策。本实验是利用小鼠在自然条件下与刺激鼠相遇后所产生的一系列行为反应来评估小鼠的社交能力。

（二）主要仪器设备

摄像机、电脑等。

（三）操作步骤

实验动物同三箱社交实验。

1. 动物饲养　同三箱社交实验。

2. 测试前动物准备　同三箱社交实验。

3. 测试房间准备　同三箱社交实验。三箱替换为小鼠居住笼。

4. 测试

（1）轻柔地将实验动物搬运到暂养室中，让其适应实验环境 1 小时。

（2）按前文要求设置好摄像机。

（3）轻柔地将居住在笼内待试的小鼠移到新饲养笼，让受试的小鼠在居住笼内自由探索 1 分钟，以适应饲养笼盖子打开的情况。

（4）轻柔地将刺激鼠放入测试鼠的居住笼（在远离测试鼠的位置放入），让两只小鼠自由交互 2 分钟。

（5）轻柔地将刺激鼠取出，放入新饲养笼。当此笼刺激鼠全部使用完毕后，将它们一起放回原饲养笼中。

（6）轻柔地将测试鼠取出，放入新饲养笼。当此笼测试鼠全部测试完毕后，将它们一起放回原饲养笼中。

（7）对于剩下的小鼠重复步骤（3）～（6），直至此笼测试鼠全部测试完毕。

5. 数据分析　逐帧回看测试时拍摄的视频，记录动物社交行为的时间，其中社交行为见图 8-6-3A，包括：①主动嗅探刺激鼠（包括面部、身体、肛门、生殖器区域等）；②紧随追逐刺激鼠（距离 < 1cm）；③直接接触刺激鼠（如理毛等）。

（四）结果判读

该实验利用直接社交实验检测了敲除 16p11.2 基因的孤独症模型小鼠的社交能力。作者发现，孤独症模型小鼠的社交水平显著低于野生型小鼠（图 8-6-3B）。

（五）注意事项

同三箱社交实验。

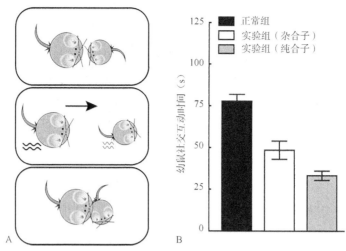

图 8-6-3   社交行为和敲除 16p11.2 基因的孤独症模型小鼠的社交水平

A. 小鼠社交行为的示例图，主动嗅探刺激鼠（上），紧随追逐刺激鼠（中），直接接触刺激鼠（下）；B. 敲除 16p11.2 基因的孤独症模型小鼠的社交水平低于野生型小鼠

三、钻管实验

（一）基本原理及实验目的

社会等级普遍存在于群居种群中，决定着种群中资源的分配。高地位个体往往可以在社交冲突中获得胜利。钻管实验根据小鼠对空间资源争夺情况，可以很好地反映小鼠在群体中的社会等级。

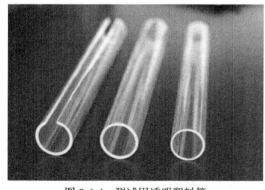

图 8-6-4   测试用透明塑料管

左侧塑料管顶端有开槽，可用于头部埋植过电极的小鼠；中间的塑料管用于雄性 C57BL/6J 小鼠测试，内径 3cm；右侧塑料管用于雌性 C57BL/6J 小鼠测试，内径 2.6cm

（二）主要仪器设备

用于测试的透明塑料管（长度 30cm，内径 3cm）（图 8-6-4）、用于适应的透明塑料管（长度 15cm，内径 3cm）、摄像机、电脑等。

（三）操作步骤

8 ～ 14 周龄 C57BL/6J 雄性小鼠。

1. 动物饲养   将适应用透明塑料管放入小鼠的饲养笼中，让小鼠熟悉塑料管。其余饲养条件与三箱社交实验相同。

2. 测试前动物准备   同三箱社交实验。

3. 测试房间准备   同三箱社交实验。将三箱替换为塑料管，调整摄像机从侧面合适角度拍摄。

4. 训练小鼠钻过塑料管

（1）轻柔地将实验动物搬运到暂养室中，让其适应实验环境 1 小时。

（2）用 75% 乙醇擦拭塑料管，干燥纸巾擦干，重复 3 次，保证塑料管清洁且干燥。若有小鼠排泄物，则先用干燥纸巾清理小鼠的排泄物。

（3）用双面胶将塑料管固定在桌面中央。

（4）打开小鼠饲养笼的盖子，让小鼠在笼子内适应无盖情况 1 分钟。

（5）轻柔地将一只小鼠转移到桌面上，让其自由探索桌面 1 分钟，以适应桌面测试环境。然后将小鼠放到塑料管的一端，让其钻入管子。

（6）当小鼠钻入塑料管后，松开小鼠的尾巴，让小鼠钻过塑料管。当小鼠出现后退或是长时间不动的情况，挡住小鼠的退路，并轻触小鼠尾巴，使其继续前进。在小鼠钻出管子后，让其自由探索桌面 1 分钟，以适应桌面测试环境。

（7）重复 10 次步骤（6）。训练小鼠从塑料管的两端钻过。

（8）轻柔地将小鼠放回饲养笼中。

（9）对饲养笼中剩余的小鼠依次重复步骤（2）～（8）。

（10）在第 2 天重复步骤（1）～（9）。每笼小鼠训练 2 天。

5. 进行钻管实验，直至测得稳定的社交等级

（1）轻柔地将实验动物搬运到暂养室中，让其适应实验环境 1 小时。

（2）用 75% 乙醇擦拭塑料管，用干燥纸巾擦干，重复 3 次，保证塑料管清洁且干燥。若有小鼠排泄物，则先用干燥纸巾清理小鼠的排泄物。用双面胶将塑料管固定在桌面中央。

（3）打开小鼠饲养笼的盖子，让小鼠在笼子内适应无盖情况 1 分钟。

（4）在测试开始前，让每只小鼠从塑料管的两端各钻过管子 1 次。在管子的中央画线标记。

（5）在测试时，轻柔地将饲养笼内的两只小鼠转移到桌面上，分别放在塑料管的两端，让两只小鼠进入塑料管，让它们在中央线处碰面，然后同时放开小鼠的尾巴，开始计时。

（6）将把另一只小鼠推出管子的小鼠定义为"胜利者"，将被推出的小鼠定义为"失败者"。当失败者的四肢都退出管子后停止计时。当胜利者钻出管子后，挡住塑料管入口，以防止胜利者回到管子中。随后让两只小鼠在桌面上自由探索 1 分钟，然后将小鼠放回饲养笼。

（7）记录小鼠的胜利次数和失败者在管子中的停留时间（即失败者被推出管子所需的时间）。

（8）在每轮测试之间，都训练小鼠从塑料管的两端各钻过管子 1 次。每天的测试顺序如下（A、B、C、D 代表笼内 4 只小鼠的编号）。第 1 天：AB-CD-BC-DA-BD-AC；第 2 天：AD-CB-DC-BA-AC-DB；第 3 天：DB-CA-AD-BC-CD-AB；第 4 天：DC-AB-BD-AC-DA-CB；第 5 天：CA-BD-DC-AB-BC-DA；第 6 天：BC-AD-CA-DB-BA-CD。在新一轮测试开始之前，让所有小鼠在饲养笼中休息 2 分钟，如在测试完 AB 和 CD 后，先让 4 只小鼠在饲养笼中休息 2 分钟，然后再测试 BC。

（9）在接下去的测试中重复步骤（2）～（7）。当测得的小鼠社交等级连续 4 天不变后，即认为测得稳定的社交等级。

6. 数据分析

（1）观看实验记录的视频，记录小鼠相应行为的时长。动物的行为有如下几种分类。①起始推挤：当两只小鼠相遇后，一只小鼠将头置于对手身下进行主动推挤；②反推挤：当一只小鼠遭遇对手的推挤后，进行抵抗推挤；③抵抗：当一只小鼠被推挤时，其守住自己的位置不发生变动；④后撤：一只小鼠在遭受推挤时后退，或是主动后退，并伴有低头的动作；⑤静止不动：小鼠除去呼吸以外，无其他动作。

（2）每日小鼠的等级排名由当日测试过程中对阵其他 3 只小鼠时的胜利总次数决定，即胜 3 次排名为第一；胜两次排名为第二；胜 1 次排名为第三；胜 0 次排名为第四。

（四）结果判读

图 8-6-5A 表明经过 6 天连续测试，该笼 4 只小鼠等级排名达到稳定。在不同等级小鼠对阵时，等级差距越大，分出胜负所需时间越短（图 8-6-5B）。图 8-6-5C 展示了在测试过程中，出现了循环胜利的情况，即笼内的小鼠表现为甲战胜乙，乙战胜丙，丙战胜甲。图 8-6-5D 展示了该笼小鼠经过连续 6 天测试，仍无法测得稳定小鼠社交等级的情况。

（五）注意事项

1. 同三箱社交实验。

2. 小鼠训练不好或是受到较大环境应激，在测试过程中容易出现以下状况：①在管子中两只小鼠长时间保持不动（如＞2 分钟）；②小鼠进入管子后未受到另一只小鼠的推挤就立刻后退；

③两只小鼠均后撤退出管子，甚至是失败方小鼠在出现后撤时，胜利方小鼠仍后撤；④无法测得稳定的社交等级。

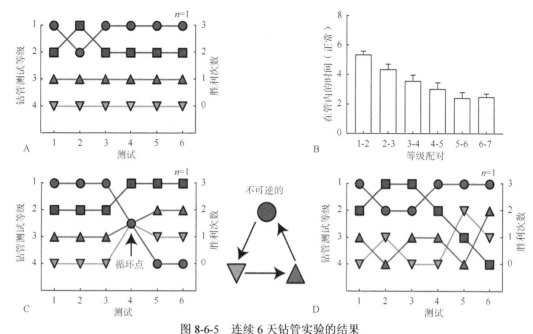

图 8-6-5　连续 6 天钻管实验的结果

A. 一笼 4 只小鼠在连续 6 天钻管实验中的等级变化；B. 不同等级小鼠对阵时，胜出所需的时间；C. 测试中出现 3 只小鼠循环胜利的情况，即甲战胜乙，乙战胜丙，丙战胜甲；D. 测试中出现等级不稳定的情况

3. 若长时间无法测得稳定的社交等级（如＞3 周），则放弃此笼小鼠。

（徐　晗　郑军强）

第七节　空间记忆

一、基本原理及实验目的

动物的空间记忆常受到各种神经退行性疾病和神经精神疾病的影响。为了评估动物的空间记忆能力，常用各种迷宫装置对其进行测试。基于迷宫任务的装置有 Y 迷宫、T 迷宫、巴恩斯迷宫、莫里斯（Morris）水迷宫、八臂迷宫、O 形迷宫等。尽管各种迷宫的装置各异，但基本原理类似，都是通过检测动物空间定向及视觉、知觉等能力来评价其认知水平。本节以 Y 迷宫和莫里斯水迷宫为例，介绍其操作。

二、主要仪器设备、试剂及耗材

1. 仪器设备　Y 迷宫分析系统包含迷宫宫体、摄像支架、摄像系统及分析软件等。莫里斯水迷宫分析系统包含水迷宫水池、平台、摄像系统及水迷宫分析软件等。

2. 试剂　75% 乙醇、食品添加剂（白色）等。

3. 耗材　电热水器、毛巾、卫生纸等。

三、操作步骤（以 Y 迷宫和莫里斯水迷宫为例）

（一）Y 迷宫实验（以 C57BL/6 小鼠为例）

1. 装置构成　Y 迷宫实验用于评估动物的工作记忆，也就是短期记忆。它由 3 个完全相同且互相成 120° 角的臂组成，形态类似字母 "Y"，每个臂长为 30cm，宽为 6cm，高为 15cm。

2. 准备　用 75% 乙醇擦拭清洁 Y 迷宫宫体。将摄像机固定到 Y 迷宫宫体的上方，将摄像机连接至电脑。实验前 1 小时将小鼠放置到行为学实验室，以便适应环境。行为学实验室需要保持安静。

3. 操作者的分工　实验时，一名实验者操作电脑，一名实验者取放小鼠，另一名实验者计数并擦拭 Y 迷宫。

4. 标记　将 Y 迷宫的 3 个臂分别标记为 A、B、C。

5. 操作过程　每只小鼠探索 Y 迷宫的时间设为 8 分钟。实验时，一名实验者在电脑处通过摄像机控制小鼠探索 Y 迷宫的时间，另一名实验者快速将小鼠放置到 Y 迷宫装置标有 A 的臂远端，小鼠开始在 Y 迷宫里自由探索，摄像机开始记录小鼠的运动轨迹，放置小鼠的实验者快速离开装置，让小鼠在不受任何干扰的情况下完成探索。操作电脑的实验者和擦拭 Y 迷宫的实验者开始记录每只小鼠进入每个臂的顺序，如 A、B、C、B、A 等，小鼠的四个爪子均进入臂内视为臂进入（也可以存储录像，后期进行计数）。8 分钟后，实验结束，取出小鼠，用 75% 乙醇擦拭清洁 Y 迷宫宫体，以便清除上一只小鼠的气味，待 Y 迷宫宫体晾干后，开始进行下一只小鼠，直至所有的小鼠完成探索。将实验数据保存在文件夹里。

6. 数据统计　应用交替百分比作为统计数值。交替行为是指小鼠连续进入 3 个不同臂，如 ABC、BCA 等，算一次完整的交替行为。自发交替百分比 = 连续进入 3 个不同臂的次数 /（进臂总次数 −2）×100%。

（二）莫里斯水迷宫实验（以 C57BL/6 小鼠为例）

1. 装置构成　莫里斯水迷宫是英国心理学家 Richard GM.Morris 于 1981 年发明并应用于脑学习记忆机制研究中的一个装置。由于设计合理，目前已广泛应用于行为神经科学领域。较为经典的莫里斯水迷宫实验，由定位航行实验和空间探索实验两部分构成。莫里斯水迷宫水池是由一个直径为 120cm，高度为 60cm 的圆形塑料池组成。

2. 准备　首先清洁莫里斯水迷宫水池，然后水池里盛装水，水温控制在 25±2℃，水深 35cm，水中加入白色食品添加剂，使其变为乳白色。将摄像机固定到水迷宫水池的上方，摄像机连接至电脑。行为学实验室需保持安静。

3. 操作者的分工　实验时，一名实验者操作电脑，一名实验者往水池里放小鼠，另一名实验者待实验结束后从水池里取出小鼠。

4. 定位航行实验操作　将莫里斯水迷宫水池借两条相互垂直的假想线分为 4 个象限，分别为东、西、南、北或 Ⅰ、Ⅱ、Ⅲ、Ⅳ。在任意一个象限的中央（如选取西象限）放置一个直径为 9cm 的圆形平台，水池中的水面没过平台 1cm。实验时，将小鼠头朝池壁依次从 4 个象限的固定位置放入水中，记录小鼠找到平台所用的时间（秒），记为逃避潜伏期。若小鼠在 90 秒内没有找到平台，则引导小鼠到平台并让小鼠在平台上停留 10 秒，逃避潜伏期计为 90 秒。实验结束后将小鼠取出、擦干，进行保暖。整个训练过程持续 5 天，每天每只小鼠训练 4 次。莫里斯水迷宫系统有不同的软件，其具体的操作各异。

5. 空间探索实验操作　第 6 天为空间搜索实验。实验时，撤掉平台，在 4 个象限随机选取某个位置（一般选原平台象限的对侧）将小鼠放入水中，记录每只小鼠 90 秒内在目标象限（原平台所在象限）停留的时间以及穿越平台所在位置的次数。实验结束后将小鼠取出、擦干，进行保暖。每只小鼠只完成 1 次探索实验。

6. 数据统计　软件会自动生成各种图表，其中各种数据保存在 Excel 表里，小鼠的运动轨迹等会生成相应的图。最后应用分析软件对数据进行统计分析。

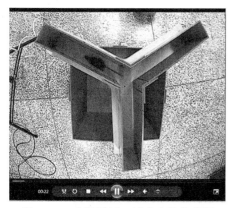

图 8-7-1 小鼠进行 Y 迷宫实验的截图

四、结果判读

1. Y 迷宫装置图（图 8-7-1）。

2. 莫里斯水迷宫水池及小鼠寻找平台的路径图（图 8-7-2）。

3. 莫里斯水迷宫生成的分析图（图 8-7-3）。

4. 莫里斯水迷宫生成的 Excel 表截图（图 8-7-4）。

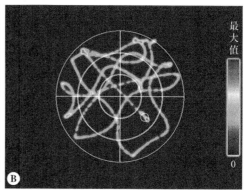

图 8-7-2 莫里斯水迷宫

A. 莫里斯水迷宫水池形态图；B. 莫里斯水迷宫小鼠寻找平台的路径图

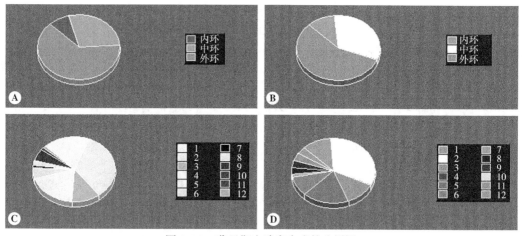

图 8-7-3 莫里斯水迷宫生成的分析图

A. 小鼠在各类区域停留时间分布图；B. 小鼠在各类区域运动距离分布图；C. 小鼠在各类区域停留时间分布图；D. 小鼠在各类区域运动距离分布图

图 8-7-4 莫里斯水迷宫生成的 Excel 表截图

五、注意事项

1. 环境安静，行为学实验室需保持安静，避免外界噪声等干扰，实验操作人员应关闭手机。

2. 实验人员不宜过多，一般 3～4 人，分工合作，提高效率。

3. 莫里斯水迷宫水池里的水温要适宜，一般为 24～26℃，且要定期换水以免水腐败变质。

4. 莫里斯定位航行实验一般持续 5 天，其间不能移动平台。实验过程中不能让动物看见实验者，即动物不能有参照物。

（杨维娜）

第八节 识别记忆

一、新物体识别记忆实验

（一）基本原理及实验目的

通过小鼠对新旧物体探索的次数、时间和距离，即小鼠在新旧物体周围活动的次数、时间和距离，检测小鼠的认知情况。若小鼠认知能力差，则在新旧物体的探索无差异；若小鼠认知能力正常，则对新事物的探索较旧事物长。认知指数（recognition index，RI）计算公式为：RI= 新物体 /（新物体 + 旧物体）×100%。

（二）主要仪器设备、试剂及耗材

1. 仪器设备 正方形盒子、摄像装备（图 8-8-1）等。

2. 耗材 A、B、C 3 种物体等（其中 A、B 物体完全一样，C 物体与 A、B 两物体不相同。一般小鼠需要直径 3cm 左右的物体，大鼠需要直径 5cm 左右的物体）。

图 8-8-1 新物体识别装置

（三）操作步骤

C57/BL6J 小鼠，6～8 周龄，体重 20～25g。

1. 准备阶段 在进行测试前，要和小鼠消除陌生感，每天抚摸小鼠，以免操作时对小鼠产生刺激。

2. 测试阶段

（1）适应期：小鼠在实验装置内（无物体）自由运动 10 分钟。

（2）熟悉期：在装置中放入 2 个相同的物体（A+B，确保物体没有气味，不被推动），物体距离两侧壁 10cm，将小鼠背朝物体从距物体等距离处放入装置中，用摄像头及软件来记录小鼠在每个物体上的探索时间（以嘴或者鼻子接触到物体和凑近物体 2～3cm 范围都算对物体的探索），在 5 分钟内（许多实验已经证实熟悉期 2 分钟，动物已经对新奇事物有很好的偏好，当然熟悉 3 分钟则偏好更加明显）测定动物探索每个物体的次数、时间和距离。

（3）测试期：一般选择第 2 阶段完成后的 1 小时作为检测记忆的时间间隔（更长的时间间隔可用来评价改善记忆的效果）。将两个相同物体中的一个物体替换成一个不同的物体放入装置中（A+C 或 B+C），同样将小鼠背朝物体从距物体等距离处放入装置中 5 分钟。

（四）结果判读

1. 新物体识别（novel object recognition，NOR）主要是通过比较被试动物在熟悉阶段和测试阶段时对熟悉物体和新物体的探索时间来评价动物的识别能力。

2. 第一种方法是计算新旧物体探索时间的差值（D1），用新物体探索时间（TN）减去熟悉物体探索时间（TF），即 D1=TN-TF。

3. 第二种方法是计算鉴别指数（discrimination index，DI），它是新物体探索时间（TN）与熟悉物体探索时间（TF）之差与新物体探索时间（TN）和熟悉物体探索时间（TF）之和的比值，即 DI=（TN-TF）/（TN+TF），比值的范围为 -1～+1。若 DI>0，说明动物的新物体探索时间多于熟悉物体，即动物记住了以前见过的熟悉物体；若 DI<0，则说明动物花费了更多的时间探索熟悉物体；若 DI=0，或则说明动物对于新物体的探索时间与熟悉物体的探索时间相同。同时，本方法也可以用在熟悉阶段两个相同物体的探索时间上，依次来观察动物对于两个物体的探索情况。

（五）注意事项

1. 所有行为学实验都要求周围安静，实验应在隔音、光强度温和、湿度适宜且保持一致的行为实验室内进行。

2. 实验前需要对实验动物每天抚摸 1～2 分钟以减少非特异性应激刺激对实验动物的影响；实验前需要提前至少 3 小时将动物带入实验室，降低动物对新环境的不安情绪。

3. 实验过程应尽量是同一个人在每天的同一个时段来做，若多个人多批动物重复一个实验更有说服力。

4. 进行旷场检测时，需要对实验动物进行筛选，有些实验动物在水平方向或垂直方向的活动情况显著低于同批动物平均水平，则需要将这些动物预先剔除。

5. 每次小鼠的放置位置应尽量统一，背朝物体，且距两物体距离相等。做下一只小鼠之前必须用乙醇除去气味，清洗实验设备，用卫生纸擦干净，保证不要留下排泄物和味道。

6. 物体尽量为圆形较好，正方形或者长方形有 4 个角，动物可能会产生偏好。

7. NOR 实验对动物各方面影响较小，而其他行为学实验（如强迫游泳、水迷宫、悬尾实验）对小动物影响较大，因此同一批动物进行不同行为学测试时，应先进行 NOR 实验。

二、三箱社交记忆实验

（一）基本原理及实验目的

基于小鼠天生喜群居、对新物件具有探索倾向的特性；而用于衡量、检测社交行为和社交互动偏好行为。

（二）主要仪器设备

3 个矩形箱子组成，每个箱子规格为 19cm×45cm，每个箱子之间的分隔板为透明的树脂玻璃，中间有通道使三箱相通，在左侧和右侧箱子的中央各放一个规格一致的金属笼子，大小要足够容纳一只小鼠；摄像装备；电子天平等。

（三）操作步骤

C57/BL6J 小鼠，6～8 周龄，体重 20～25g。

1. 适应阶段 首先在两侧箱体的中心对称区域分别放置一个空网笼（7cm×7cm×14cm），然后将实验鼠置于中间箱体，允许小鼠在三室间自由探索 10 分钟（排除环境和空网笼对实验小鼠的影响），实验结束后取出实验鼠放回原饲养笼 2 分钟。

2. 社交能力测试阶段 随机选择两侧室中的一个空网笼，将一只陌生的同龄小鼠（Stranger 1，S1）置于其中后放回该侧室原位，另一侧室仍放空网笼（Empty，E）。再次将实验鼠置于中间室，去掉隔开箱体的玻璃树脂板，允许其在三室间自由探索 10 分钟，结束后放回原饲养笼 2 分钟。记录测试小鼠分别与 Stranger 1 和空网笼接触的时间、小鼠在三箱中自由活动的运动距离。网笼周围 5cm 定义为接触范围。计算社交能力指数：Index=S1/（S1+E）×100。

3. 第三阶段　社交偏好测试阶段：在空网笼中放入第 2 只陌生同种小鼠（Stranger 2，S2），再次将实验鼠置于中间室，去掉隔开箱体的玻璃树脂板，允许其在三室间自由探索 10 分钟，记录实验鼠分别与 Stranger 1 和 Stranger 2 接触的时间、小鼠在三箱中自由活动的运动距离。网笼周围 5cm 定义为接触范围。计算社交偏好指数：Index=S2/（S1+S2）×100。在每只小鼠测试完成之后使用 75% 的乙醇擦拭箱体内部及网笼，去除残留气味，排除气味对实验鼠行为的影响。

（四）结果判读

以实验小鼠和对照鼠之间的行为差异来展示部分数据分析。正常小鼠会表现出社交行为，因此在第一阶段的实验中，正常小鼠与 Stranger 1 交流的时间和次数明显多于空网笼。同时，小鼠还具有记忆力和"喜新厌旧"的特性，因此在第二阶段中，小鼠会更喜欢与之前陌生的 Stranger 2 交流，而不是已经沟通过 10 分钟的 Stranger 1 小鼠。

（五）注意事项

1. 每次实验动物从箱体内取出，建议用乙醇除味。
2. 中间箱体的小门需要从外侧打开，这样不容易引起老鼠的攻击和紧张。
3. 小鼠实验箱颜色要注意，不能分散动物的注意力。

（张玉向）

第九节　恐惧记忆

一、基本原理及实验目的

动物对恐惧的反应分为非条件性恐惧和条件性恐惧，条件性恐惧的记忆可分为形成、消退和提取等环节，这些环节由杏仁核、海马等多个脑区及神经回路参与调控。通过动物恐惧记忆（fear memory）范式的构建、关键脑区的筛选及脑区电生理、钙信号的记录，以及光遗传学调控等手段，可对恐惧记忆的各个环节进行深入研究。

二、主要仪器设备、试剂及耗材

1. 仪器设备　条件性恐惧箱为 30cm×24cm×21cm，底部具备足部电刺激的铜网，箱内安装可发出 4.5kHz、60dB 声音作为条件性刺激的扬声器（图 8-9-1）。箱内安装摄像机系统，用于记录实验动物的活动轨迹和行为学改变。箱的外部配备一个隔音箱以及与箱体内部铜网相联的电击发生器（可产生各种电流强度的电击），并搁置在一个独立的房间。

2. 试剂　生理盐水、乙醇、乙酸等。

3. 耗材　喷壶、纸巾等。

三、操作步骤

SD 雄性大鼠，7～9 周龄，体重 250～300g，饲养

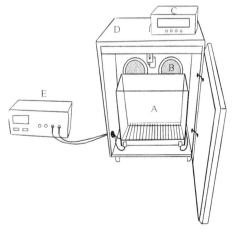

图 8-9-1　条件性恐惧箱示意图

A. 操作箱；B. 扬声器；C. 摄像机系统；D. 隔音箱；

E. 电击发生器

环境饲料饮水充足，明／暗周期为 12 小时 /12 小时，温度为（22±2）℃，湿度为 60%。实验前用棉花或线手套轻柔地将实验动物放入条件性恐惧箱中，每天 5 分钟，连续适应 7 天。

（一）条件性恐惧的建立（第一天）

1. 调试仪器，记录电流强度和声音强度（dB）。

2. 将动物置入条件性恐惧箱中，经过 2 分钟左右的适应，记录动物僵立次数，作为基线。

3. 给予动物声音信号（2kHz，80dB，10 秒），重复 4 次，每次间隔 2 分钟。

4. 给予动物声音信号的同时伴随不可逃避的足底电击（1mA，2 秒），配对连续进行 6 次。

5. 2 分钟后，取出箱中的实验动物，安返笼位。

条件性恐惧建立成功的表现：出现僵立行为，表现为接收声音信号后除呼吸运动外，躯体运动全部停止的状态。

（二）恐惧记忆的检测（第二天）

1. 恐惧记忆消退测试　24 小时后将已建立条件性恐惧的动物重新置入条件性恐惧箱中，适应 1 分钟后，给予电击配对的声音信号，不伴随足底电击，将此声音信号连续给予 16 次，每次间隔 1 分钟，最后一次声音刺激后 1 分钟将实验动物安返笼位。

2. 恐惧记忆的唤起测试　在需要测试的时间将动物置入箱内 1 分钟后，只给予建立恐惧记忆时的声音信号，连续 6 次，每次间隔 1 分钟。

（三）数据收集

以上实验过程中，收集条件性恐惧建立、消退，以及保持测试中实验动物的行为学录像，观察表现及排便情况，统计僵立时间并计算百分比。实验过程中保持安静，每次实验结束即清洁实验箱中的排泄物，并用 3% 乙酸消毒。实验后可收集样本进一步研究。

四、结 果 判 读

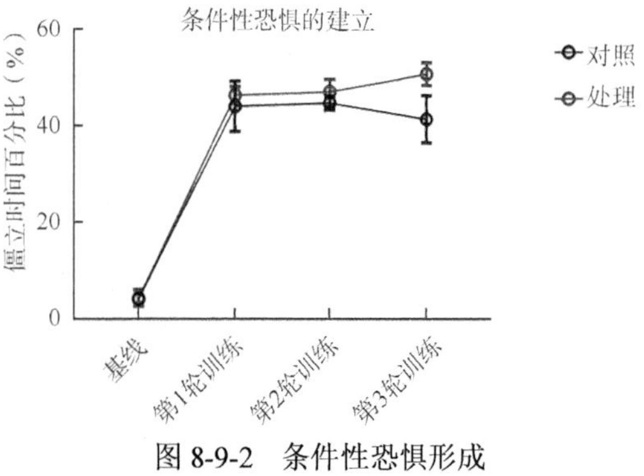

图 8-9-2　条件性恐惧形成

（一）条件性恐惧的建立

在条件性恐惧建立过程中，只给声音信号时记录动物僵立的时间百分比，再记录连续 3 次声音与电击配对情况下的僵立时间百分比，结果显示稳定提升（约 40%），提示条件性恐惧建立成功（图 8-9-2）。

（二）恐惧记忆的检测

在条件性恐惧建立后 24 小时，仅给声音信号，动物仍然出现高水平的僵立情况，说明恐惧记忆建立成功，此时不同处理可能会使条件性恐惧的消退程度有所差异（图 8-9-3）。

（三）恐惧记忆的唤起

为检测恐惧记忆的稳定性和强度，在条件性恐惧记忆建立后，多次使用单纯的声音信号唤起恐惧记忆，僵立时间百分比可部分代表恐惧记忆被唤起的程度，其受不同处理所影响（图 8-9-4）。

五、注 意 事 项

1. 必须保持足部铜网的清洁与干燥，动物的排泄物会影响电刺激强度。

2. 实验分两天进行，训练和测试应在每天的同一时间进行。

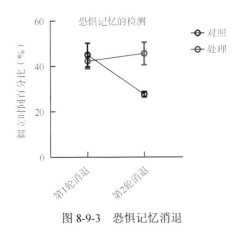

图 8-9-3　恐惧记忆消退

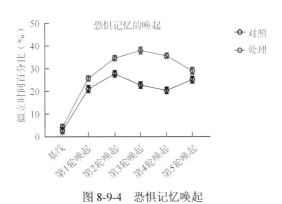

图 8-9-4　恐惧记忆唤起

（屠　洁）

第十节　注意力行为

一、基本原理及实验目的

大小鼠五选择串联反应时间任务（5-choice serial reaction time task，5-CSRTT）要求受试鼠在5个反应窗口中保持并分散注意力，并期待在5个位置中的一个能随机呈现一个简短的刺激。受试鼠经过训练（禁水或禁食后正确判断给水/食，错误判断或遗漏不给水/食）后，进一步判断简短刺激的窗口并用鼻子触碰即为正确反应，这种自主活动、需要注意力的任务可以评估啮齿动物的注意力，进而通过计算动物在任务中的准确率和遗漏率等指标来评估其注意力水平。这里以小鼠为例介绍。

二、主要仪器设备、试剂及耗材

1. 仪器设备　5/9孔测试箱（图 8-10-1），箱体为25cm×25cm×25cm，左、右两个侧面由铝板组成，其中一面箱体为弧形，弧形面上设有9个孔，孔中安装有红外式鼻触（nosepoke）检测器以及LED灯，孔直径约2.5cm，孔深约4cm，位于网格地板上方2cm处。对面箱体配有一个食物槽（5cm×5cm），通过半透明塑料管连接到食物分配器，用于食物奖励（固体或者液体），弧形面上每个孔距食物托盘的距离均为25cm。其余两个侧面由透明的聚碳酸酯或金属板制成，动物可从打开的透明聚碳酸酯面进入箱体。9孔装置可通过关闭2、4、6、8号孔，保留1、3、5、7、9号孔，转换为5孔装置。这里以5孔装置为例介绍，测试箱顶部安装摄像记录装置，外面配备隔音箱和通风风扇。红外式鼻触检测器可以感应动物的反应，隔音箱用于屏蔽外界环境对小鼠行为的干扰，摄像装置用于监测并记录小鼠的行为。

2. 试剂　75%乙醇、清洁饮水（或实验室啮齿类动物饲料、10%炼乳、蔗糖溶液）等。

3. 耗材　纸巾等。

三、操作步骤

（一）动物饲养

3～6月龄小鼠（25～35g）。将年龄和体重相似的同性小鼠群养（3～5只/笼），确保小鼠自由获取饲料和水，饲养环境温度维持在20～24℃，湿度维持在55%～70%，光照时间为每天

8 ～ 20 时（明 / 暗周期为 12 小时 /12 小时），并在光照阶段进行测试。在测试前，实验动物应饲养 1 周以上，以充分适应新环境。

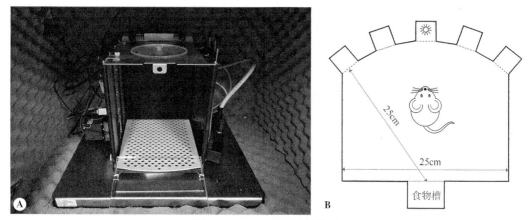

图 8-10-1　5/9 孔测试箱装置

A. 5/9 孔测试箱实物图；B. 5/9 孔测试箱模式图

（二）测试前动物准备

1. 标记和区分小鼠　包括给小鼠尾巴涂颜色、剪足趾或打耳标等方式。

2. 控制饮食　逐渐限制小鼠的每日食物（或饮水）量，限制在每 100g 体重 5g 食物（或每天 2 小时饮水）。

3. 称重　从限制食物（或饮水）的第 1 天开始，每天给每只小鼠称体重，直到它们达到自由喂食体重的 85% ～ 90%。之后定期（每周 2 次）给小鼠称重，监测它们的生长情况。

4. 抚摸动物　从限制食物（或饮水）的第 1 天开始，每天轻轻抚摸小鼠 2 ～ 3 分钟，逐渐使小鼠适应实验者至少 3 天。

5. 食物口味适应　每天处理后，在笼子里放一些奖励丸，让小鼠以适应它们的口味，避免低钠血症。

6. 测试箱适应　在食物托盘里放 10 个奖励丸，同时在测试箱的孔中各放 2 个奖励丸。将小鼠放入测试箱，开始测试箱适应（15 ～ 20 分钟），其中 5 个孔的刺激 LED 灯、室内灯和食物托盘灯在整个适应过程中保持常亮。重复此步骤，直到小鼠吃掉所提供的所有奖励丸。

（三）动物训练期

1. 一旦小鼠适应了测试箱和奖励丸，开始 5-CSRTT 训练。在训练阶段，孔中和食物托盘中不得放置奖励丸。设置软件，训练期一般包括 100 次测试，持续 30 分钟。在每次测试中，只有一个孔被照亮，并由计算机软件根据伪随机时间表实现该序列，这样在 100 次实验中，每个孔都被点亮 20 次（图 8-10-2 和表 8-10-1）。

2. 一旦动物达到至少 30 个正确测试的标准，则逐渐减少刺激持续时间，并增加实验间隔（inter-trial interval，ITI），直到达到目标。

3. 按照训练表所述训练动物并达到目标，通常需要 25 个回合，其间精确度逐渐提高。为了达到稳定的表现，再对动物进行 6 ～ 10 次的训练，直到单只小鼠在 2 秒刺激时间内连续几天表现出可靠、稳定的行为（准确率不低于 80%，遗漏率不高于 20%）。未能达到标准的动物被排除继续使用。

4. 一旦训练数据达标且表现稳定，则使用最后 4 天的训练数据作为标准，对动物进行分组以进行正式实验。

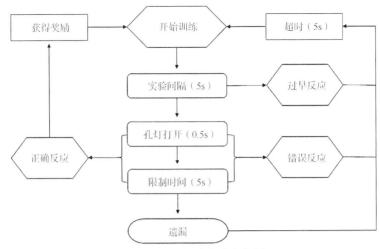

图 8-10-2　测试方法流程图

表 8-10-1　测试方法训练表　　　　　　　　　　单位：秒

训练阶段	刺激时间	实验间隔	限制时间	达标条件
1	30	2	30	≥30 正确次数
2	20	2	20	≥30 正确次数
3	10	5	10	≥50 正确次数
4	5	5	5	≥50 正确次数 >80% 准确率
5	2.5	5	5	≥50 正确次数 >80% 准确率 <20% 遗漏率
6	1.25	5	5	≥50 正确次数 80% 准确率 <20% 遗漏率
7	1	5	5	≥50 正确次数 >80% 准确率 <20% 遗漏率
8	0.9	5	5	≥50 正确次数 >80% 准确率 <20% 遗漏率
9	0.8	5	5	≥50 正确次数 >80% 准确率 <20% 遗漏率
10	0.7	5	5	≥50 正确次数 >80% 准确率 <20% 遗漏率
11	0.6	5	5	≥50 正确次数 >80% 准确率 <20% 遗漏率
12	0.5	5	5	≥50 正确次数 >80% 准确率 <20% 遗漏率

（四）测试

1. 根据实验的目的，可以在训练后的阶段中实施以下对基本任务的不同操作，以改变任务需求（基本任务的标准设置由训练表中的"目标参数"表示）。

2. 缩短刺激时间，将刺激时间设置为短于标准刺激时间（如 0.25 秒或 0.125 秒），并对小鼠进行一次测试。或者随机测试不同的刺激时间（如 0 秒、0.01 秒、0.1 秒、0.2 秒、0.5 秒）。

3. 缩短或延长 ITI，在单个实验中，设置一个"短" ITI 的范围（如 4 个不同的值，如 0.5 秒、1.5 秒、3.0 秒和 4.5 秒），或设置"长" ITI 范围（如 4.5 秒、6.0 秒、7.5 秒、9.0 秒），确保为每个孔随机呈现相同数量实验的所有 ITI 范围。

4. 改变视觉刺激的亮度，为了检查两个实验组之间视觉感觉功能的差异，将视觉刺激的强度设置为不同的强度水平。这种操作通常是通过增加控制刺激灯的电路电阻来实现。在一个实验中呈现出每个不同的亮度并保持所有其他参数为标准值。

5. 改变噪声，评估动物对相关刺激集中注意过程的能力，在标准实验开始后不同时间（如 ITI 0.5 秒、2.5 秒、4.5 秒、5 秒）插入短暂的白噪声（0.5 秒，4100dB）。对每个空间位置以相同的次数和随机的顺序呈现白噪声的不同水平。

（五）数据分析

通过计算机记录软件在 5-CSRTT 任务中记录了每个受试鼠的以下主要行为变量：一次实验中正确、不正确和遗漏的实验次数；过早反应次数，即每个阶段视觉刺激开始前做出反应的次数；探洞潜伏期，即视觉刺激开始后对一个孔做出反应的潜伏期（包括正确和不正确的反应）；获得水/食物潜伏期，即在正确反应后在水/食槽收集奖励的潜伏期；探洞次数，即在与目标刺激相同或不同的孔中重复鼻触的次数；获得水/食物后，水/食槽重复进入次数。相应地可以计算出：准确率 = 正确反应次数 /（正确反应次数 + 错误反应次数）×100%；遗漏率 = 遗漏次数 /（正确反应次数 + 错误反应次数 + 遗漏次数）×100%。

四、结果判读

该实验利用 5-CSRTT 来评估 *NDRG2* 基因缺陷小鼠是否表现出 ADHD 样症状（图 8-10-3A）。作者发现，与野生型小鼠（WT）同窝的小鼠相比，Ndrg2$^{-/-}$ 小鼠表现出更少的正确反应（图 8-10-3B）和更多的过早反应（图 8-10-3C），表明 Ndrg2$^{-/-}$ 小鼠存在注意力缺陷和冲动。

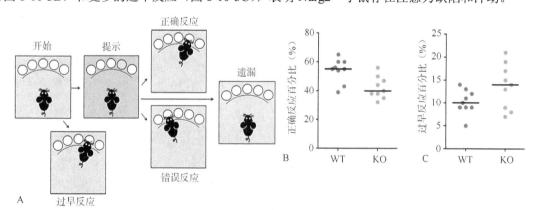

图 8-10-3　五孔注意力测试结果

A. 五孔注意力测试时小鼠不同反应；B. 五孔注意力测试的正确反应百分比；C. 五孔注意力测试的过早反应百分比。WT: 野生型小鼠；
KO: 基因缺陷小鼠

五、注意事项

1. 每次训练或测试后，尽量保证每天在相同时间给动物喂食（或补水）。

2. 确保动物体重不会低于正常生长曲线的 85%。

3. 确保动物保持饥饿（或口渴）状态，有欲望获取足够的食物（或饮水）。

4. 尽量避免同一只动物不同操作箱内实验。

5. 每只小鼠训练后用 75% 乙醇清洁测试箱，注意孔洞内清洁，以防上只小鼠气味遗留产生影响。

6. 每次训练前检查奖励装置正常，每次正确反应即给予一个奖励丸或一滴水。

7. 注意定期检查并更换食物（或水）分配器中食物（或水），确保干净卫生。

（李 燕 崔东琪）

第十一节　ANY-maze 行为检测和分析系统

一、ANY-maze 行为检测和分析系统简介

ANY-maze 动物行为检测和分析系统可对实时图像和记录视频中的动物活动进行分析，同时得到实时变化的动物运动轨迹和动物活动形态（饮食、睡眠、移动、追逐、社交等）资料，可用于莫里斯水迷宫、T 迷宫、Y 迷宫、高架十字迷宫、巴恩斯（Barnes）迷宫等各类迷宫实验。ANY-maze 支持单个摄像头获取多个迷宫分析，也支持同时追踪 15 个不同摄像头，可自定义记录特殊行为事件（如理毛、洗脸、站立）及相关规则，支持"三点识别"（头部、重心、尾部）及实验动物运行轨迹预测等算法，还可外接光、电刺激器，钙成像等设备进行扩展。ANY-maze 适用于大鼠、小鼠、果蝇、兔子、鱼类、灵长类等在内的小型动物，是一款动物行为学领域功能强大、适用面较广的系统。

本节以高架十字迷宫实验为例，介绍 ANY-maze 行为分析系统的主界面构成、实验信息设置、迷宫区域划分、追踪参数设置、输出结果分析及统计等步骤。

二、主要仪器设备

ANY-maze 行为检测和分析软件、笔记本电脑或台式电脑、USB 网络摄像头、摄像头支架、漫反射照明光源、（可选）有源 USB 延长线、（可选）模拟信号摄像机、（可选）模拟信号数字转换器等。

三、操作步骤（以高架十字迷宫实验为例）

（一）软件主界面

登录 ANY-maze 软件后，主界面见图 8-11-1。ANY-maze 的主界面风格与 Microsoft Word 软件十分相似，在画面左侧可快速打开近期使用过的文件，或者浏览计算机上特定位置的文件。左上角除了 FILE 标签页外，依次为：PROTOCOL、EXPERIMENT、TESTS、RESULTS、DATA 标签页，这 5 个标签页共同构成了一个完整的实验流程。此外，主界面右上角还有 I/O（输入/输出）、VIDEO、OPTIONS、SUPPORT、HELP 标签页。

（二）PROTOCOL 设置

PROTOCOL 标签页是 ANY-maze 软件的核心部分，它决定了实验的主要内容。PROTOCOL

页面主要包括以下几个功能模块：Apparatus（用于定义视频源、行为学箱体或迷宫）、Tracking（动物追踪选项）、Behaviour（动物行为的定义及参数设置）、Testing（与实验运行环节相关的软件行为设置）、Additional information（实验分组、动物编号等信息）、Analysis（结果参数与分析设置）、Reports（结果报告的格式与内容设置）。

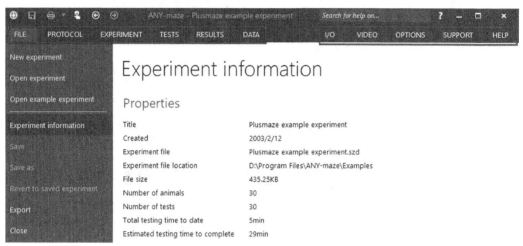

图 8-11-1　ANY-maze 主界面及主要功能标签

1. Protocol　可将新 Protocol 进行命名。在此界面下的 Protocol mode 一般选择"Video tracking mode"，下方还可分别给该 Protocol 定义图标并做详细备注。

2. Video sources　ANY-maze 可以追踪来自摄像头的实时画面，也可分析已保存的实验视频。此处，在 Video sources 标题下选择上方菜单栏"+Add item"或右键点击"New video source""Integrated camera"可选择合适的视频源。也可以选择"Video file"对已经录制完成的实验视频作为 Video sources 进行分析。

3. Apparatus　用于绘制实验动物在迷宫中的活动范围，通过右键点击添加"New apparatus"，并使用上方菜单栏内的工具绘制活动范围，此后软件将只对绘制好的 Apparatus 范围内的图像进行分析。绘制的区域可在 Tests 环节进行旋转缩放，以应对箱体突发的位置变动。在高架十字迷宫设置中，可利用图 8-11-2A 的绘制工具依照十字迷宫轮廓进行绘制，同时可打开网格工具和磁力点功能以方便对齐。在图 8-11-2B 中可对视频源进行选择，图 8-11-2C 中可设置该 Apparatus 的启动 / 关闭热键。在图 8-11-2D 中可根据设备实际尺寸设置标尺（图中以绿色线条绘制标尺）。

4. Tracking 设置

（1）Animal color：主要用于设置动物的颜色与背景相比的深浅以及视频追踪的灵敏度。视频中采用白色小鼠与黑色迷宫，则应选择"The animals are lighter than the apparatus background"，下方的灵敏度一般设置为"Standard sensitivity（default）"。

（2）Tracking the animal's head and tail：选择是否需要软件追踪并区分动物的头部和尾部。需要注意的是，动物颜色与迷宫背景颜色的对比差异越大，该功能的追踪结果越准确。

（3）Tracking options：选择在视频开始时，动物是否已经预先放入迷宫内。

5. Behavior 设置

（1）Zones：Zone（区块）用于把一个迷宫中的动物活动区域划分成不同的区块来分别进行独立分析。通过右键点击添加"New zone"。十字迷宫通常包括开臂（open arms）、闭臂（closed arms）和中心区（center），因此，新建 3 个 Zone 并分别命名，并点击选区 Apparatus 的相应位置来分别定义开臂、闭臂、中心区（图 8-11-3A）。其他 Zone 选项可按图 8-11-3B 设置。

值得注意的是，每个 Zone 下都有一个 Zone entry settings 选项页，其中可准确地定义每个

Zone 判断一次 entry 的具体条件。例如，可以指定：只有当 **80%** 的动物身体面积进入此 Zone 后才可判定为一次 entry——该设置在十字迷宫中有巨大的优势，可以有效消除动物反复跨越某个 Zone 边界时可能出现的虚假输入（图 8-11-4）。

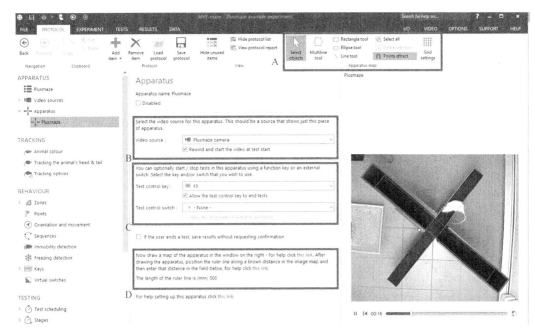

图 8-11-2　Apparatus 主要设置参数

A. Apparatus 绘制工具；B. 选择当前所绘制的视频来源；C. 设置 Apparatus 的启动热键；D. 标尺设置，可自由进行拖动和旋转缩放

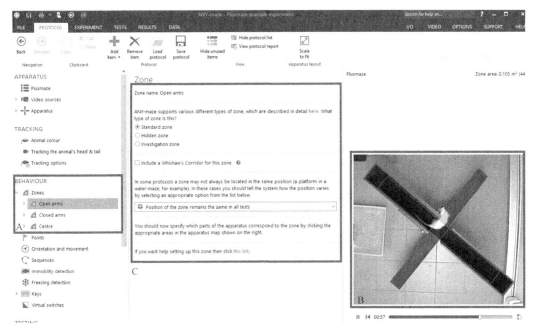

图 8-11-3　Behavior 的设置界面

A. Zones 设置栏；B. 选择当前视频中 Zone 所在的相应区块来建立与实际画面的连接；C. Zone 的选项页面

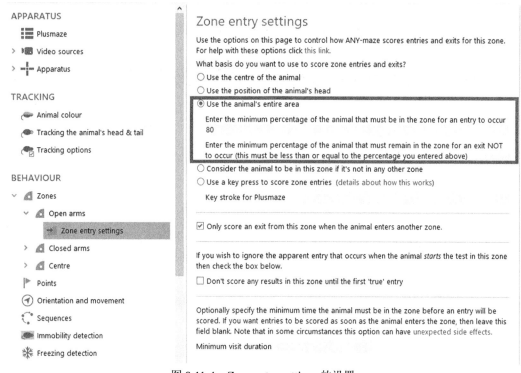

图 8-11-4　Zone entry settings 的设置

（2）Points、Sequences 和 Keys：Points 用于在视频中增加一个定位点，可以用来探究动物去向某一点的偏好等，这在社会交互、物体识别等实验中非常有用；Sequences 用于设定一个路径循环，如在水迷宫中设置动物绕迷宫边缘一圈为一个循环，系统能自动识别设定的循环并准确计数；Keys 用于记录 ANY-maze 无法直接通过视频追踪的行为，如进食、理毛、排泄等，实验人员需要在观察到动物发生相应行为时，按下所设置的对应按键即可进行计数统计。在十字迷宫中通常不需要对以上功能进行设置。

（3）Orientation and movement，Immobility detection 和 Freezing detection：ANY-maze 还可单独分析动物的运动朝向、不动状态、战栗行为等指标（注意 Immobility 和 Freezing 的判断和定义有所不同）。在十字迷宫中通常不需要对以上功能进行设置。

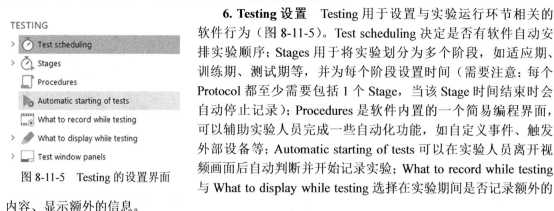

图 8-11-5　Testing 的设置界面

6. Testing 设置　Testing 用于设置与实验运行环节相关的软件行为（图 8-11-5）。Test scheduling 决定是否有软件自动安排实验顺序；Stages 用于将实验划分为多个阶段，如适应期、训练期、测试期等，并为每个阶段设置时间（需要注意：每个 Protocol 都至少需要包括 1 个 Stage，当该 Stage 时间结束时会自动停止记录）；Procedures 是软件内置的一个简易编程界面，可以辅助实验人员完成一些自动化功能，如自定义事件、触发外部设备等；Automatic starting of tests 可以在实验人员离开视频画面后自动判断并开始记录实验；What to record while testing 与 What to display while testing 选择在实验期间是否记录额外的内容、显示额外的信息。

7. Additional Information 设置　Additional Information 用于设置与实验分组、动物相关的额外信息，通常根据具体实验情况进行选择和标注。

8. Analysis 设置

（1）Calculation：在本项目中可以自定义计算选项，软件会根据设定的方法计算追踪得到的数据结果。如要计算"开臂时间百分比"，即可按图8-11-6中进行设置。

（2）Analysis across time：可将实验按照时间段划分并分别进行数据统计。

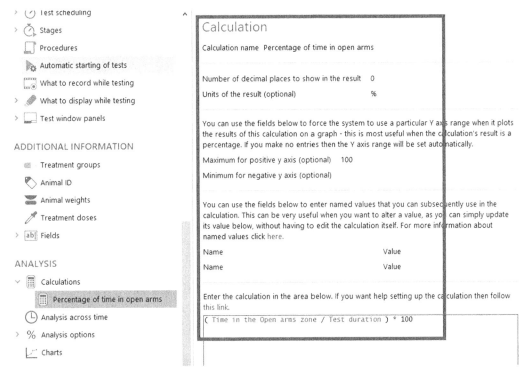

图 8-11-6　Calculation 的设置界面

（三）EXPERIMENT 设置

在 EXPERIMENT 标签页中可对实验动物进行分组、标注等管理。通过点击 View treatment 或 View animals，可以在实验组、实验动物之间进行切换。在实验动物界面中，可以添加或者删除动物，设置动物状态并为其分配入组。软件为了便于实验人员进行随机盲选（random and blind）实验，软件默认隐藏动物分组信息，该信息可通过"Reveal treatment coding"按钮来显示。

（四）TESTS 设置

TESTS 标签页是对实验进行具体操作的界面（图8-11-7）。界面左侧显示当前实验进度，包括每一只实验动物的组别与实验状态（该动物是否已经完成测试）。视频画面上方的按键分别负责控制：测试的开始、暂停与结束；重做本次测试；临时调整设备位置（当设备位置出现了意外移动时）和画面区域；录制实验视频片段。右上方的功能区允许实验人员对显示界面进行设置以实时方便观察软件的追踪情况。

四、结果判读

在实验全部结束后，可以在"RESULTS"标签页中处理全部实验数据，得到实验报告。通过上方的功能按钮，可以在报告内容、图标、统计分析、轨迹图、热图等结果中进行设置和查看（图8-11-8）。

Text 部分的结果以文字形式体现，在"Results to include"选项框中可选择进行报告的具体指标，其中包括了每一只实验动物、每一个 Apparatus、每一个 Zone 等的全部数据。点击任一项会有更多选项可供勾选。Data grouping 部分用于定义数据的分组依据，最多可以设置 3 个分组依据。Report format 部分用于选择报告的模式。Filter tests 部分用于过滤某些不应计入实验的结果。

图 8-11-7 TESTS 操作界面

A. 实验进度信息；B. 测试控制按钮；C. 界面显示设置栏

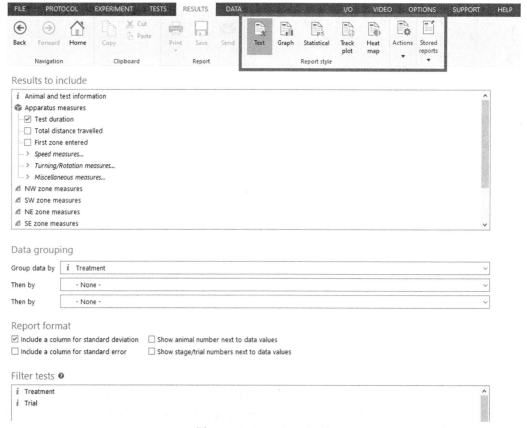

图 8-11-8 RESULTS 界面

Graph 部分可以根据实验数据绘图图表来更直观地展现数据。Statistical 部分用于对数据进行统计分析。Track plot 和 Heat map 部分可以绘制动物的运动轨迹图或是热图。

RESULTS 界面全部设置完成后，点击上方按钮栏的"View thereport"按钮来查看全部数据报告。数据报告中详细列出了本次实验各组动物每项行为指标的文字及图片结果、统计值、运动轨迹图和热图。

DATA 标签页以表格的形式呈现所有数据，实验人员也可以在此对数据进行排序、分类、保存与导出。在实验结束后，务必保存好本次 Protocol，以便于下次实验的直接调用或者修改。

五、注意事项

1. 使用 ANY-maze 分析录制视频时应当注意，受限于电脑操作系统，ANY-maze 软件只支持部分的标准视频格式。可通过给操作系统安装额外视频编译码器使 ANY-maze 支持追踪更多格式的视频。

2. ANY-maze 对不同行为箱体 / 迷宫的判断是建立在划分不同 Apparatus 之上的。如果在同一画面内存在多个行为箱体 / 迷宫，则可为每个箱体 / 迷宫绘制单独的 Apparatus，每个画面最多可支持 16 个 Apparatus。

3. 设置画面标尺的步骤非常重要。标尺的长度务必与迷宫的实际尺寸严格一致，否则将会影响 ANY-maze 输出结果的准确性。

4. ANY-maze 对动物的追踪是依据动物与迷宫背景的对比度来计算并判断的。行为实验中，动物的颜色与迷宫背景颜色的对比差异越大，软件的追踪结果越准确。此外，还需注意尽量使用漫反射光源和漫反射材质的迷宫箱体，这样可避免反射光对追踪结果的干扰。

（王云鹏　朱永生）

第十二节　Smart 行为检测和分析系统

一、Smart 行为检测和分析系统简介

Smart 动物行为检测和分析系统具备轨迹跟踪、活动量分析、事件记录、社交活动等功能，同时 Smart 的数据分析功能可以在线呈现完整的数据表格和曲线化的坐标图，方便对多次实验数据的统计结果进行直观比较。

Smart 软件的应用范围广泛，可用于活动量及探索行为（自主活动、新物体识别、旋转、伸展、站立、攀爬等行为）、焦虑样行为（旷场、高架十字迷宫、O 形迷宫、黑白箱、洞板）、抑郁样行为（悬尾实验、强迫游泳）、学习与记忆（水迷宫、八臂迷宫、T 迷宫、Y 迷宫、巴恩斯迷宫、条件性恐惧、物体识别测试）、成瘾和奖赏行为（条件位置偏爱、气味偏好）、社会交互行为（Resident 测试），以及斑马鱼研究（Larvae 多孔板测试）等。

Smart 软件可以实时录制和回放影像，也可处理已经录制的任何数字视频格式（如 AVI、DIVX、MPEG 等）、模拟视频（如 PAL、NTSC），以及 DVD、HD 刻录机的影像等，同时可为场景中的不同区域设置不同的明暗和对比度，特别适用于光照条件不平均的实验场合（如高架十字迷宫的开放臂和闭合臂）。软件可以记录、分析动物的运动轨迹、速度、运动距离、时间、在某一区域内的停留时间及其占总时间的比例、到达某一区域所需时间等，并提供至少 4 种行为监测启动和终止方式（包括远程遥控），独特的 2D 和 3D 活动分布图可直观地体现动物活动的区域分布。软件采用 Frame-to-Frame 技术来独立地计算活动量的累积和分布，非常适合用于活动量和 Immobility 评价的行为学实验（开放场、强迫游泳、悬尾实验和条件性恐惧实验）。Smart 软件具有 9 个事件标记器，可记录动物行为活动过程中的特定行为以及某特定时间给予动物的特定刺激。在数据处理时，Smart 软件可人工修正轨迹误差，自动消除动物摆尾的影响。

Smart 软件系统目前已经被广泛应用于神经与精神研究领域。本节以旷场实验为例，介绍 Smart 行为分析系统的主界面构成、实验信息设置、追踪参数设置、实验数据分析与导出等步骤。

二、主要仪器设备

Smart 行为检测和分析软件安装主要包括加密狗、软件光盘、USB 延长线、遥控开关等，需要配置的主要仪器设备包括笔记本电脑或台式电脑、USB 网络摄像头、摄像头支架、漫反射照明光源、视频转换器等。

三、操作步骤（以旷场实验为例）

（一）软件主界面

点击桌面 Smart 软件图标进入软件，主界面见图 8-12-1。在这个页面可以点击 New 开启新的实验，也可以点击 Continue 载入历史实验，点击 Analyze 分析已完成的实验。直接点击图 8-12-1 中的按钮可以选择相应实验模型，使得实验操作更加快捷方便，也可以选择自定义模式，实验过程中自己绘制图形。点击页面左上角的蓝色 Smart 图标可以对实验进行保存，也可以直接打开历史实验。Smart 主界面的菜单栏从左至右依次是 Experimentation Assistant、Configuration、View 和 Help 选项（图 8-12-2）。可在软件开启前新建一个文件夹，开启 Configuration 设置界面，点击 Path Setting 可选择之前新建的文件夹位置，自定义数据文件保存路径（建议全部路径保存在同一个文件夹内，方便后续寻找）；点击 Teleswitch Setting 可选择遥控开关；点击 Event Setting 可编辑定义数字键代表的动物特殊行为，如直立、旋转等行为事件，当手动按压一次相应数值按键就手动记录一次该事件的行为次数。在 View 界面可以完善实验信息，还可以查询动物运动，如直立、旋转等特殊行为事件的次数，当按压一次相应数字按键时软件就手动记录一次该动物的动作行为，选择 Config 还可以再编辑重新定义事件。在 Help 界面，可查看软件相关信息、协议、用户说明书等。

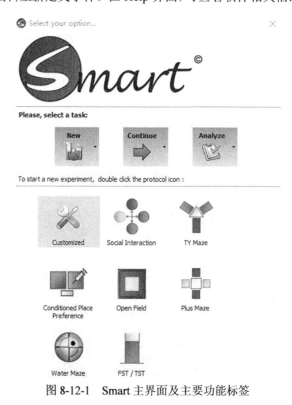

图 8-12-1　Smart 主界面及主要功能标签

（二）Experimentation Assistant 界面

Experimentation Assistant 界面是实验过程中主要用到的界面，包括 Image Source、Calibration、Arenas、Zones Definition、Detection Settings、Time Settings、Subjects、Scheduler、Data Acquisition 及 Analysis 几个部分（图 8-12-2），下面逐一介绍各选项功能与设置方法。

图 8-12-2　Experimentation Assistant 界面的菜单栏

1. 摄像区域设定（Image Source）　本步骤就是实验软件操作过程开始的第一步，目的是开启摄像头完成实验视频录制或者导入已经录制好的视频来分析（导入已经录制好的视频格式最好与软件内置视频文件格式一致），具体操作见图 8-12-3。在软件中打开 smart 摄像头（Image source）后，选择已安装的摄像头设备，回到摄像头硬件处，调整摄像头位置使得旷场等硬件位于软件视频区域中心位置且尽量在软件视频区域摆正。

图 8-12-3　摄像装置的设定

2. 摄像区域图像比例校准（Calibration）　摄像区域图像需要进行比例校准，应尽可能选择单个行为学硬件，用图形直线选定硬件边缘，并输入实际测量的边长或直径等硬件尺寸，具体操作见图 8-12-4。

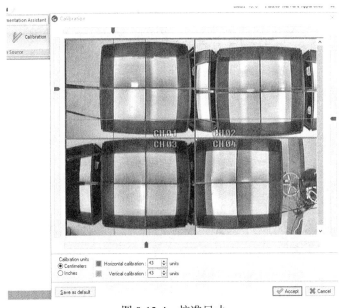

图 8-12-4　校准尺寸

3. 场景区域绘制与设定（Arenas）　本步骤是实验软件操作的第 3 步，目的是根据硬件设施数量绘制和设定实验区域，如 16 个旷场同时做实验记录则需要设定 16 个区域。图形中的 Arenas 可以理解为行为学硬件放置的区域，即软件采集和分析的区域。图 8-12-5 中，绿色加号为单个添加，蓝色双重加号为多组添加，红色横线为删除符号。用户可根据实验实际需要绘制并设定场景区域的数量和范围。

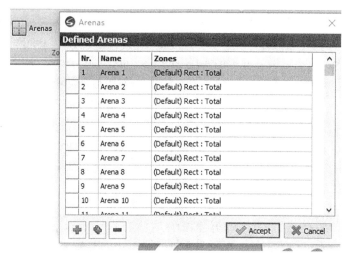

图 8-12-5　添加区域数量

如图 8-12-6、图 8-12-7 所示，当有多个场景区域时（可以一个摄像机视野下采集记录多个场景），可选择田字格图标或五角星自定义图标，单击后在视频区域绘制场景图形。图形绘制完成后，可以选择箭头图标选中图形框，进而移动和改变边框区域大小。若绘制错误，可以选择箭头图标选中图形框，点击减号按钮删除图形框。每画完一个场景后可切换到下一个场景继续绘制，即由Arena1 转换至 Arena2。

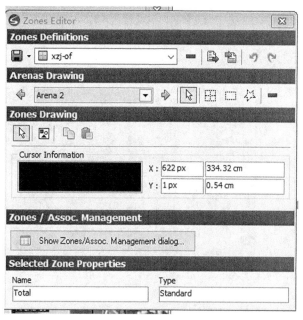

图 8-12-6　场景区域绘制与设定

4. 动物活动区域绘制与设定（Zones Definitions）　本步骤是实验软件操作的第 4 步，目的是绘制并设定动物活动区域（Zone）。动物活动区域的设定可以直接选择实验类型，也可导入已有或已经编辑好的模型（图 8-12-8）。选择好模板后可通过调节图形大小和移动图形位置使得与行为学硬件尺寸相匹配。动物活动区域内也可再绘制区域，并设定为中心区域（如旷场实验的中心区域）或目标区域（如水迷宫的平台区域）等，中心区域和目标区域根据实验需求选择进行绘制和设定。动物活动区域编辑完成后还可以导出保存并作为模板（旷场实验绘制完成的Zone 见图 8-12-7）。

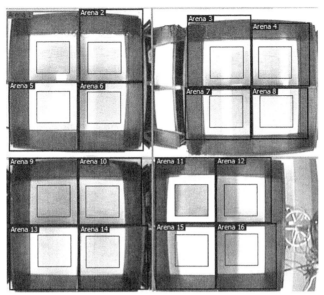

图 8-12-7　旷场实验的场景区域与动物活动区域

5. 数据采集参数设定与调试（Detection Settings）　本步骤是实验软件操作的第 5 步，目的是在绘制完图形后设定并调试实验数据采集参数，使得软件分析更加精确，该步骤包括亮暗对比度、红外影像、软件记录方式的选择调试。

视频区域亮暗对比度调节，可调节整个视野区域或单独调节某个特定区域。当选择轨迹追踪记录方式时，调试前应首先点击背景拍照按钮，完成后放入实验动物并点击 Test 开始调试，调试的目的是减少红外影像的噪点和抹去动物尾巴，使得动物轮廓清晰。当选择活动量监测记录方式时，只需选择活动量调试界面直接点击 Test 调试（图 8-12-9）。

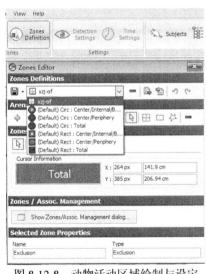

图 8-12-8　动物活动区域绘制与设定

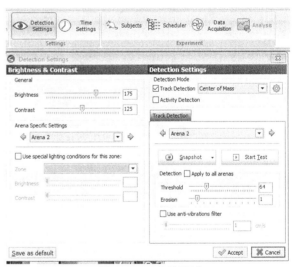

图 8-12-9　实验调试

6. 时间设定（Time Settings）　本步骤是实验软件操作的第 6 步，目的是设定每次实验数据采集的时长和目标区域停留条件。如图 8-12-10，当选择 Free-Running 时，在数据采集过程中需要通过手动控制实验的开始和结束；当选择 Pre-Set Time 时，数据采集会在设定的"Latency"时间后开始，而"Acquisition"设定时间为数据采集的时长，完成设定时间数据采集后软件自动停止。

7. 实验动物信息设置（Subjects）　本步骤是实验软件操作的第 7 步，目的是添加每只实验动

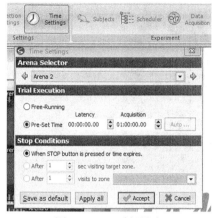

图 8-12-10　时间设定

物的信息。实验开始前可以提前编辑实验动物信息，同组实验动物可批量编辑（图 8-12-11）。

8. 实验分组（Scheduler） 本步骤是实验软件操作的第 8 步，目的是将动物分配到设定的实验方案中。实验动物信息编辑完成后可进行实验分组，可理解为分阶段性和周期性。实验组别设定完成后将动物选中，移动鼠标拖至相应的 Session 组内，确定实验视频记录的第一个 Trial 并点击打勾选项，避免已经采集好的实验数据被覆盖，也可以先新建 Trial，将每只动物分别拖至对应的 Trial 中。Phase 和 Session 的新建需在上一级菜单选项中，点击鼠标右键添加。具体操作见图 8-12-12。

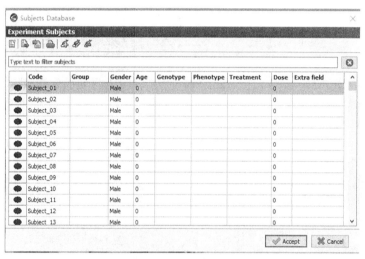

图 8-12-11　动物添加

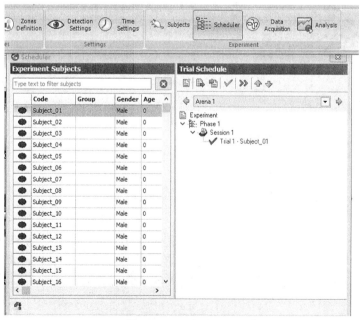

图 8-12-12　实验分组

9. 实验数据获取（Data Acquisition）　此步骤就开始实验视频记录，点击 Start 开始实验记录前，摄像机镜头下应感应到有动物才能开始记录，若在第六步选择了固定的实验时长，则到了规定的时间就会自动停止数据采集与记录（图 8-12-13）。

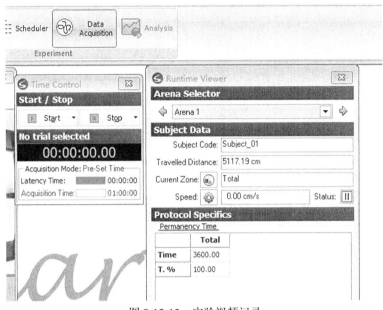

图 8-12-13　实验视频记录

10. 数据分析（Analysis）　首先选择要分析的实验数据（按住 Ctrl 键可进行多选），用鼠标拖至中间列表框内，接着选择分析报告的类型（Summary Report）并选择要分析的数据指标，选中中间列表内要分析的条目，点击红色打钩选项，等待 Zones Definition 变成 Summary Report 后点击 OK。步骤见图 8-12-14。

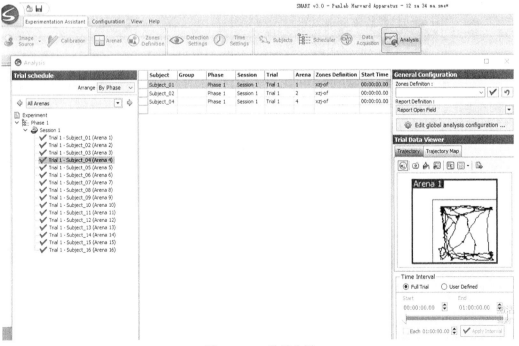

图 8-12-14　数据分析

数据结果可以导出 2D 轨迹图（图 8-12-15）或 2D 热图（图 8-12-16），也可以导出 3D 热图（图 8-12-17）。

数据分析可以分析全长实验视频（Full Trial），也可以选择 User Defined 模式，将要分析的实验视频设置为固定的时间段，并进行分段分析（图 8-12-18）。设置完成后点击 Analyze 开始数据分析，分析结束后跳出分析结果并可储存为 Excel 格式（图 8-12-19）。

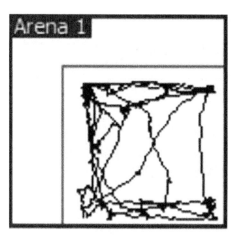

图 8-12-15　2D 轨迹图

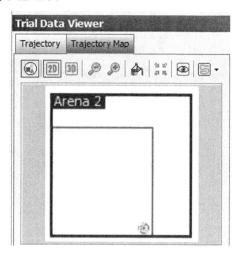

图 8-12-16　2D 热图

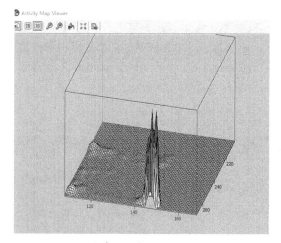

图 8-12-17　3D 热图

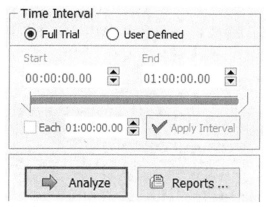

图 8-12-18　数据分析时间选项

A	B	C	D	E	F	G	H	I	J	K
Subject Group	Subject Name	Exp. File Date	Exp. File Time	Exp. Protocol Name	Trial Arena	Trial Name	Trial Phase	Trial Session	Trial Time	Distance in Zone - Total
	Subject_03	2020/11/8	14:16:37	Customized	Arena 3	Trial 1	Phase 2	Session 4	13:53:03	1418.63
	Subject_04	2020/11/8	14:16:37	Customized	Arena 4	Trial 1	Phase 2	Session 4	13:53:03	1165.21
	Subject_01	2020/11/8	14:16:37	Customized	Arena 1	Trial 1	Phase 2	Session 4	13:53:03	1122.54
	Subject_02	2020/11/8	14:16:37	Customized	Arena 2	Trial 1	Phase 2	Session 4	13:53:03	1610.11
	Subject_05	2020/11/8	14:16:37	Customized	Arena 1	Trial 2	Phase 2	Session 4	14:01:15	1452.61
	Subject_06	2020/11/8	14:16:37	Customized	Arena 2	Trial 2	Phase 2	Session 4	14:01:15	1241.53
	Subject_08	2020/11/8	14:16:37	Customized	Arena 4	Trial 2	Phase 2	Session 4	14:01:15	1865.17
	Subject_07	2020/11/8	14:16:37	Customized	Arena 3	Trial 2	Phase 2	Session 4	14:01:15	1586.77
	Subject_10	2020/11/8	14:16:37	Customized	Arena 2	Trial 3	Phase 2	Session 4	14:15:37	1645.89
	Subject_09	2020/11/8	14:16:37	Customized	Arena 1	Trial 3	Phase 2	Session 4	14:15:37	1666.42
	Subject_11	2020/11/8	14:16:37	Customized	Arena 3	Trial 3	Phase 2	Session 4	14:15:37	1913.51

图 8-12-19　实验结果格式

（朱　杰）

第九章　脑科学常用动物模型

第一节　脑外伤小鼠模型

一、基本原理和目的

颅脑损伤（traumatic brain injury，TBI）是指外源性机械力作用于颅脑导致的非退行性、非先天性的脑损伤，是目前交通事故、高坠、故意伤害、工伤意外等引起死亡发生的主要原因之一，也是导致残疾等健康问题的重要原因。为了更好地研究脑外伤的发病机制，建立良好的动物模型至关重要。本节介绍小鼠脑外伤自由落体打击模型，该模型通过垂直落下的重物，打击在暴露的颅骨或者完整的硬脑膜上造成大脑损伤，该模型所形成的脑损伤程度可以通过改变坠落重物的重量和落下的高度来调节。

二、主要仪器设备、试剂及耗材

1. 仪器设备　脑立体定位仪、无菌手术器械、麻醉仪、颅骨钻、自由落体打击器、螺丝刀、手持电动剃须刀等。

2. 试剂　75% 乙醇、碘伏、青霉素、硫酸庆大霉素、无菌生理盐水、水合氯醛等。

3. 耗材　医用缝合针线、（颅骨钻）钻头、乙醇棉球、注射器等。

三、操作步骤

C57BL6 小鼠、雄性、体重 25 ～ 30g。

1. 将小鼠提前 3 天单独喂养，术前禁食 8 小时。小鼠称重后用 4% 水合氯醛（1ml/100g 体重）腹腔注射麻醉，剪去头部毛发、消毒，于头皮正中切开，切口长 2cm，剥离左侧颅顶骨膜。

2. 将小鼠固定于脑立体定位仪上，定位坐标：AP 1.0mm，LAT 1.0mm，DEP 2.5mm，用颅骨钻开一小孔，在左侧顶骨处开一直径 4mm 的类圆形骨窗，暴露硬脑膜，并使硬脑膜保持完整。

3. 改良的自由落体打击器由支座、液传导撞筒、压力传感记录仪、引导杆和落体等部分组成。撞筒上下端被两个活塞封闭，中间装有润滑油，通过侧管接压力传感器（图 9-1-1）。上活塞与撞筒间装有等张弹簧和一个压深调控杆，下活塞底装有直径 4mm 的冲击杆。撞击时，落体自引导杆落下，打击上活塞，使上下活塞在压深调控杆控制的范围内移动，经冲击杆冲击硬膜及脑组织。应用改良自由落体法，使用 40g 砝码从 20cm 高处坠落，撞击于硬脑膜表面上的圆柱体。撞击硬脑膜的圆柱体直径为 4mm，撞击时以圆柱体下降 1mm 为宜，建立脑外伤模型，记录打击时间。

4. 打击后切口内滴注 4 万 U 硫酸庆大霉素 4 ～ 5 滴，骨蜡封闭骨窗，缝合头皮。

5. 于恒温烤箱旁护理，观察记录得分。

6. 术后护理　术后将动物分笼饲养，自然光照、通风；并勤换清洁、干燥的饲养笼垫料，始终保持干燥；加强营养，喂食鸡蛋、葵花籽，将饲料、饮水置于动物可及范围；严密观察动物精神状态、

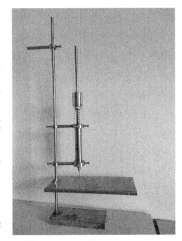

图 9-1-1　改良的自由落体打击器

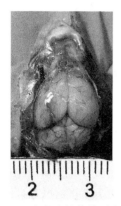

图 9-1-2　小鼠脑挫伤模型大体观

挫伤区脑组织颜色暗红，脑表面血管扩张、淤血

饮食、排尿、排便、有无肢体水肿及压伤、有无泌尿系统血性分泌物等情况；腹腔注射青霉素 10 万 U/ 次，每日 2 次；预防小鼠自残；预防肠梗阻。

7. 进行后续实验。

四、结 果 判 读

1. 造模成功后，解剖小鼠脑部，取出脑组织，可见脑组织挫伤（图 9-1-2）。

2. 在脑挫伤灶和周围组织取材，制作石蜡切片，HE 染色，进行显微镜观察病理分析，模型组小鼠大脑皮质有多发小灶状神经元坏死、出血灶，周围脑神经水肿明显，血管扩张、淤血（图 9-1-3）。

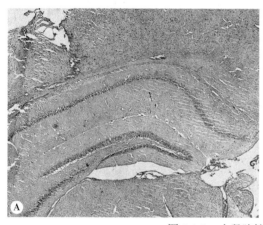

图 9-1-3　小鼠脑挫伤显微镜病理改变

A. 实验组：脑组织内可见多发小灶状出血，出血区脑神经组织坏死，有明显的血细胞聚集，出血灶周围神经组织水肿，血管扩张、淤血（HE，10×）；B. 对照组：脑组织内无出血、坏死（HE，10×）

3. 小鼠脑损伤模型建立后也可以采用尼氏染色对脑组织进行观察，尤其是轻度的脑损伤，如脑震荡损伤，可见脑神经组织内尼氏体数量明显减少，神经元排列紊乱。

五、注 意 事 项

1. 因很多脑外伤实验设备是定制的，在设计和操作上的差别或者开颅手术位置的微小变化，均会引起损伤结果的不同。因此，损伤分级的标准要根据所在实验室具体实验结果确认。

2. 创伤前、后的生理参数（包括 PCO_2、PO_2、pH、BP 和脑温度等）对确定损伤的病理生理反应和治疗是非常重要的，建议在脑外伤的实验动物研究中应加强对这些参数的测量记录。如果创伤后需立即处死动物，则无须进行创伤前、后的生理参数观察。

（阎春霞）

第二节　脑缺血小鼠模型

一、模 型 概 述

脑卒中是由多种环境因素诱发的血供异常导致的脑损伤疾病，临床上分为出血性和缺血性脑卒中两大类，其中缺血性脑卒中是指由动脉粥样硬化、高血压性动脉狭窄或栓塞引起的脑血管疾病。缺血性脑卒中占我国全部脑卒中的 60% ～ 80%。缺血性脑卒中的特征为暂时或永久性脑血流量（cerebral blood flow，CBF）的局灶性中断。缺血部位、缺血持续时间及患者的年龄、危险因素和合并症都是影响缺血性卒中临床变异性的主要因素。

人类缺血性脑卒中的原因、表现和解剖定位较为多样化，应用实验性脑缺血动物模型可以更精确地分析脑缺血的发生、发展机制。目前研究人员已在多种实验动物中建立了可重复的永久性和短暂性局灶脑缺血的模型，其中啮齿类动物最常用来制备脑缺血动物模型。

基于小鼠的转基因动物的应用愈来愈广泛，因此利用小鼠制备的脑缺血模型也比较常见。实验者可以通过各种方式对血管进行操作从而实现脑缺血，并可在缺血后持续监测实验小鼠的各项生理变量。目前较为常用的脑缺血小鼠模型包括大脑中动脉闭塞模型、开颅模型、光血栓模型、脑栓塞模型、内皮素 1 注射模型和磁性纳米颗粒可逆栓塞模型等。

（一）大脑中动脉闭塞模型

大脑中动脉及其分支是人类缺血性脑卒中最常受累的脑血管，大脑中动脉梗死约占所有梗死的 70%。因此，大脑中动脉闭塞（middle cerebral artery occlusion，MCAO）模型是最为接近人类缺血性脑卒中的动物手术模型。该模型应用线栓闭塞血管来模拟人体内的血栓栓塞，通过将线栓引入颈内动脉后推进至大脑中动脉从而中断脑血液的供应。使用线栓进行 MCAO 的栓塞时间通常为 45 ～ 120 分钟，随栓塞时间的延长，脑损伤逐渐加重，根据 MCAO 的持续时间，该模型可用于建立暂时或永久性局灶性脑缺血。

MCAO 模型的特点为梗死体积大、重复性高、再灌注时间精确可控，适用于再现缺血导致的神经细胞死亡、脑内炎症及血脑屏障的损伤。该模型侵入性较小，无须颅骨切除，从而避免了对颅骨结构的损害，但造模过程易导致血管破裂和蛛网膜下腔出血，且可能会对颈内动脉造成损伤。

（二）开颅模型

开颅模型也是较为常用的阻断大脑中动脉的模型。开颅模型需要打开颅骨并切开硬脑膜以直接阻塞近端大脑动脉。建立模型的方法主要有两种，第一种方法是通过直接电凝、结扎或使用微动脉瘤夹夹闭大脑中动脉近端从而诱发梗死，通常累及大脑皮质和大多数外侧纹状体；第二种方法是对大脑中动脉与同侧或双侧颈总动脉进行联合闭塞以阻断侧支循环，可导致大脑中动脉区域内同侧新皮质产生脑梗死，并可累及皮质下白质，产生更明显的神经功能缺损。一般而言，电凝法用于诱导永久性大脑中动脉闭塞；如使用微动脉瘤夹，则可将大脑中动脉从脑表面提起直到血流中断，从而可以建立瞬时经颅大脑中动脉闭塞模型。

与应用线栓造模的 MCAO 模型相比，开颅模型可诱导更小体积的梗死，同时具有良好的可重复性及低死亡率。然而，该模型对手术技巧要求较高，开颅手术中的钻孔或电凝操作可能会导致血管破裂和底层大脑皮质的损伤；同时，该过程会影响颅内压并破坏脑内环境的稳定，有颅内感染的风险。

（三）光血栓模型

光血栓脑缺血模型是基于光敏染料在血管内发生光氧化导致缺血性损伤所建立的。该模型是通过经腹腔或静脉内注射光活性染料（如玫瑰红、赤藓红 B 等），而后用特定波长范围的激光束照射特定区域的颅骨，由于小鼠颅骨具有一定的透明性，可以有效地将光化学强度传递到大脑内部区域。在此过程中染料经激光照射产生氧自由基导致内皮细胞损伤，继而激活血小板，后者黏附聚集形成血栓阻塞脑血管，从而诱发局灶性脑缺血。根据光照的强度和持续时间，以及选择的不同定位，可以形成大小和位置不同的病变。

光血栓模型操作方便，创伤小并可诱导产生均匀的脑损伤。通过脑立体定位仪选择特定的照射区域，能够在几乎任何脑区中诱导脑缺血的发生。然而该模型也存在一些不足之处，如诱发的梗死区域缺乏缺血性半暗带（ischemic penumbra），其病理机制与临床缺血性脑卒中有所不同。

（四）脑栓塞模型

脑栓塞导致的脑缺血模型可分为两类：人工微珠诱发的脑栓塞模型和血栓性脑栓塞模型。人工微珠诱发的脑栓塞模型主要是通过将人工合成的不同直径大小的微珠注射到颈内动脉中诱发缺血性脑卒中。直径较大的微珠（直径 300～400μm）通常会诱发大面积梗死，导致与线栓诱导的 MCAO 模型程度相当的局灶缺血性病变，而直径较小的微珠（直径 15～50μm）则可通过血流被动地进入到大脑循环中引起多灶性脑损伤。人工微珠诱发的脑栓塞模型可通过调整注射微珠的大小和数量来控制脑损伤程度，但该模型只适用于建立永久性缺血性脑卒中，且不能用于溶栓性的研究。

血栓性脑栓塞主要有两种诱导方法，一种是将自体血液与凝血酶在体外混合产生的不同直径的血栓注入颈内动脉，该血栓会导致近端大脑中动脉发生闭塞；另一种方法是将凝血酶直接注射到颈内动脉的颅内段或大脑中动脉中，导致局部血栓的形成。血栓性脑栓塞模型所模拟的缺血损伤与人类缺血性脑卒中时的血管闭塞机制较为接近。该模型的不足之处在于血管内血栓的沉积通常会导致多灶性梗死的发生，且一旦血栓发生自溶则会导致无法控制的再灌注的发生。

（五）内皮素 1 注射模型

内皮素 1（endothelin 1）是一种由内皮和平滑肌细胞产生的具有强血管收缩特性的血管活性肽。将内皮素 1 局部应用于脑血管可导致脑血流量显著减少，足以诱发缺血性脑损伤。内皮素 1 可以直接应用于暴露的大脑中动脉，或通过脑立体定位仪注射到脑内特定区域，诱发剂量依赖性的缺血性病变，形成暂时或永久性脑梗死。该模型可以在大脑深部和浅表直接诱导局灶性脑缺血，手术侵入性较小、死亡率较低。需要注意的是，在神经元和星形胶质细胞中也表达内皮素 1 的受体，因此在利用该模型进行实验时，如欲对脑损伤修复开展研究，在得出实验结论时应更为谨慎。

（六）磁性纳米颗粒可逆栓塞模型

磁性纳米颗粒可逆栓塞模型是一种新型的脑缺血栓塞模型，该技术应用微磁体诱导磁性纳米颗粒的聚集，实现对脑血流的可逆性阻断。磁性纳米颗粒经生物材料包被后可通过尾静脉注射进入小鼠微血管，此时在小鼠颅骨表面放置磁铁即可诱导磁性粒子的聚集，从而在具有完整颅骨的清醒小鼠中产生局灶性脑缺血，梗死的时长与再灌注的时间均可由外部磁体精准控制。

磁性纳米颗粒可逆栓塞模型在无须麻醉和颅骨切除的条件下，就能够对小动脉或小静脉等微血管进行可逆性阻塞，且可在自由活动的小鼠中诱发局灶性缺血性脑损伤（从而避免麻醉后的继发性损伤），该方法可用于出生后任何时期的小鼠。该模型的局限性在于仅能在脑表面皮质区域产生较好的缺血性梗死效果，不适用于对大脑深部区域进行缺血性栓塞。

二、大脑中动脉闭塞脑缺血小鼠模型制作方法

大脑中动脉闭塞（MCAO）模型是最常用的脑缺血动物手术模型，既可避免开颅手术对大脑的损伤，且重复性好。该模型通过将颈外动脉（external carotid artery，ECA）永久结扎，然后插入线栓并向近心端推进至颈总动脉（common carotid artery，CCA）分叉处，然后将线栓推进到大脑中动脉（middle cerebral artery，MCA）的起点并在栓塞期间固定，从而实现永久或短暂局灶性脑缺血。

（一）主要仪器设备、试剂及耗材

1. 仪器设备　小鼠手术台、小动物麻醉机、解剖显微镜、激光散斑血流成像仪、小动物加热毯、眼科剪、纤维弹簧剪、显微剪、眼科镊、直头精细镊、止血钳、持针器等。

2. 试剂　75% 乙醇、碘伏、乙醇棉球、无菌生理盐水、异氟烷、3M 组织胶水等。

3. 耗材　线栓、手术缝合线、手术胶带、缝合针（所有耗材均需灭菌）等。

（二）操作步骤

1. 小鼠禁食过夜后称重，根据体重选择适合的线栓（体重 20 ～ 25g 的小鼠通常选择直径为 0.2mm 的线栓，体重 16 ～ 30g 的小鼠通常选择直径为 0.22mm 的线栓，小鼠体重大于 30g 则建议选择直径为 0.24mm 的线栓），将线栓于生理盐水中浸润。

2. 使用小动物麻醉机应用异氟烷对小鼠进行麻醉，当小鼠不能自由翻身则认为已达到麻醉深度要求，然后将小鼠于仰卧位缚于手术台上，在颈下塞以棉签适当垫高，碘伏消毒小鼠颈部并剃除毛发，准备好无菌手术器械（图 9-2-1）。

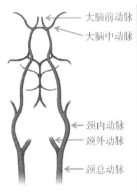

图 9-2-1　MCAO 造模所需器械

①小鼠麻醉面罩；②纤维弹簧剪；③手术缝合线；④止血钳；⑤直头精细镊；⑥精细剪；⑦持针器；⑧眼科镊；⑨线栓

3. 沿小鼠颈部正中剪开皮肤，用眼科镊在解剖显微镜视野下钝性分离皮下组织和脂肪（上起颈部腺体上缘上 1mm，下至锁骨上凹），用精细镊和精细剪沿正中线剪开腺体，分离至两侧，暴露出颈深肌膜和气管前肌。

4. 分离到气管前肌后，在右侧胸锁乳突肌前缘撕开颈深肌膜，暴露胸锁乳突肌并将其拉向后侧，沿胸锁乳突肌向下继续分离，直到暴露较深位置的颈动脉鞘。

5. 在避免压迫小鼠气管的同时，划开颈动脉鞘，分离出颈总动脉，在颈总动脉近心端用丝线结扎阻断血流，此时注意不要伤害到鞘内伴行的颈内静脉与迷走神经（对神经的刺激或损伤可能引起小鼠呼吸骤停）。

6. 沿颈总动脉向上分离，可看到"Y"形血管结构，颈外动脉位于颈内动脉的上方内侧，靠近气管，从颈总动脉分叉处向上钝性分离颈上神经节，以充分暴露颈内动脉的起源。

7. 于甲状软骨上缘小心分离颈外动脉并永久结扎，分离颈内动脉并活结扎，在颈总动脉结扎处上方 1cm，预打活结暂不系紧。

8. 在颈总动脉预留活结和死结的两个结之间剪开颈总动脉血管壁形成一"V"形小口，挑选线头圆润、线身光滑、粗细均匀适宜且符合体重的线栓轻轻插入颈总动脉，解开颈内动脉活结，将线栓插入颈内动脉，将线栓向上入颅至颈内动脉分叉处，进线时可用镊子轻轻将颈内动脉推向头侧，顺势插线更易进入颅内。根据实验目的不同，栓塞时长不同（通常为 45 ～ 120 分钟）。在栓塞过程中注意小鼠麻醉情况，如小鼠挣扎易使线栓脱出（图 9-2-2）。

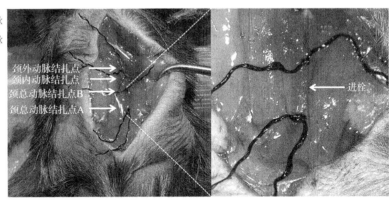

图 9-2-2　MCAO 造模血管结扎及进栓示意图

9. 将小鼠调整至俯卧位，头部固定，剪开头部皮肤向两侧游离，皮肤凹槽内注满生理盐水，使用激光散斑血流成像仪对脑血流进行分析，鉴定梗死侧脑血流下降情况，如脑血流下降达50%则认为梗死成功。

10. 取出线栓，结扎颈总动脉预留活结，缝合颈部伤口后在小鼠腹部用加热毯维持体温直至小鼠苏醒，然后将小鼠单笼饲养。

（三）结果判读

对 MCAO 造模后的小鼠进行激光散斑脑血流成像，实时观测脑血流情况，根据脑血流下降的程度评价造模成功与否。进一步，可取术后小鼠的脑组织切片进行 TTC（2,3,5- 氯化三苯基四氮唑）染色，在体视显微镜下观察并拍照记录，评估 MCAO 后的脑梗死体积（图9-2-3）。

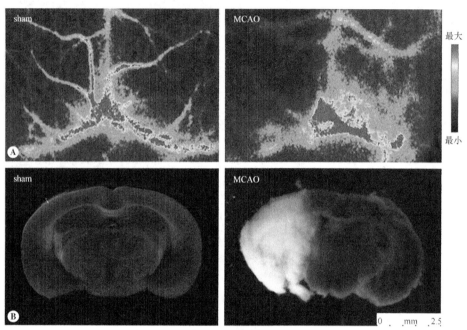

图 9-2-3　MCAO 造模后评估梗死效果

A. MCAO 造模后对小鼠头部进行激光散斑血流成像，左侧为假手术组（sham），右侧 MCAO 组可见梗死侧（左侧）脑血流出现下降；B. MCAO 造模后的脑组织 TTC 染色结果，红色区域为正常脑组织，无着色的白色区域为缺血脑组织

（四）注意事项

1. 选择合适的线栓可提高 MCAO 造模的成功率，线栓不宜过硬，避免刺破蛛网膜下腔血管造成出血。圆头的线栓栓塞效果更佳。

2. 由于翼腭动脉的走向和分支前的颈内动脉走向相同，栓线插入时易错误地进入翼腭动脉。因此，在进线栓时用镊子将颈内动脉稍微推向头侧可使颈内动脉和其延长线的分支呈一直线，此时顺势插入线栓，或在颈内动脉插入线栓时稍稍下压，也可避免将栓线插入翼腭动脉。

3. 当线栓推进 9 ～ 10mm 时会遇到轻微阻力（此时线栓会略显弯曲），表明线栓已经插入到大脑前动脉（anterior cerebral artery，ACA）与大脑中动脉的分叉处，此时应注意动作轻柔，不要牵拉颈内动脉，以免线栓刺破大脑前动脉诱发蛛网膜下腔出血，导致建模失败。

4. 线栓不宜在血管中反复进退，否则容易造成蛛网膜下腔出血。插线时应动作轻柔、操作迅速，避免长时间操作造成血管损伤甚至血栓形成。

（赵伟东）

第三节　疼痛小鼠模型

一、模型概述

疼痛是患者就医的主要原因之一，国际疼痛研究协会（International Association for the Study of Pain，IASP）将疼痛定义为一种与实际或潜在的组织损伤有关的或类似的不愉快的感觉和情绪体验。生理情况下，急性疼痛是一种不愉快的、动态的心理生理反应过程，通常在组织创伤和相关炎症过程时发生，提醒机体遭遇危险，具有保护意义；而慢性疼痛则作为一种疾病存在，由外周神经系统和（或）中枢神经系统病变引起，严重影响患者生存质量。IASP将慢性疼痛定义为持续或复发3个月以上的疼痛。全球慢性疼痛患病率在11%～40%。慢性疼痛发生原因多样，可分为慢性原发性疼痛和慢性继发性疼痛，慢性原发性疼痛包括慢性广泛性疼痛（如纤维肌痛）、复杂的局部疼痛综合征、慢性原发性头痛、口腔颌面部疼痛（如慢性偏头痛或颞下颌痛）、慢性原发性内脏疼痛（如肠易激综合征）及慢性原发性肌肉骨骼疼痛（如非特异性腰痛），原发性疼痛经常病因不明；慢性继发性疼痛包括慢性癌症相关疼痛、慢性手术后或创伤后疼痛、慢性神经病理性疼痛、慢性继发性头痛或口腔颌面部疼痛、慢性继发性内脏痛、慢性继发性肌肉骨骼疼痛。实验科学可以模拟诱发慢性疼痛的病因，建立各种慢性疼痛实验动物模型，研究慢性疼痛发病机制，下面将一一进行介绍。

（一）神经损伤或疾病诱导的神经病理性疼痛模型

神经病理性疼痛是由神经系统损伤或疾病造成的伴有超过3个月的持续性或复发性疼痛，临床表现复杂，可发生自发性疼痛、痛觉超敏、痛觉过敏和感觉异常。实验室常用的神经损伤性的神经病理性疼痛模型包括脊神经结扎（spinal nerve ligation，SNL）、保留性神经损伤（spared nerve injury，SNI）、坐骨神经慢性压迫性损伤模型（chronic constriction injury of sciatic nerve，CCI）、背根神经节慢性压迫模型（chronic compression injury of dorsal root ganglion，CCD）等。这些模型一般在术后3天即出现明显的诱发痛和自发痛行为，持续时间均超过1个月。另外，糖尿病或化疗药物引起的周围神经病变也伴随着神经病理性疼痛的发生。

1. SNL　SNL模型是通过选择性损伤单根或两根腰段脊神经造成的神经损伤性神经病理痛模型，在小鼠，丝线结扎并远心端剪断小鼠单侧腰4（lumbar 4，L_4）脊神经（图9-3-1A），而在大鼠则结扎并远心端剪断大鼠单侧L_5和（或）L_6脊神经。该模型能够将损伤和未损伤的背根神经节和脊髓节段完全分开，从而使实验人员可以在后续操作中对损伤和未损伤的背根神经节和脊髓节段分别进行观察和干预。

2. SNI　SNI模型是选择性损伤动物坐骨神经分支的神经病理痛模型，在坐骨神经的3个末梢分支中选取胫神经和腓总神经进行结扎和远心端剪断，同时保留腓肠神经完好（图9-3-1B）。SNI动物模型痛行为学观察以机械诱发痛行为测试为主，痛行为学测试时，对去神经支配区域相邻的未受损皮肤区域进行刺激和观察。

3. CCI　CCI模型（图9-3-1C）是通过3～4根医用铬制丝线或肠线环形包绕坐骨神经进行松散结扎导致坐骨神经水肿变性的神经病理痛模型。该模型能够很好地模拟临床患者因坐骨神经损伤产生的神经灼痛感，但无法精准地控制损伤神经的数目和损伤程度，而且还可能累及运动神经。

4. CCD　CCD模型模拟临床患者因急性腰椎间盘突出、椎间孔狭窄、肿瘤或其他脊柱损伤或疾病引起神经根压迫而产生的神经根性疼痛。以SD大鼠为例，选取体重为160～180g的大鼠，2%～3%异氟烷麻醉。大鼠手术区域备皮，碘伏消毒，沿着L_4～L_6脊椎右缘切开皮肤，剪开筋膜，钝性分离肌肉并暴露L_4和L_5椎间孔。用4mm不锈钢"L"形钢针（长臂4mm，短臂2mm，直径0.6mm）与中线成30°夹角处插入椎间孔，以形成对L_4、L_5背根神经节及邻近神经根的慢性压迫。在插入期间，同侧后足可以观察到典型的抽搐反应。"L"形钢针插入后，逐层缝合肌肉、筋膜和皮肤,并在切口缝合后用碘伏进行消毒。在实验终点麻醉处死大鼠,打开脊椎后椎板,观察"L"形钢针是否有脱落、"L"形钢针是否损伤脊髓及受压背根神经节上是否有压痕,同时结合行为学数据来判断 CCD 大鼠是否建模成功。若实验动物为小鼠,则选择 L_3 和 L_4 椎间孔,插入 3mm 长钢针(长臂 2mm,短臂 2mm,直径 0.3mm)(图 9-3-1D)。

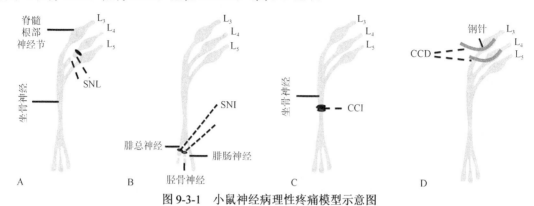

图 9-3-1 小鼠神经病理性疼痛模型示意图

A. 脊神经结扎;B. 保留性神经损伤;C. 坐骨神经慢性压迫性损伤;D. 慢性压迫背根神经节

5. 链脲佐菌素诱导的糖尿病性神经病理痛模型 链脲佐菌素(streptozotocin,STZ)对一定种属动物的胰岛 B 细胞有选择性破坏作用,能诱发许多动物产生糖尿病,一般采用大鼠和小鼠制造动物模型。大剂量注射时,由于直接引起胰岛 B 细胞的广泛破坏,可造成 1 型糖尿病模型;而注射较少量 STZ 时,由于只是破坏一部分胰岛 B 细胞的功能,造成外周组织对胰岛素不敏感,同时给予高热量饲料喂养,两者结合便诱导出病理、生理改变都接近于人类 2 型糖尿病的动物模型。成年小鼠(20~25g)腹腔注射 STZ 的浓度范围是 100~180mg/kg,成年大鼠(200~250g)可按 65mg/kg 的浓度一次性腹腔注射 STZ。

6. 紫杉醇诱导的化疗痛模型 紫杉醇(toxol)是一种具有抗癌活性的三环二萜类化合物,可以催化微管蛋白,通过间充质上皮转化,进而起到抗肿瘤的作用。紫杉醇对乳腺癌、卵巢癌、输卵管癌、肺癌、胃癌等癌症均有很好的治疗效果。但是,紫杉醇可以引发周围神经损伤(如肢端麻木、灼烧痛)等不良反应。腹腔注射紫杉醇可以模拟临床化疗药物引起的周围神经病变症状,研究化疗痛的发生机制。以 4mg/kg 的剂量每隔 1 天腹腔注射紫杉醇,连续注射 4 次,在完成 4 次注射后的 1~2 周小鼠可出现明显的机械和热痛敏反应。

(二)炎性痛模型

炎性痛动物模型通常通过足底、关节等部位注射炎性物质,如辣椒素、福尔马林、弗氏完全佐剂(Freund's complete adjuvant,FCA)等。

1. 辣椒素 被广泛用作选择性研究初级伤害性感受神经元的工具,足掌局部注射辣椒素可产生强烈的痛反应并出现短期的热和机械性痛过敏。辣椒素可溶解于吐温 80(10%)、无水乙醇(20%)和生理盐水(70%)的混合液中。以成年雄性 Sprague-Dawley 大鼠(200~250 g)为例,足底注射辣椒素(0.15mg/kg)30μl,而成年小鼠(20~25g)可足底注射辣椒素 20μl(1.6μg),对照组注射等量溶剂。注射辣椒素 5 分钟后,足掌开始出现红肿、局部温度升高等炎症反应,同时缩足潜伏期缩短,即出现热痛敏反应,这种热痛敏反应在辣椒素注射后 10~15 分钟达高峰,1~2 小时逐渐恢复至注射前的基线水平。

2. 福尔马林 福尔马林测试(formalin test)模拟急性组织损伤所致的持续性疼痛,已被广泛用于评估啮齿动物对伤害性感受和炎症的反应,一般是观察注射福尔马林后 90 分钟内动物的舔爪、甩爪和缩腿反射行为。福尔马林指 36.5%~38% 甲醛溶液,一般使用生理盐水配制成 5% 福尔马林溶液,现用现配。以成年小鼠(20~25g)为例,用毛巾蒙住其头部,实验者左手固定并暴露小鼠左后爪足底，右手持胰岛素注射器，在小鼠后爪缓慢皮下注射 15μl 的 5% 福尔马林溶液，注射后即刻将小鼠放入实验平台上透明树脂盒内，开始实验记录，观察注射后每 5 分钟内舔爪和缩腿的持续时间、快速甩腿次数，持续观察 60 ～ 90 分钟。福尔马林注射后疼痛分为两个时相：注入福尔马林液后的前几分钟为 I 相痛，然后经过 10 分钟左右的静止期，接着是持续时间为 20 ～ 40 分钟的 II 相痛。I 相痛是直接刺激伤害感受器而引起的疼痛反应；II 相痛的产生较为复杂，包括机体炎症反应和中枢敏化。

3. FCA　由灭活或干燥的细菌组成，通常是结核分枝杆菌或丁酸分枝杆菌。CFA 因其含有大量抗原可刺激免疫系统，在 FCA 注射部位及周围引起炎症反应，出现红、肿、热、痛等表现。动物足底皮下注射用等量生理盐水和弗氏完全佐剂配制的 50% FCA 溶液，小鼠一般可注射 10 ～ 20μl，大鼠可注射 100μl，FCA 注射 2 ～ 4 小时后局部皮肤发生炎性红肿，出现机械痛敏与热痛敏行为，2 小时到 1 天为高峰，热痛敏反应一般 1 周可恢复至基线水平，机械痛敏则可持续 2 周左右，是一种常用的慢性炎症痛模型。

（三）骨癌痛模型

骨癌痛模型的建立是通过胫骨内注射癌细胞模拟临床患者骨癌痛状态。大鼠骨癌痛造模采用雌性 Wista 大鼠，实验细胞采用 Walker256 乳腺癌细胞株。小鼠采用 C3H/HeJ 小鼠，实验细胞采用 NCTC 2472 小鼠骨肉瘤细胞。骨癌痛动物造模 4 天后即可出现痛敏反应，14 天痛敏反应较为稳定，并可持续 1 个月左右；胫骨影像学可显示肿瘤侵蚀造成的骨组织破坏。

（四）应激痛动物模型

应激是指机体在各种内、外环境因素及社会心理因素刺激时出现的非特异性全身反应。应激对疼痛的发生、发展会产生复杂的影响，影响的效果取决于应激源的类型、持续时间和强度。暴露于急性猛烈的应激可能产生镇痛作用，即应激镇痛（stress-induced analgesia，SIA）；长期反复暴露于身体或心理应激之中或处于产生焦虑的环境中，会激活下丘脑 - 垂体 - 肾上腺皮质轴，导致皮质酮（啮齿动物中主要的内源性糖皮质激素）的持续升高，可能会诱发疼痛，称应激性痛觉敏化（stress-induced hyperalgesia，SIH）。在基础研究中，单一应激刺激反复施加或者多种应激方法综合使用常用于啮齿类动物应激性痛觉敏化模型的建立，以期探明应激诱发疼痛的神经生物学机制。常见应激建模方法如下。

1. 强迫游泳应激（forced swimming stress，FSS）　将大鼠置于直径为 30cm、高为 50cm 的圆柱形桶中强迫游泳，水的高度为 20cm，水温为 25 ～ 26℃。持续 2 ～ 3 天的一般为亚慢性 FSS 刺激。研究表明，3 天 FSS（第 1 天 10 分钟，后两天 20 分钟）可以诱导热痛觉敏化和机械痛觉敏化。FSS 不但可以诱发疼痛，也可以加重疼痛，连续 10 天 FSS 可加重福尔马林诱导的 SD 大鼠的疼痛反应，重复 14 天的 FSS 可加重神经损伤模型中的机械痛觉敏化。FSS 应激在应激诱发疼痛建模中较为常用。

2. 束缚应激　是指将动物置于通风良好的束缚管或笼子中，限制动物活动。急性束缚应激可以产生镇痛作用，慢性束缚应激会诱发或者加重疼痛。每天束缚应激 6 小时，持续 1 周可诱发机械痛以及热痛觉敏化；束缚应激 4 天，每天 2 小时可诱发大鼠出现内脏痛觉敏化。

3. 慢性社交挫败应激（chronic social defeat stress，CSDS）　CSDS 模型的建立一般选用 6 ～ 8 周龄的雄性 C57BL/6J 小鼠作为实验动物，选用雄性 CD-1 退役种鼠作为"本地居民"。在造模前将雄性 CD-1 退役种鼠单笼饲养 7 天以建立领地意识，同时以连续攻击次数不少于 3 次或攻击潜伏期小于 30 秒等为标准进行两次筛选。随后，将 C57BL/6J 小鼠随机分为空白对照组和模型对照组。将模型对照组的 C57BL/6J 小鼠放入陌生的 CD-1 小鼠的笼子里，遭受 CD-1 小鼠的攻击，持续 5 ～ 10 分钟，其间 C57BL/6J 小鼠会表现出惊恐、逃避、僵直及尖叫等行为状态。随后使用带孔的透明隔板进行分隔 24 小时，使得两者不能直接接触，但仍能看到彼此并且嗅到彼此的气味。

此过程重复 10 天左右，并使 C57BL/6J 小鼠每天暴露在不同 CD-1 小鼠的攻击下。CSDS 增加了小鼠对机械和化学刺激的敏感性，诱发痛觉敏化。CSDS 常用于抑郁动物模型和疼痛动物模型研究。

4. 避水应激 是指将啮齿动物放置在一个高 10cm、长 8cm、宽 8cm 的平台上，平台位于长 45cm、宽 25cm、高 25cm 的塑料箱中央，箱内盛水高度低于平台 1cm。连续 10 天每天将啮齿动物放在平台上 1 小时可产生持续性内脏痛觉敏化和机械痛觉敏化。避水应激是常用于应激引起内脏痛敏化的动物模型。

5. 母婴分离 / 剥夺 / 早期生活应激 母婴分离是指产后 2～14 天，新生幼崽与母亲每天分离 3 小时。母婴分离应激可诱发大鼠对化学刺激的疼痛敏感性降低，产生机械痛觉敏化和内脏痛觉敏化。也有报道母婴分离可以产生镇痛作用。

6. 慢性不可预知性应激（chronic unpredictable stress，CUS） 随机选用多种应激方法，包括禁食禁水 24 小时、湿垫层 24 小时、笼倾 45° 角、5℃冷水游泳 10 分钟、40℃热水游泳 10 分钟、夹尾 1 分钟等，每日使用 1 种应激或多种应激方法，同种应激方法不能连续使用，使大鼠不能预知应激的发生，以避免产生适应。CUS 一般持续时间为 3 周及以上。持续 28 天的慢性不可预知性应激可引起大鼠产生躯体痛觉敏化，然而，也有报道 21 天 CUS 可以增加大鼠的甩尾潜伏期，产生镇痛作用。

7. 噪声应激 将啮齿动物暴露在 105dB 的 11～19kHz 的混合频率中，30 分钟内每个频率持续 5～10 秒，总共 2～4 天。噪声应激可增强机械痛觉敏化和炎症性疼痛。

（五）口腔颌面部疼痛模型

面部疼痛状况包括多种疾病，常见牙痛、颞下颌关节疼痛、炎性痛和神经性疼痛。常用的口腔颌面部疼痛动物模型以及建模方法如下。

1. 咬合紊乱引起的颌面部疼痛 - 单侧前牙反𬌗模型 通过在 SD 大鼠的前牙粘上金属套筒冠，引起大鼠的单侧前牙反𬌗，建模后大鼠前牙反𬌗侧面部出现痛觉敏化。具体建模方法如下：自制大鼠上、下颌金属套筒冠，上切牙的金属套筒冠长度为 3mm，下切牙的金属套筒冠成 135° 角，唇向倾斜的平面导板，导板长度为 3.5mm，金属套筒冠长度为 4.5mm。异氟烷麻醉大鼠，上、下切牙隔湿，磷酸酸蚀左侧上、下切牙约 30 秒，湿棉签擦去酸蚀剂，吹干，涂布黏接剂，光固化灯光照 20 秒后，将预先内置树脂的上、下颌金属套筒冠牢固粘接在左侧上、下颌切牙上，除去多余树脂，使用光固化灯多角度光照固化，术后禁水禁食 1 天。每只大鼠的手术在 5 分钟内完成，以减轻痛苦。

2. 面部炎性痛模型 在胡须垫、口周皮肤、面部肌肉或者颞下颌关节区域注射致炎因子诱发口腔颌面部炎性痛。小鼠胡须垫皮肤注射福尔马林（4%，10µl），大鼠上唇注射福尔马林（5%，50µl）可以诱发拂面次数增加等自发痛行为。小鼠咬肌注射 15µl 完全弗氏佐剂可诱发小鼠出现前后面擦脸、脸摩擦地面等自发痛行为。大鼠关节腔注射弗氏完全佐剂（50µl）或单钠碘乙酸（0.5mg，50µl）；面部肌内注射谷氨酸（1mol/L，40µl）、高渗盐水（5% NaCl，100µl）等方法也常被用于口腔颌面部炎性痛动物模型的建立。

3. 三叉神经痛模型 - 小鼠眶下神经慢性缩窄环术 小鼠以 10% 水合氯醛（0.3ml/30g）腹腔注射麻醉，麻醉后仰卧，用丝线固定上、下前牙，暴露口腔，于口腔内左侧龈颊边缘平第一磨牙水平，向口鼻方向纵向切开约 0.5cm 长切口，暴露眶下神经，玻璃分针钝性分离周围组织，用两根 6-0 的丝线疏松结扎眶下神经，两线相距 1～2mm。压迫标准：结扎线使神经的直径略微变细，但不能完全阻断其传导。打结时可见大鼠面部微微抽动，术后 6-0 丝线缝合切口。眶下神经损伤术后 14 天，手术同侧眶下神经支配区域出现原发性痛觉敏化，且其邻近区域（非眶下神经支配区域）出现继发性痛觉敏化。

4. 应激诱导的面部肌肉疼痛 自制 16 个方格的通信箱（尺寸：每个 16cm×16cm），由带孔的透明塑料墙隔开，地板装金属丝网并连接 48V 发电机。将 16 只老鼠放入通信箱，其中 8 只足底给予电刺激，8 只不受电刺激但是会通过墙壁上的孔洞接触到电击老鼠的尖叫、尿液和粪便气味，观察心理应激能否诱发咀嚼肌疼痛。首先将所有大鼠放在通信箱中适应 7 天，每天 1 小时。电击组每天在 1 小时内每 2 秒接受 1 次放电，持续 7 天，结果发现，心理应激组大鼠咬肌和颞下肌部位可产生痛觉敏化，持续 3 周。

5. 灼口综合征动物模型 灼口综合征被定义为"口腔内灼热感或感觉不适，在 3 个月内每天重复超过 2 小时，在临床检查和调查中没有明显的病变"，是一种病因不明的特发性疼痛，目前还没有能完全模拟其病变的动物模型。由于灼口综合征患者舌黏膜中 Artemin（神经胶质细胞系衍生的神经营养因子家族成员）表达明显增加，动物研究中通过在舌背上局部应用 50% 乙醇稀释的 2,4,6- 三硝基苯磺酸，引起舌黏膜 Artemin 表达增加以及舌痛觉敏化，因此建立了小鼠舌痛模型以进行灼口综合征的研究。

6. 面部痛和躯体痛共病模型 雌性 SD 大鼠切除卵巢，恢复 10 天后，每隔 4 天皮下注射雌激素（17-β-estradiol，E_2）模拟大鼠正常性周期，使所有同组大鼠雌激素水平相近，从而排除自然性周期的影响。双侧咬肌注射 FCA 引起颌面部炎症模拟咀嚼肌炎性颞下颌关节疼痛症状，次日开始进行 3 天强迫游泳应激或 11 天强迫游泳或 11 天复合应激刺激（强迫游泳应激 20 分钟、避水应激 1 小时和束缚应激 2 小时，每天一种应激，依次交替进行），可诱发大鼠出现后爪热痛和触诱发痛，引起躯体痛敏化（模拟纤维肌痛综合征的典型症状），从而建立颞下颌关节紊乱与纤维肌痛综合征的共病动物模型。

二、神经损伤诱导的神经病理痛模型构建方法

神经损伤诱导的神经病理痛模型包括 SNL、SNI、CCI 等，模型应用广泛，涉及较为复杂的手术操作，现以成年小鼠（20 ～ 25 g）为例进行介绍。

（一）主要仪器设备及耗材

1. 仪器设备 异氟烷气体麻醉机、眼科剪、显微剪、有齿镊、无齿镊、尖头镊、持针器、小动物加热毯等。

2. 耗材 皮针、7-0 丝线、弯头玻璃分针等。

（二）操作步骤

SPF 级 C57/BL6J 小鼠，雄性，体重 20 ～ 30g。

1. 麻醉和备皮 5% 氧异氟烷气体诱导小鼠麻醉，2% ～ 3% 氧异氟烷气体维持麻醉，背部腰、骶区或左侧后肢的手术区域备皮并消毒。

2. SNL 诱导的神经病理痛模型操作步骤

（1）以髂嵴水平为切口的中点，沿中线做一长约 1cm 的纵行皮肤切口，在小鼠棘上韧带左侧 2mm 处切开筋膜，钝性分离肌肉至横突水平，沿左侧髂骨向下切开肌肉 5mm，暴露 L_4 横突（髂嵴水平前方第一个横突）。

（2）钝性分离 L_4 横突周围组织，剪断 L_4 横突与髂骨连接的髂腰韧带，暴露 L_3、L_4 脊神经（L_4 横突后方）。

（3）用弯头玻璃分针分离两根脊神经中上方的 L_4 脊神经，并将 7-0 丝线穿过该神经，结扎神经并离断远心端。

（4）逐层缝合肌肉、皮肤，消毒皮肤。

3. SNI 诱导的神经病理痛模型操作步骤

（1）在小鼠左侧后肢旁切长约 1cm 的切口，暴露皮下肌肉，钝性分离筋膜和股二头肌等肌肉组织，暴露坐骨神经及坐骨神经的 3 个分支：较粗的为胫神经，其次为腓总神经，最细的为腓肠神经。进一步分离胫神经和腓总神经，在保证不碰触到腓肠神经的条件下，用 6-0 丝线结扎胫神经和腓

总神经后，远心端 2～4mm 处剪断神经组织，并剪去断端 1～2mm 的神经组织丢弃。手术过程中应当谨慎操作，竭力避免牵拉或者损伤到腓肠神经；同时，也应当避免损害腓肠神经伴行的动脉，减少出血损伤。

（2）以无菌生理盐水冲洗手术切口，依次缝合肌肉、筋膜及皮肤层，并用碘伏消毒处理。

4. CCI 诱导的神经病理痛模型操作步骤

（1）左侧手术区域朝上并固定，在左侧大腿结节区域切开皮肤 2～3cm，逐层钝性剥离皮下组织和肌肉，暴露白色的坐骨神经干，用玻璃分针将附近的筋膜与坐骨神经干分离，游离坐骨神经干。

（2）充分暴露出长度为 4～5mm 的坐骨神经，用预先生理盐水浸泡的肠线或 4-0 丝线结扎坐骨神经，总共 4 道，每道匝间距为 1mm，并保持合适的松紧度（以刚刚能引起术侧下肢轻微抽搐为宜）。

（3）结扎结束之后，将结扎好的坐骨神经复位，整理好各层筋膜、肌肉之后，4-0 丝线逐层缝合，然后用碘伏擦拭。

5. 术后将小鼠侧卧置于加热毯上，待其苏醒后放回原饲养笼中。

6. 假手术组 操作同手术组但仅暴露神经而不予结扎。

（三）结果判读

术后对小鼠进行机械、热和冷刺激诱发的痛行为学实验，术后 3 天即可出现明显的对机械、热和冷刺激的痛敏行为，可持续 1 个月以上；实验终点取材观察可见打结没有脱落，神经或背根神经节有肿大、炎症浸润包裹等情况。

（四）注意事项

1. 手术过程中避免用金属器械刺激神经，可用玻璃分针分离神经。

2. 为避免操作因素影响实验结果，所有实验小鼠均饲养于相同环境中，所有手术操作均由同一人完成。

3. 手术虽具有较高的成模率，但经过痛行为学测试未造成明显痛敏行为的小鼠可排除在实验之外。

（梁玲利）

第四节　PD 小鼠模型

一、模型概述

帕金森病（Parkinson disease，PD）是一种仅次于阿尔茨海默病的常见神经退行性疾病，在临床上主要表现为静止性震颤、肌张力增高、运动迟缓及姿势步态异常等。虽然帕金森病的发生与多种神经递质环路异常有关，但上述出现的临床症状主要与中脑黑质多巴胺（dopamine，DA）能神经元死亡，导致其相关脑区多巴胺分泌不足相关，其中上行黑质纹状体通路是最主要的受损多巴胺能神经回路。目前，帕金森病中引起黑质多巴胺能神经元死亡的神经机制尚不明确，因此，研究黑质多巴胺能神经元损伤的机制对于帕金森病的治疗有着重要意义。由于尸检结果呈现的是终末期患者黑质多巴胺能神经元严重丢失的病理改变，无法有效研究病情发生和发展过程中神经机制的变化，因此帕金森病的动物模型成为研究其神经机制的重要手段和方式。

帕金森病模型主要分为两大类：一类是以神经毒性药物注射诱导多巴胺能神经损伤模型，是经典的啮齿类 PD 模型，神经毒性药物可较为稳定地使多巴胺能神经元变性死亡，操作较为简便，成本较低，建模时间较快，因此是应用最广泛的建模方法；另一类是基于 α- 突触核（α-Syn）蛋白聚集的 PD 模型。除了多巴胺能神经元死亡，α-Syn 在黑质神经元中聚集形成路易体是 PD 的另一个重要病理特征。大量研究表明，路易体是 α-Syn 蛋白的错误折叠和聚集引起，具有细胞间传递和神经投射扩散的特点。该模型在时程上可以更好地模拟 PD 的发生、发展，便于研究 α-Syn 聚集引起多巴胺能神经元死亡的机制。该模型主要以脑定位注射 α-Syn 原纤维（PFFs）及 AAV 注射为主。本章节将分别介绍两种帕金森病模型构建方法。

二、神经毒性药物构建 PD 模型

（一）神经毒性药物构建模型的分子机制

目前最常用的神经毒性药物分别是 1-甲基-4-苯基-1,2,3,6-四氢吡啶（1-methyl-4-phynel-1,2,3,6-tetrahydropyridine，MPTP）、6-羟基多巴胺（6-hydroxydopamine，6-OHDA）、鱼藤酮（rotenone）等，其共同的分子机制是通过抑制多巴胺能神经元线粒体中的呼吸链复合物 I，影响线粒体电子传递，从而通过损伤线粒体而导致多巴胺能神经元死亡。在小鼠动物模型构建中，给予该类药物后可引起黑质、纹状体神经元大量变性死亡，机体产生严重运动失调。下面分别介绍常见的诱导 PD 的药物作用原理。

1. MPTP 作为一种毒品合成的副产物，被 20 世纪 80 年代的嬉皮士服用后引发了大规模中毒，患者表现出帕金森样改变。通过药物分析确定了 MPTP 是最终导致患者呈现帕金森症状的元凶，从而开启了帕金森病研究的新里程。MPTP 可穿过血脑屏障，与单胺酶 B（MAOB）结合并氧化形成 MPP^+，MPP^+ 结构接近多巴胺，因此可通过多巴胺转运蛋白被转运进入多巴胺能神经元，MPP^+ 通过抑制神经元线粒体呼吸链复合体 I 的活性，减少 ATP 的产生并增加活性氧（reactive oxygen species，ROS）产生，引起线粒体损伤，最终导致多巴胺能神经元死亡。由于小鼠对 MPTP 敏感性较高，并且给药方式简单，与 PD 病程类似，因此成为最广泛使用的造模方法。但是 MPTP 模型的一个主要局限性是 SNpc 病变不伴有路易体样细胞质包涵体的形成，因此，帕金森病的一个重要的神经病理学标志将被忽略。各种研究试图通过修改 MPTP 治疗方案来解决这一问题，但取得了有争议的结果。事实上，MPTP 与丙磺舒（probenecid）长期联合给药（5 周内 10 次剂量）已被提出用以克服 MPTP 程序的局限性。事实上，急性（1 天以上 4 次注射）或亚急性 MPTP（每天单次注射 5～10 天）引起的多巴胺能黑质纹状体缺陷往往是可逆的。丙磺舒的加入增强了 MPTP 的作用，使 SNpc 神经元逐渐丢失，与纹状体 DA 和 DA 摄取的大量丢失相关，这种情况在停药后至少可持续 6 个月。

2. 6-OHDA 是一种儿茶酚胺类似物，是 DA 的羟基化类似物，对 DAT 具有高亲和力，可在多巴胺能神经元内运输毒素。由于该物质无法通过血脑屏障，因此需通过立体定位注射至相关脑区。6-OHDA 的作用机制首先是通过多巴胺和去甲肾上腺素转运蛋白聚集到多巴胺能神经元中，经氧化形成自由基和醌类物质，造成线粒体呼吸链复合体 NADH 脱氢酶抑制，使线粒体功能受损，导致 DA 神经元死亡。立体定位注射的脑区可以是黑质致密部（SNc）或内侧前脑束（MFB），后者负责将黑质细胞体的传出纤维输送到纹状体，6-OHDA 会导致黑质纹状体通路多巴胺能神经元顺行变性；或者将 6-OHDA 注射到纹状体区域，引起多巴胺能神经元投射末梢的迅速损伤，继而引发 SNc 神经元的延迟、进行性细胞损伤，这种替代模式提供了一个渐进的黑质纹状体变性模型，它更类似于人类 PD 的神经变性过程的渐进化。

3. 鱼藤酮 是一种杀虫剂，是一种可通过血脑屏障的脂溶性毒物，不依赖转运蛋白即可进入多巴胺能神经元，主要通过抑制线粒体呼吸链复合物 I 损伤线粒体，引起多巴胺能神经元死亡。鱼藤酮作用时间相对缓慢，可出现较为明显的黑质多巴胺能神经元死亡与运动障碍，其特点是通过灌胃给药方式，可见路易体聚集在肠神经丛并可见迷走神经背核侵袭，最终引起中枢神经系统损害，因此被用于帕金森病"肠脑轴"相关机制的研究。

综上，药物 PD 模型的行为学改变与人类 PD 尚存在一定差距，多数报道是在黑质、纹状体无法产生 PD 典型的路易体（Lewy body）形成，这可能与药物较快引起多巴胺能神经元死亡有关。PD 模型也可见于转基因动物模型，如 α-Synuclein 突变 A53T 转基因小鼠，或病毒定位注射至黑质区域诱导 PD 病变，这些模型在路易体形成上有相关报道，也是近年来常见的 PD 模型，然而药物诱导模型的使用最为广泛，且可以模拟 PD 时线粒体功能损伤的情况，是最常见的模型。因此本文着重介绍药物诱导的 PD 模型造模方法。

（二）MPTP 诱导的小鼠 PD 模型构建方法

1. 主要仪器设备、试剂及耗材

（1）仪器设备：动物体重秤、微量天平等。

（2）试剂：MPTP·HCl、丙磺舒、无菌生理盐水（0.9%NaCl）、4% 多聚甲醛、0.01mol/L PBS、蔗糖、异戊烷等。

（3）耗材：1ml 注射器、离心管等。

2. 操作步骤

C57BL/6J 小鼠，8 ～ 10 周龄，体重 22 ～ 30g（注：雌性小鼠造模死亡率高于雄性，且体重低于 22g 的小鼠死亡率较高）。

（1）MPTP 配制：使用天平，根据建模老鼠每次给药总剂量称量 MPTP，生理盐水（即 0.9%NaCl）溶解 MPTP。操作过程中注意防护，戴上手套和口罩，配药在通风橱内进行，选择小瓶 MPTP·HCl，只需要计算溶剂，可避免称重，建议多准备 10% 的溶液，以避免由于注射器内的无效腔造成的短缺。

（2）给药：根据给药时间工作表给药，每天精确间隔 2 小时或同一时间给药，为了效果一致，注射时应在腹膜区向上稍向左，以免刺穿肠道，或向上稍向右，以免刺穿膀胱。皮下注射最好在背部肩胛骨刀片之间进行，如果在 1 天内多次注射，最好交替使用腹膜两侧或背部，以减少这些区域的刺激。急性造模：按 14 ～ 20mg/kg MPTP 剂量给药，每只小鼠每 2 小时注射 1 次，共 4 次，注射后观察动物一般运动、毛发直立等，给药 1 周后进行行为学测定；亚急性造模：按 25mg/kg MPTP 剂量给药，每天每只小鼠注射 1 次，连续注射 5 ～ 7 天，最后 1 次给药 1 周后进行行为学测定；慢性造模：皮下注射 250mg/kg 丙磺舒 [二甲基亚砜（dimethyl sulfoxide，DMSO）溶解]，注射 30 分钟后按 25mg/kg MPTP 腹腔注射，每周注射 2 次，连续 5 周，共注射 10 次，最后 1 次给药 1 周后进行行为学测定。

3. 结果判读

（1）实验：以不同的转棒旋转速度下小鼠在转棒上停留的时间来表征小鼠的行为学特征。PD 模型小鼠与对照组相比，掉落时速度低于对照组小鼠，在转棒上停留时间短。由于不同月龄、品系小鼠造模后运动能力差距较大，因此需用同月龄、性别、品系小鼠注射生理盐水作对照进行行为学实验判定。

（2）酪氨酸羟化酶（TH）染色：TH 是 DA 的合成限速酶，是神经系统多巴胺能神经元标志，通过黑质 TH 染色可检测小鼠 PD 模型造模成功率。小鼠脑组织灌注后冷冻切片，用免疫组织化学或免疫荧光进行黑质部位 TH 染色，显微镜下可见 SNc 有阳性神经元形态出现。PD 模型小鼠 TH 神经元显著少于对照组（图 9-4-1）。

4. 注意事项

（1）MPTP 模型的一个常见问题是在开始给药后 24 小时内发生动物急性死亡。值得注意的是，这与大脑多巴胺能系统的损伤无关，可能是对外周心血管的副作用引起，这种副作用是剂量依赖性的，在一些小鼠品系和雌性小鼠中更为普遍。因此，对于超 50% 的动物死亡的实验结果必须谨慎对待，特别是在不同实验组中急性死亡比例不同的情况下。

（2）MPTP 需用高压灭菌过的生理盐水溶解，但不能直接将 MPTP 溶液进行高压灭菌。

（3）如果一天多次注射 MPTP，需避免注射在同一位置。

（4）MPTP 注射剂量、时间与周期需根据经验及预实验进行调整，目前有实验采用微量泵持续给予 MPTP，效果有待验证。

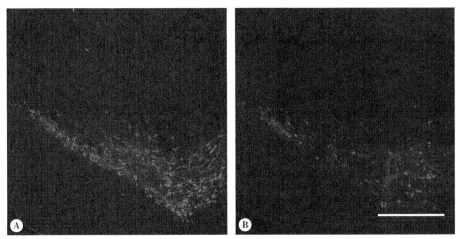

图 9-4-1 小鼠黑质致密部 TH 染色（红色荧光）

A. 对照组小鼠；B. PD 模型小鼠（标尺 200μm）

（三）6-OHDA 诱导的小鼠 PD 模型构建方法

1. 主要仪器设备、试剂及耗材

（1）仪器设备：动物体重秤、微量天平、小动物立体定位注射系统、自动微量注射泵、吸入性麻醉机等。

（2）试剂：6-OHDA、无菌生理盐水、维生素 C 注射液、0.01mol/L PBS、蔗糖、异戊烷、异氟烷等。

（3）耗材：微量注射器等。

2. 操作步骤

C57BL/6J 小鼠，8 ～ 10 周龄，体重 25 ～ 30g。

（1）6-OHDA 配制：取 5mg 6-OHDA 粉末用 1ml 含有 0.2% 维生素 C 的生理盐水配制（可用维生素 C 注射液与生理盐水混合后溶解 6-OHDA），初配好后颜色为淡黄色，避光 -4℃ 保存，若颜色变深则需丢弃。

（2）立体定位注射：小鼠称重后进行腹腔注射麻醉，麻醉后剃除小鼠头顶部的毛，然后固定于脑立体定位仪上。在 26G 微量注射器中吸入 1μl 浓度为 5μg/ul 的 6-OHDA 溶液。头顶经消毒后剪开头皮，暴露前囟和后囟，保证前、后囟的颅骨面保持水平。以前囟为坐标点，找到注射位点，用牙科钻将颅骨钻开，单侧立体定向注射 6-OHDA（5μg/μl，1μl）到小鼠右侧内侧前脑束（MFB）（AP：1.2mm；ML：-1.1mm；DV：5mm），注射器插入后以 0.2μl/min 的速度注射到目标脑区，结束后停留 5 分钟使药物充分扩散，再慢慢拔针以免药物回流。将头皮缝合，术后消毒，暖垫恢复知觉，继续笼中饲养。约注射 2 周后可检测小鼠 PD 行为学改变。

3. 结果判读

（1）阿扑吗啡（APO）诱导的旋转行为：由于单侧黑质损毁，同侧的多巴胺通路损坏，因此多巴胺受体处于超敏状态。当给予外源性多巴胺激动药阿扑吗啡后，小鼠损伤侧反应强于健侧而无法保持平衡，并向健侧旋转，旋转频率与多巴胺受损程度相关，因此可用于检测 6-OHDA 小鼠的造模情况。

操作流程：术后每周进行 1 次检测，腹腔注射新鲜配制的 0.1% APO 溶液 0.5mg/kg，观察旋转情况。将动物放置在半径为 11cm、高为 14cm 的圆柱体中，先适应 10 分钟后进行 30 分钟检测，统计小鼠向健侧的旋转圈数，每旋转 360° 计为 1 圈。统计结果以单位时间头尾相接向健侧旋转次数表示，一般 14 天左右转速达到＞ 7r/min 视作造模成功。对照组不会出现旋转现象。

（2）转棒实验：同上文。

（3）TH 染色：同上文。

4. 注意事项

（1）6-OHDA 配制成溶液后保存时间较短，须尽快使用。

（2）MFB 是多巴胺能神经元从 SNc 投射到纹状体的束。到目前为止，大多数实验模型是基于单侧 MFB 定位注射 6-OHDA 而进行帕金森模型制备，这是因为在 SNc 直接注射 6-OHDA 会产生黑质网状结构（SNr）和中脑腹侧被盖区（VTA）的非特异性损伤。有研究中也会在双侧纹状体注射 6-OHDA，以获得较小的多巴胺能（DA）神经元损伤，以分析纹状体部分 DA 神经元的功能作用。

（3）不建议在 MFB 中双侧注射 6-OHDA，以免导致小鼠术后死亡率升高。

（四）鱼藤酮诱导的小鼠 PD 模型构建方法

1. 主要仪器设备、试剂及耗材

（1）仪器设备：天平等。

（2）试剂：鱼藤酮、氯仿、羧甲基纤维素溶液等。

（3）耗材：注射器、离心管等。

2. 操作步骤

C57/BL6J 小鼠，8 ～ 10 周龄，体重 25 ～ 30g，也可根据实验需求选择老龄鼠。

（1）鱼藤酮配制：先取 62.5mg 鱼藤酮粉末用 1.25ml 氯仿溶解，-20℃保存。灌胃前用 1% 羧甲基纤维素生理盐水稀释，配制成含有 1% 羧甲基纤维素及 1.25% 氯仿的浓度为 0.625mg/ml 的鱼藤酮灌胃液。

（2）用 1.2mm×60mm 灌胃针进行灌胃，每周 5 天，持续 3 ～ 12 周。根据实验需求不同，灌胃时间越长，小鼠状态越差，死亡率越高，同时出现 α-Syn 聚集的路易体越广泛。

3. 结果判读

（1）转棒实验：同上文。

（2）TH 染色：同上文。

（3）取小鼠空肠、结肠进行 TH 及 α-Syn 染色，可见小鼠肠道中 α-Syn 聚集增加，有路易体产生。

4. 注意事项

（1）鱼藤酮不易溶解，需先用氯仿溶解后再稀释。

（2）小鼠对鱼藤酮耐受度较差，灌胃给药死亡率较高，需注意调整鱼藤酮用量及每次灌胃体积，灌胃后密切观察。

三、基于 α-Syn 定位注射构建 PD 模型

1. 主要仪器设备、试剂及耗材

（1）仪器设备：脑立体定位仪、手术显微镜、无菌手术器械、微量注射器、超低温冰箱、冷冻离心机、吸入性麻醉机等。

（2）试剂：重组 A53T α-Syn 蛋白（纯度＞ 95%）、AAV2/1-A53T（人 α-SynA53T 点突变型）-EGFP-WPRE 病毒载体等。

（3）耗材：注射器、离心管等。

2. 操作步骤

C57BL/6J 小鼠，6 ～ 8 周龄，体重 25 ～ 30g，雌、雄均可。

（1）A53T α-Syn 原纤维（PFFs）制备及处理：重组 A53Tα-Syn 蛋白用无菌 PBS 稀释到 5mg/ml，37℃下以 1000 r/min 的转速持续振荡孵育 6 天，使 A53T α-Syn 蛋白组装成 PFFs。将 A53T α-Syn 蛋白稀释至 1mg/ml，分装为 100μl/ 管，-80℃下保存备用。低温下用超声破碎仪短暂超声处理后

用于脑立体定位注射。

（2）定位注射

1）PFFs注射：使用10μl，33G的Hamilton注射器预先吸入2.5μl左右PFFs，其中α-Syn蛋白纤维的含量约为5μg。动物开颅和调平操作与6-OHDA注射一致。α-Syn蛋白通常被单侧或双侧注射在纹状体（AP：+0.2mm；ML：±2.00mm；DV：-2.60mm）。注射针缓慢插入注射位点，以0.1μl/min的速度将PFFs注射到目标脑区。注射结束后，注射针应该继续停留在注射位点5分钟左右，以使纤维充分扩散。最后提起注射针，将动物的头皮缝合并消毒。

2）病毒注射：用注射器或玻璃电极吸取病毒1.5μl，滴度为$(2 \sim 3) \times 10^{12}$ vg/ml，并以0.1μl/min的速度单侧或双侧注射在黑质中（AP：-3.1mm；ML：-1.4mm；DV：-4.4mm）。

3. 结果判读

（1）转棒实验：同上文。

（2）TH染色：同上文。

（3）S129-突触核蛋白免疫荧光染色：该染色可评估路易体形成。可显示在注射点附近有显著的路易体出现（图9-4-2）。

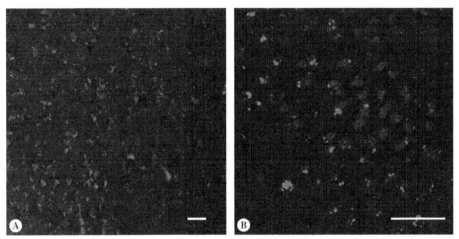

图9-4-2　小鼠黑质致密部S129-突触核蛋白染色（红色荧光）

A. 20倍镜下；B. 60倍镜下（标尺50μm）

（项　捷　席　烨）

第五节　AD小鼠模型

一、模　型　概　述

阿尔茨海默病（Alzheimer disease，AD）是一种以记忆和认知功能逐步降低为主要临床表现的神经功能障碍性疾病，其主要的病理学变化包括脑内β淀粉样蛋白（amyloid β-protein，Aβ）的聚集、高度磷酸化的Tau蛋白形成的神经原纤维缠结（neurofibrillary tangle）及炎症反应等。AD的发生与发展的机制复杂，主要影响因素包括遗传和环境因素。目前常见的AD动物模型主要分为遗传因素引发AD模型和环境因素诱导AD模型。

（一）遗传因素引发AD动物模型

遗传因素引发AD动物模型主要指转基因动物模型，该模型的建立基于明确的遗传学病因，能模拟AD的渐进性退行性病变的过程，也能表现出认知记忆障碍的行为学特征，是目前研究

AD 发病机制及治疗方法的常用模型。常见的转基因动物模型主要为转基因小鼠。

1. 单基因 AD 模型 常见的单基因 AD 模型涉及的突变基因主要有淀粉样前体蛋白（amyloid precursor protein，APP）、早老蛋白 1/2（presenilin-1/2，PS-1/2）、Tau 蛋白及载脂蛋白 E（apolipoprotein E，ApoE），下面分别对这几种基因的功能及相关的 AD 模型进行简述。

APP 在生理条件下较少产生 Aβ。在 APP 发生基因突变时，突变型 APP 可经 β 分泌酶和 γ 分泌酶加工后形成 38 ～ 43 个氨基酸的 Aβ 短肽，其中 Aβ$_{42}$ 易于聚合，可形成寡聚体和纤维状聚集体进而形成斑块，参与 AD 进展。通过在小鼠脑内过表达突变型 APP 构建的转基因小鼠（如 Tg2567、APP23、APP22、*App*^{NL} 小鼠），可以使小鼠脑内形成 Aβ 斑块沉积，引起学习、记忆等行为学异常，从而可以模拟 AD 的病理改变以及认知异常。

早老蛋白 1 参与构成 γ 分泌酶蛋白复合物，转入突变的 *PS1* 基因（如 *Psen1*^{P117L} 敲入小鼠、*Psen1*^{P436S} 敲入小鼠），能够通过影响 γ 分泌酶的加工过程增加 Aβ$_{42}$ 的产生，导致 Aβ$_{42}$/Aβ$_{40}$ 的比例增加。但单纯过表达突变的 PS1 或敲入致病性 *Psen1* 突变基因时不会引起 Aβ 病理改变，其可能的原因在于生成的 Aβ$_{42}$ 产物的总量不足以致病。当该类转基因小鼠与高表达突变型 APP 的小鼠杂交后，其后代脑内致病性 Aβ 的产生则明显增加，同时出现认知缺陷和神经元丢失。

Tau 蛋白能够与微管蛋白结合并起稳定微管的作用。在 AD 患者脑内，Tau 蛋白发生过度的磷酸化、糖基化和泛素化修饰，形成成对螺旋细丝及神经原纤维缠结，导致神经元发生退行性变。在转入突变的 Tau 蛋白编码基因后，可导致小鼠脑内神经原纤维缠结的形成（如 JNPL3、rTg4510、Htau、*hMAPT*^{P301L} 小鼠），可以作为研究 AD 脑内神经原纤维缠结的模型。

载脂蛋白基因 *ApoE* 的表达产物可参与调节 Aβ 的生成，并能影响星形胶质细胞与神经元对 Aβ 的清除和斑块形成；同时，*ApoE4* 也参与神经原纤维缠结的形成过程。此外，*ApoE4* 触发的炎症反应也可导致神经血管功能障碍（包括血脑屏障破坏、血浆来源毒性蛋白入脑等）。因此，*ApoE4* 基因敲入小鼠，如 *ApoE4*（δ272 ～ 299）转基因小鼠、*ApoE4* 敲入小鼠，也可作为研究 AD 脑内病变的模型动物。

2. 多基因复合 AD 模型 为了弥补单基因 AD 模型可能存在的不足之处，更好地模拟 AD 的病理过程，研究人员构建了对多个 AD 相关基因进行联合干预的转基因动物，即多基因复合 AD 模型。常见的多基因复合 AD 模型主要有：*APP/PS1* 双转基因小鼠、*APP/Tau* 双转基因小鼠、*APP/APOE* 双转基因小鼠、*APP/Tau/PS1* 三转基因小鼠。

（二）环境因素诱导 AD 动物模型

遗传因素引发 AD 动物模型虽然应用广泛，但也存在一些不足之处，如饲养周期较长、AD 病变的出现较为缓慢等。因此，在适当条件下也可采用环境因素诱导的 AD 动物模型来对 AD 的发生、发展机制进行研究。

1. Aβ 诱导的 AD 模型 向实验动物脑内特定部位（如海马或脑室）注射 Aβ，可以通过促进 Aβ 局部聚集导致 Aβ 斑块形成、胶质细胞活化等神经炎症反应等，最终导致实验动物出现认知能力障碍。该模型可在多个方面模拟 AD 的病理特征，具有造模时间短、成功率高的特点，比较适用于研究 Aβ 清除的机制。

2. 铝中毒模型 金属离子对 Aβ 在脑内的沉积具有重要的调控作用。铝离子作为具有神经毒性的金属离子，能够促进脑内 Aβ 斑块的形成，引起神经元出现空泡样变等病理改变。通过颅内或皮下注射，以及灌胃等方式对实验动物进行铝过载，可构建铝中毒模型，该模型能模拟 AD 的部分病理特征。

3. 兴奋性氨基酸注射模型 将鹅膏蕈氨酸（ibotenic acid，IBO）、使君子氨酸（quisqualic acid，QA）、红藻氨酸（kainic acid，KA）及冈田酸（okadaic acid，OA）等兴奋性氨基酸注射到实验动物大脑的基底核部位，能引起胆碱能神经元退行性变、神经胶质反应性升高和炎症介质分泌增多，可以作为研究 AD 特定病变的模型，但该模型的稳定性和可重复性不佳。

4. 复合损害模型　是指集铝中毒、铁中毒及胆碱能系统损害等多种因素于一体的动物模型，较常见的是金属离子（包括铝、铁、锌等）与 Aβ 共同诱导病变的动物模型，该模型能在多个方面显示出与 AD 相似的病理特征，较单一因素诱导 AD 的模型有一定优势。

5. 手术损伤模型　通过手术切断或用电极损毁实验动物的海马穹窿伞，使得实验动物在术后表现出明显的学习、记忆障碍，但组织病理学上则未出现 Aβ 斑块和神经原纤维缠结。该模型的不足之处是手术创伤较大，成功率低，易造成实验动物死亡。

6. 衰老模型

（1）自然衰老模型：老龄实验动物的脑内可出现与 AD 类似的神经损害，因此，自然衰老的实验动物模型也是研究 AD 的一种模型。自然衰老模型常以啮齿类和灵长类动物进行构建，但该模型的构建周期较长、耗费较多，实际应用有一定的限制。

（2）D- 半乳糖（D-galactose）诱导的衰老模型：对实验动物进行 D- 半乳糖连续注射（腹腔或皮下），可诱发动物出现代谢紊乱，出现与自然衰老模型相似的表现，如学习记忆能力降低、行动迟缓、毛发稀疏等。该模型的优点是造模时间短、操作简便、易于成功、重复性好，但在模拟衰老的病理学变化方面有一定不足。

二、Aβ 诱导的 AD 模型的构建方法

本节以大鼠为例介绍 Aβ 诱导的 AD 模型的构建方法，主要通过向大鼠脑内特定部位（双侧海马）注射 Aβ，引起 Aβ 局部沉积以及 Aβ 斑块形成，最终可以导致大鼠出现认知障碍。

（一）主要仪器设备、试剂及耗材

1. 仪器设备　脑立体定位仪、无菌手术器械、自动微量注射泵、冷冻切片机、荧光显微镜等。

2. 试剂　0.1mol/L PBS、35% 乙腈、水合氯醛、$Aβ_{1-42}$、$Aβ_{42-1}$、4% 多聚甲醛、生理盐水、Anti-$Aβ_{1-42}$ 抗体、荧光标记二抗等。

3. 耗材　注射器、移液器、防脱载玻片等。

（二）操作步骤

SPF 级 SD 大鼠，雄性，体重 250 ～ 300g。

1. 注射前准备　用新配的 35% 乙腈溶液溶解全长的 $Aβ_{1-42}$ 和反义肽链 $Aβ_{42-1}$，使用前再用 0.1mol/L PBS（pH7.4）稀释至 500μmol/L，并在 37℃孵育 24 小时。

2. 大鼠称重，腹腔注射水合氯醛（30mg/kg）麻醉大鼠，至大鼠四肢无力支撑身体，可认为达到麻醉效果，此时将大鼠头部正立位朝上固定于脑立体定位仪。

3. 用酒精棉球擦拭大鼠头颅正中部位手术视野处，以左、右耳蜗连线为基线，用剪刀沿头颅中轴方向剪开小口（0.5 ～ 1cm），用棉签蘸去流出的血液，轻轻擦拭，暴露颅骨。

4. 实验组大鼠处理方法　利用自动微量注射泵将 2.5μl 的 $Aβ_{1-42}$ 溶液（500μmol/L）定向注射到双侧海马 CA1 区（前囟向后 3.0mm，侧向 2.2mm，深度 2.8mm）；对照组大鼠处理方法：将 2.5μl PBS 或 $Aβ_{1-42}$（500μmol/L）注射至相同位置。

5. 注射完成后，用 3M 生物胶水将剪开的头部皮肤黏合，将大鼠继续饲养 10 天。

6. 参考第二章第三节的方法，获取大鼠脑组织并制备冷冻切片（8μm 厚度），利用 Aβ 抗体进行免疫荧光染色，用荧光显微镜观察 Aβ 斑块在脑组织内的分布情况。

（三）结果判读

可以根据模型动物脑内是否出现 β 淀粉样蛋白的斑块样沉积和神经炎症等组织病理学改变，以及模型动物是否出现记忆与认知功能障碍等行为学表现，来判断该动物模型是否构建成功。预期的结果简述如下：

1. 病理学改变　在大鼠脑海马 CA1 区出现 Aβ 染色阳性斑块（图 9-5-1）。

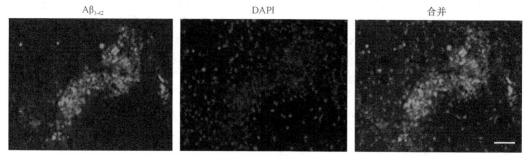

图 9-5-1　Aβ 注射大鼠 AD 模型脑内海马 CA1 区 Aβ 分布情况

海马 CA1 区注射 Aβ$_{1-42}$ 后饲养 10 天的大鼠，做脑冷冻切片，对 Aβ$_{1-42}$ 染色（绿色），DAPI 染色显示细胞核（蓝色），可见海马 Aβ 斑块沉积，标尺 50μm

2. 行为学异常　为了分析 Aβ 诱导的 AD 模型动物是否出现记忆障碍，可参考第八章第八节所述的识别记忆常用检测技术，对模型动物进行进一步的行为学分析。

（四）注意事项

1. 步骤 1 需要保证 Aβ 溶液在 37℃孵育的时间达 24 小时，这样才能使 Aβ 形成聚合物，只有将 Aβ 聚合物注射至脑内后才能形成 Aβ 斑块。

2. 步骤 3 中，仅需剪开皮肤，注意切勿破坏颅盖骨。

3. 步骤 4 中，Aβ 脑内注射的部位首选双侧海马区，但也有文献报道可以将 Aβ 注射至脑室内进行建模。

（赵伟东）

第六节　孤独症小鼠模型

一、模 型 概 述

孤独症（autism）是一种神经发育障碍性疾病，患者临床表现为社交障碍和刻板重复性行为。该病一般发病于 3 岁之前，且预后效果不良。在全球范围内，孤独症的患病率总体呈上升趋势，已成为严重影响人类生存质量及人口健康的重大公共健康问题之一。通过建立孤独症动物模型，模拟与孤独症相关的核心表型，对深入解析孤独症发病机制、探索新的治疗手段、改善孤独症患者的生命质量具有重要意义。

目前，研究人员已成功构建了包括非人灵长类（如猕猴、食蟹猴）、啮齿类（如小鼠、大鼠、草原田鼠）、鸣禽类（如斑胸草雀）、鱼类（如斑马鱼）、无脊椎类（如果蝇、秀丽隐杆线虫、海兔）等在内的多种孤独症动物模型。

孤独症动物模型的构建主要包括遗传因素和环境因素诱导的动物模型。

（一）遗传因素诱发动物模型

孤独症的病因与发病机制与遗传密切相关，人们已发现上百种孤独症的易感及致病基因，这些基因涉及突触的结构及功能、神经细胞的黏附、Wnt 信号通路和神经发生过程中染色质重塑等。通过基因编辑技术可以建立遗传修饰孤独症模型。

1. SH3 和多重锚蛋白重复域（SH3 and multiple ankyrin repeat domains protein 3，*Shank3*）**基因模型**　在兴奋性突触后膜致密区中编码突触支架蛋白，可与多种离子型和代谢型谷氨酸受体相互作用，并与肌动蛋白细胞骨架相联系。2007 年，研究人员对来自 3 个家庭的 5 名孤独症儿童进行检测，发现了 *Shank3* 基因与孤独症有关。目前已构建了针对 *Shank3* 的多种动物模型。不同的 *Shank3* 基因敲除和基因突变小鼠表现出不同程度的功能缺陷，包括社交障碍、重复理毛、自残行为和焦虑等，并表现出异常的突触形态和功能。除了鼠模型外，研究人员还成功构建了 *Shank3* 基因修饰的斑马鱼模型和猕猴模型。

2. 脆性 X 智力低下基因（fragile X mental retardation 1，*FMR1*）**基因模型**　在孤独症患者中，由单基因综合征致病的病例占 5% ～ 10%，其中最常见的是脆性 X 综合征。脆性 X 综合征常表现为孤独症的症状，如认知障碍、非言语及言语交流障碍及刻板行为等。脆性 X 综合征是由 FMR1 启动子中 CGC 异常扩增（少数是由点突变）导致蛋白质合成减少所致。FMR1 敲除小鼠存在社交障碍、智力障碍、焦虑等孤独症的核心症状，且大脑皮质神经元树突棘较正常小鼠更长，顶树突的树突棘密度更大。利用在体双光子钙成像技术，研究人员发现 *FMR1* 基因突变小鼠的神经元对重复胡须刺激的适应性明显不足，提示皮质感觉回路中的适应性受损可能是孤独症触觉防御的潜在原因之一。

3. *MeCP2* 基因模型　甲基化 CpG 结合蛋白 2（methyl-CpG binding protein 2，MeCP2）是一种含量丰富的染色质结合蛋白，能特异地识别甲基化 CpG 二核苷酸，在哺乳动物机体内广泛表达。*MeCP2* 基因突变人群出现严重的精神发育延迟、癫痫发作、刻板行为等类似孤独症的症状。许多研究表明，MeCP2 靶向突变的孤独症小鼠模型与临床雷特综合征具有高度的表型一致性，表现出社会交往异常。MeCP2 敲除大鼠模型，表现出生长发育迟缓、社交障碍等症状。大脑中过表达人类 MeCP2 的转基因食蟹猴会表现出孤独症样行为并呈现出转基因的种系稳定遗传。

4. *NRXNs* 基因模型　NRXNs 是一类细胞黏附蛋白，在突触的黏附、分化和成熟中起重要作用。研究发现，位于 2 号染色体上的 *NRXN1* 基因在孤独症患者中存在突变。敲除 NRXN1α 基因的小鼠存在过度活跃的非社会性认知缺陷等孤独症样症状。此外，*Cntnap2* 作为神经连接蛋白（neurexin）家族的成员，以细胞黏附分子和受体的形式在脊椎动物的神经系统中发挥功能。在孤独症患者中观察到 *Cntnap2* 基因的隐性突变，患者表现出癫痫、智力发育障碍等。*Cntnap2* 基因敲除小鼠表现出社交障碍、重复行为增加、超声波发声减少、多动、癫痫等症状，且表现出异常的神经元皮质迁移、皮质中的异步神经元放电、抑制性中枢神经元数量减少，导致过度活跃和癫痫发作。

5. 神经连接蛋白基因（*NLGNs*）**模型**　NLGNs 是一类细胞黏附分子，位于突触后膜上，与突触前的 neurexins 相互作用，在突触发育和功能中起重要作用。人体内表达 NLGN1、NLGN2、NLGN3 和 NLGN4 家族成员蛋白。已发现，与孤独症相关的 NLGNs 家族基因变异中，NLGN3 和 NLGN4 的报道最多。NLGN1 敲除小鼠表现出空间记忆障碍和刻板行为；NLGN2 敲除小鼠焦虑行为增加，疼痛敏感性差；NLGN3 敲除小鼠存在超声波发声减少和社交障碍，且海马、纹状体和丘脑体积较正常个体减小；NLGN4 敲除小鼠存在社会交往和社会交流障碍，且大脑、小脑和脑干的体积减小。

6. 其他基因模型　除上述模型外，国内外报道的还有 TSC1/2、CHD8、POGZ、ANK2、MIR137、15q11 ～ q13 缺失和 15q13.3 微缺失、15q11 ～ 13 重复、22q11.2 缺失综合征、16p11.2 剪除和复制综合征等多种基因异常模型。

（二）环境因素诱发动物模型

环境因素也与孤独症的发病密切相关。研究人员发现，多种化学因素所致的脑功能发育障碍可能与孤独症关系密切，进而提出了多种发病机制假说。围产期的病毒感染、重金属和化学致畸剂等环境因素与遗传因素在神经系统发育的关键时期相互作用，可能最终导致孤独症。

1. 丙戊酸（valproic acid，VPA）**模型**　VPA 是临床上常用的抗癫痫药及情绪稳定药。流行病学研究发现，母体在妊娠早期服用 VPA 后，其子代罹患孤独症的风险明显升高。VPA 属于短链脂肪酸，分子量很小，可以迅速通过血脑屏障。同时，VPA 也是一种组蛋白脱乙酰酶抑制剂（histone deacetylase inhibitor，HDACi），而组蛋白乙酰化状态会影响基因的复制与转录，从而会影响神经发育、突触形成及神经回路可塑性。胚胎发育 12.5 天向孕鼠腹腔注射 VPA，其雄性仔鼠表现出与孤独症患者相似的症状，如生长发育迟缓、社交障碍、重复刻板行为、对疼痛敏感性降低、学习及记忆障碍等。

2. 母体免疫激活（maternal immune activation，MIA）**模型**　流行病学研究证实孕期感染是导致孤独症的因素之一。双链多核苷酸或脂多糖（lipopolysaccharide，LPS）导致母体免疫激活，诱导孤独症动物模型。双链多核苷酸处理的仔鼠表现出社交障碍、焦虑和重复刻板行为等与孤独症类似的症状。Kirsten 等将妊娠期为 9.5 天的大鼠腹腔注射 LPS，仔鼠表现出学习记忆障碍、社交障碍和重复刻板行为。

3. 母体自身抗体模型　孕期阶段，母体的 IgG 等可经胎盘为胎儿提供被动免疫，保证胎儿的正常发育，但是母体的致病性抗体也会经过此途径传给胎儿。研究发现，少部分孤独症患者母亲血清中存在抗胎儿脑组织的特异性抗体（IgE13 ～ IgE18 及 IgG），母体产生的特异性抗体可能是导致后代孤独症的重要因素。大鼠孕期注射从孤独症患儿母体血清分离得到的 IgE13 ～ IgE18 及 IgG，其子代成年后表现出焦虑、社交障碍等与孤独症相似的症状。

4. 博尔纳病病毒（Borna disease virus，BDV）**模型**　博尔纳病病毒是一种 RNA 病毒，它会导致神经元及胶质细胞的变性。孕妇在感染病毒后，子代患孤独症的概率增加。Hornig 等用博尔纳病病毒感染新生的 Lewis 鼠建立一种全新的孤独症动物模型，感染后的鼠表现出生长、游戏行为和学习的障碍，且海马和小脑发育异常，这些表现与孤独症患者症状相似。

5. 其他环境因素诱发的模型　除此之外，报道尚有丙酸诱导模型、特布他林诱导模型、沙利度胺诱导等动物模型。

二、VPA 诱导的小鼠孤独症模型构建方法

VPA 是一种临床常用的抗癫痫药，在环境因素诱导的孤独症模型中，孕期 VPA 暴露是被广泛认可的环境因素诱发的孤独症动物模型。VPA 诱导的啮齿类动物孤独症模型具有良好的构建效度、表面效度和预测效度。大鼠孕期腹腔注射 VPA 的剂量为 400 ～ 800mg/kg，小鼠的剂量为400 ～ 600mg/kg。

（一）主要仪器设备、试剂及耗材

1. 仪器设备　天平等。

2. 试剂　VPA 溶液（50mg/ml：天平称取 0.5g VPA 粉剂溶于无菌生理盐水中，定容至 5ml）、无菌生理盐水等。

3. 耗材　注射器、离心管等。

（二）操作步骤

C57/BL6J 小鼠，6 ～ 8 周龄，体重 20 ～ 25g。

1. 动物合笼　育龄期小鼠按雌雄比 2：1 于 18:00 ～ 19:00 合笼，在鼠笼标签上注明雌鼠体重。

2. 阴栓检测　次日 7:00 ～ 7:30，将雄鼠自鼠笼取出，随后检查雌鼠阴道口开合情况以及是否有阴栓。阴栓为阴道口处黏着的乳白色或乳黄色颗粒状固体或半固态物质（图 9-6-1）。检到有阴栓即为孕期第 0.5 天。

3. 腹腔注射 VPA　在孕期第 12.5 天，孕鼠单次腹腔注射 VPA。以注射剂量为 500mg/kg 体重为例，VPA 注射液浓度为 50mg/ml，则注射体积（V）计算方法如下：

$$V（ml）= 孕鼠体重（kg）\times 500（mg/kg）/50（mg/ml）$$

4. 出生和分笼　子代小鼠出生当日记为出生后第 1 天。出生后第 21 ～ 25 天将雄性和雌性子代小鼠分笼饲养，雄性子代小鼠为孤独症模型小鼠。

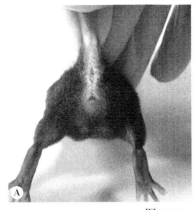

图 9-6-1 小鼠阴栓

A. 阴道口闭合，无阴栓；B. 阴道口已开，有阴栓

（三）结果判读

1. 基本生长指标检测 VPA 暴露的子代模型鼠出现发育迟滞现象，如体重减少、睁眼延迟、斜坡实验中转身时间延长、游泳协调能力降低、嗅觉寻巢时间延长等。个别 VPA 模型小鼠尾部还出现弯曲等不同程度的发育畸形。

2. 行为学改变 VPA 暴露的子代模型鼠表现出社交障碍、刻板重复等孤独症样行为。三箱社交实验（three-chamber social test）和 Homecage 实验可用来检测小鼠的社交行为。三箱实验的第一阶段和第二阶段，VPA 模型小鼠的社会交往指数和社交偏好指数与正常小鼠相比均显著下降；Homecage 检测显示 VPA 模型小鼠相对于正常小鼠其社交行为发生的总次数显著下降。埋珠实验和自我理毛行为可以用来检测小鼠刻板重复行为。埋珠实验中 VPA 模型小鼠埋珠的个数以及理毛测试中 VPA 模型小鼠自我理毛的次数均显著高于正常小鼠。

（四）注意事项

1. 孕期第 12.5 天时，称量孕鼠体重，相对于孕前体重上升 2 ～ 5g 的雌鼠可确定怀孕，对其进行 VPA 腹腔注射（妊娠明显的小鼠可有明显的腹部隆起）。

2. 注射 VPA 时，需注意注射器不可插入腹腔太深，以免刺入子宫。

（范 娟 田英芳）

第七节 癫痫小鼠模型

一、模 型 概 述

癫痫（epilepsy）是一种仅次于卒中的最常见的神经系统疾病，全球高达 6500 万的患病人群，发病率为 5‰ ～ 7‰。患者中有 1/3 的人出现了药物耐受性癫痫。癫痫发病机制复杂，至今仍未明确，以大脑神经元突然、反复、短暂的异常放电为表现特征，多数学者认为大脑兴奋性神经递质和抑制性神经递质失衡、离子通道基因突变、神经胶质细胞功能异常、突触联系异常、遗传导致的基因突变、脑创伤、线粒体突变等都与癫痫发作密切相关。颞叶癫痫（TLE）是成人中最常见的癫痫综合征，TLE 的病程包括以癫痫持续状态（SE）为特征的急性期、潜伏期和以自发性反复癫痫发作为特征的慢性期。癫痫持续状态发作导致的海马齿状回异常神经发生、脑内异常神经网络重塑和高兴奋性形成，是慢性期自发性反复癫痫发作（SRSs）产生的重要病理机制。但是，目前绝大多数抗癫痫药只能通过调节边缘系统的兴奋 / 抑制平衡而减缓 SRSs 发生，并不能影响 TLE

病程发展和海马及相关脑区的病理结构形成和发展。

TLE 动物模型的构建主要包括遗传因素和环境因素诱导的动物模型。

(一) 遗传因素诱发动物模型

癫痫的发生与发病机制和遗传因素密切相关，遗传导致的基因突变、缺失、错义、重复等都可导致自发性癫痫。通过基因编辑技术可以建立相对应的转基因癫痫模型小鼠进行癫痫疾病的研究。

1. *MeCP2* 基因模型 *MeCP2* 基因定位于 X 染色体 q28 上，是甲基化结合蛋白家族的主要成员。MeCP2 广泛表达于哺乳动物脑内神经元细胞核内，*MeCP2* 基因突变可以导致雷特综合征和雷特样综合征，是一种罕见的先天性疾病，常见于女童，以孤独症特征、获得性小头畸形、习惯性拍手和自主神经功能障碍等为特征，50% ～ 90% 的雷特综合征患者出现癫痫反复发作。Zhang 等研究表明，小鼠前额叶皮质兴奋性神经元 *MeCP2* 基因无效突变或敲除会导致自发性癫痫发作。

2. *Foxg1* 基因模型 *Foxg1* 基因定位在人类 14 号染色体 14q12，Foxg1 是叉头蛋白转录因子家族中的一员，是脑发育中位于较上游的转录因子，是端脑发育所必需的因子之一，小鼠 Foxg1 纯合性缺失可导致端脑结构的严重减少，而人类 Foxg1 缺失可导致出生后小头畸形、身体发育严重迟缓和结构性脑缺陷，如脑萎缩、脑回减少、髓鞘脱失和胼胝体变薄或缺失，被称为 Foxg1 综合征，属于常染色体显性遗传病。患儿表现为躯体感觉运动障碍、认知缺陷、刻板行为，会不自主地发笑或者大声尖叫，同时还具有情感障碍和社交障碍，大多数的患儿伴有癫痫发作，严重的每天发作数十甚至上百次。

3. 离子通道基因与癫痫模型 早发癫痫性脑病患儿临床表型多样化，离子通道基因突变是最常见的遗传性病因。钾通道基因 *KCNQ2* 或 *KCNQ3* 突变所致的癫痫是一种少见的常染色体显性遗传的原发性全身性癫痫，主要表现为出生后 2 ～ 3 天出现痉挛性或窒息性发作，在出生后数周或数月左右症状消失，大多数患儿预后良好，发作多呈年龄依赖性消失。钠通道基因 *SCN1A*、*SCN2A*、*SCN3A*、*SCN4A*、*SCN8A* 和 *SCN1B* 等突变与癫痫发生有关，不同的基因突变导致的癫痫综合征表型轻重不一，轻者表现为热性惊厥，预后良好，重者可表现为顽固性难治性癫痫。小鼠钙通道亚基因突变后表现为失神样癫痫自发性发作，由于 $α_1$ 亚基因 *Cacna1a* 突变可导致小鼠小脑浦肯野神经元 P/Q 型钙离子流的消失，被命名为 tottering 鼠、lethargic 和 stargazer 鼠分别是由 β4 亚基因 *Cacnb4* 和 γ 亚基因 *Cacng2* 突变所致，ducky 鼠为 α2δ2 亚基因 *Cacna2d2* 突变所致。

4. *PTEN* 基因模型 *PTEN* 基因定位于 10 号染色体 q23 上，是一种具有双重特异性磷酸酶活性的抑癌基因，其编码蛋白在大脑皮质、小脑、海马及嗅球等部位表达丰富，参与了神经细胞增殖、迁移、分化、凋亡和突触形成等的发育过程。人类 *PTEN* 基因突变在神经系统表现为进行性大头畸形、癫痫、运动共济失调、智力障碍、孤独症等。小鼠齿状回颗粒细胞 *PTEN* 基因敲除，通过过度激活 mTOR 通路可导致严重的癫痫综合征。

5. 其他基因模型 神经细胞黏附分子、突触蛋白、mTOR 通路等某些基因突变、缺失、重排都可导致癫痫发生。

(二) 环境因素诱发动物模型

引起癫痫发病的遗传和获得性因素十分复杂，目前尚没有一种动物模型能模拟所有的癫痫发作类型。常用的物理、化学因素诱导的癫痫模型鼠包括电刺激和化学试剂诱导两种，电刺激诱导常用杏仁核电刺激，化学试剂诱导常用匹罗卡品（毛果芸香碱）、戊四氮、红藻氨酸等。评定动物模型是否为癫痫模型最主要的依据是行为学的癫痫发作和脑电图的生物电异常发放。行为学的表现根据 Racine 评分在 4 级或以上发作则视为诱导癫痫动物模型成功。Racine 评分如下。

0 级：给药后动物如常，无任何反应或症状。

1 级：动物有偶发的面部肌肉抽动，如眨眼、胡须抖动、节律性咀嚼。

2 级：节律性点头。

3级：头部和（或）单侧肢体阵挛。

4级：动物表现身体直立，伴有两前肢阵挛。

5级：一次以上跌倒、翻滚、四肢抽搐全身性强直阵挛发作，甚至死亡。

1. 杏仁核电刺激诱导癫痫大鼠模型　动物麻醉后，将电极植入双侧杏仁核，手术恢复7天后，再使用电流刺激，电流强度为20μA、频率60Hz、持续1秒、间隔1分钟，之后在原来刺激强度基础上增加20μA，直至出现杏仁核后放电，5分钟后，以500μA的电流强度反复刺激动物杏仁核直至出现Racine 4级以上行为学改变，即诱导成功。采用电刺激建立的杏仁核点燃癫痫大鼠模型，能够建立起理想的慢性期反复自行癫痫发作和耐药性癫痫模型，缺点是对脑部有机械损伤且操作较复杂。

2. 匹罗卡品（pilocarpine）制备大鼠癫痫模型　匹罗卡品属于M型胆碱受体激动剂，中枢神经系统胆碱受体激活后，能引起持续性的全身肌肉强直性阵挛的发作。匹罗卡品诱导的癫痫模型急性期对海马的损伤主要是药物导致的神经元坏死，慢性期则是自发性反复癫痫发作导致的神经元的凋亡。匹罗卡品诱导的癫痫动物模型具有以下优点：其一，操作过程比较简单，诱导癫痫持续状态的发生比较迅速；其二，海马的病理结构与人类颞叶癫痫相似；其三，诱发癫痫后行为学和脑电图（EEG）的表现与人类相似；其四，在慢性期容易出现稳定的自发性癫痫再发作。缺点是癫痫持续状态不易掌控，经常在发作过程中出现动物死亡。

3. 红藻氨酸（KA）诱导大鼠癫痫模型　红藻氨酸为谷氨酸的结构类似物，通过激活海马的谷氨酸受体，使得颗粒细胞的谷氨酸大量释放，海马神经元过度兴奋从而导致癫痫发作。采用腹腔注射或立体定位向海马内注射红藻氨酸，能成功诱导出类似于人类颞叶癫痫的动物模型。红藻氨酸诱导的动物癫痫模型能呈现出与人类颞叶癫痫相似的行为学和神经病理改变。

4. 戊四氮（pentetrazol，PTZ）诱导大鼠癫痫模型　戊四氮是一种GABA受体拮抗剂，采用腹腔注射方法，先给予PTZ中等剂量40mg/kg，如果诱导癫痫发作失败，再给予20mg/kg，直至诱导癫痫发作成功。戊四氮诱导癫痫大鼠模型只能引起海马CA1区神经元的部分丢失和齿状回苔藓纤维芽发，而海马CA3区及齿状回门区的神经元丢失则不明显。

5. 其他环境因素诱发的模型　除此之外，尚有报道经眼电刺激建立大鼠癫痫模型、氟乙酸钠大鼠癫痫模型、青霉素大鼠癫痫模型、印防己毒素诱导癫痫模型等动物模型。

二、匹罗卡品诱导小鼠癫痫模型构建方法

（一）主要仪器设备、试剂及耗材

1. 仪器设备　天平等。

2. 试剂　硝酸甲基东莨菪碱溶液（0.025mg/ml：天平称取0.25mg硝酸甲基东莨菪碱粉剂溶于无菌生理盐水中，定容至10ml）、匹罗卡品溶液（75mg/ml：天平称取750mg匹罗卡品溶于无菌生理盐水中，定容至10ml）、无菌生理盐水等。

3. 耗材　注射器、离心管等。

（二）操作步骤

昆明小鼠，雌雄不限，6～8周龄，体重22～30g。

1. 皮下注射硝酸甲基东莨菪碱　硝酸甲基东莨菪碱主要用来减轻匹罗卡品引发的周围神经系统反应，以降低建模过程中小鼠的死亡率。每只小鼠在腹部皮下注射硝酸甲基东莨菪碱，按1mg/kg剂量和所用药物浓度（0.025mg/ml）计算所用毫升数，给药同时记录给药时间，并定时30分钟。

2. 腹腔注射匹罗卡品　按280mg/kg剂量计算每只小鼠需要的匹罗卡品毫升数（75mg/ml），待硝酸甲基东莨菪碱注射30分钟后给予腹腔注射。匹罗卡品注射5分钟后，之前运动活跃的小鼠会很快安静下来，轻提小鼠尾巴使其悬空发现小鼠全身有轻微震颤、肌肉紧张，此时尽量避免刺激小鼠，10分钟后，部分小鼠会自主癫痫发作；部分小鼠没有自主发作，此时可将小鼠放在鼠笼

壁上沿行走给予运动刺激，一般经运动刺激后都可发作；个别小鼠在注射匹罗卡品 30 分钟后仍未发作，可适当给予较强刺激，如提尾巴悬空或者在双手之间晃动等。小鼠出现 Racine 4～5 级行为学改变，且持续发作 1 小时以上即认为诱导成功。

（三）结果判读

1. 行为学改变　匹罗卡品诱导小鼠癫痫模型成功后，可出现 Racine 4～5 级行为学改变，且癫痫持续发作 4～5 小时，经过潜伏期约 1 个月后，进入慢性期，视频监测发现小鼠会出现自发性癫痫反复发作，每次持续几秒至几十秒（图 9-7-1）。

图 9-7-1　匹罗卡品诱导的癫痫小鼠行为学改变

A. 正常小鼠；B. 匹罗卡品诱导的癫痫小鼠 Racine 5 级发作

2. 脑电图（EEG）的改变　匹罗卡品诱导的癫痫小鼠在癫痫发作时脑电波的波幅和频率都明显增加（图 9-7-2）。

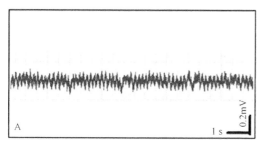
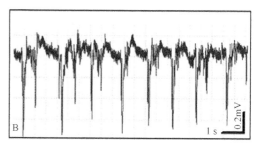
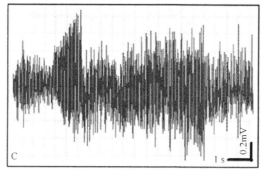

图 9-7-2　匹罗卡品诱导的癫痫小鼠 EEG 的改变

A. 正常小鼠的 EEG 图形；B. 匹罗卡品诱导的癫痫小鼠急性发作期时的 EEG 图形；C. 匹罗卡品诱导的癫痫小鼠在慢性期（通常是癫痫诱导 1 个月后可视为慢性期发作）自主癫痫发作时的 EEG 图形

（四）注意事项

1. 诱导癫痫模型小鼠的过程中应注意观察小鼠癫痫发作是否很快停止，如果停止发作，应该再次给予适当刺激，直至进入癫痫持续发作状态，并且注意避免光、声音等刺激。

2. 在癫痫发作急性期内，注意给予小鼠保暖和饮食，对于癫痫发作严重的小鼠给予营养支持。

3. 匹罗卡品称量要准确，腹腔注射的量要精确，不同小鼠品系药量需要摸索。

（肖新莉）

第八节　焦虑症小鼠模型

一、焦虑症小鼠模型概述

焦虑症（anxiety neurosis），全称为焦虑性神经症，是神经症中最常见的一种，以焦虑情绪体验为主要特征，可分为慢性焦虑（广泛性焦虑）和急性焦虑（惊恐发作）两种形式。焦虑症患者的主要表现为：无明确客观对象的紧张担心、坐立不安，还有自主神经功能失调症状，如心悸、手抖、出汗、尿频等。

在焦虑症的机制研究中，科研人员通过建立焦虑症动物模型，模拟与焦虑症相关的核心表型，对深入解析焦虑症的发病机制、探索新的治疗手段具有重要意义。目前，研究人员已成功构建了多种小鼠焦虑症行为模型，主要包括应激模型、分离模型、药物诱发模型等。焦虑症行为的评价方法经过多年的发展，主要包括旷场实验、高架十字迷宫实验、黑白箱实验和埋珠实验等。

（一）应激模型

应激在众多神经系统疾病的病理生理过程中都扮演着重要的角色。大部分的应激我们机体自身可以适应，但是如果有刺激不能适应，则可能使产生生理和心理上的异常，如焦虑样行为。按照持续时间长短，应激可分为急性和慢性应激，这两种应激均可以引起焦虑。

1. 急性应激模型　束缚应激作为一种非损伤性刺激，能够较好地模拟人类生活中"无法控制"的拥挤、挫折等生活状态，可以很好地模拟人类产生应激导致的心身疾病过程，因此，束缚应激是一种良好的心理应激模型。将小鼠束缚在狭小的圆筒中30分钟，可以检测出焦虑样的行为，属于急性应激模型。束缚器是一个底部扁平的圆筒，小鼠在圆筒内无法转身但头部和四肢活动不受限。圆筒身上有足够小鼠呼吸的小孔，筒底部有一个足以使小鼠尾部伸出活动的小孔，确保动物束缚于装置中，有束缚刺激的效果，也满足小鼠拥有一定的活动空间。

2. 慢性应激模型　慢性或持续的应激可使中枢神经系统损伤，导致适应水平逐渐降低。常用的慢性应激诱导焦虑症模型包括慢性束缚实验和慢性挫败应激实验。慢性束缚实验是将小鼠束缚在狭小的圆筒中，20分钟/次，1次/天，连续7天。圆筒的装置如急性应激模型中所描述，单次束缚持续的时间长度和持续的天数根据具体实验设计而定。

慢性挫败应激实验是将C57小鼠放入攻击性很强的CD1小鼠鼠笼中，让其连续接触2小时，在这期间C57小鼠会被攻击，但不能让其死亡。重复刺激6天，即可以诱导出小鼠焦虑样的行为。

3. 条件反射性焦虑症模型　足底电击模型是一种基于条件反射的焦虑症模型，包含心理应激和物理应激两种成分。在足底电击模型的实验中，将某种信号和电击随机结合起来，信号（如声音）出现后可能会出现电击，也可能不出现电击，这种不可预知的电击造成动物的焦虑样反应。在研究中，电流大小、电击持续时间和重复次数也是根据实验目的不同而存在差异。由于这些实验方案均存在一些缺陷，因此建议联合两种或多种应激模型进行焦虑症小鼠造模来提高成功率。另外，有研究发现，足底电击前及实验过程中对小鼠进行持续的单独饲养，也可以提高造模的成功率。

饮水冲突电击模型是另外一种条件反射性焦虑症模型，主要利用禁水的小鼠对水的渴求以及饮水时受到电击的恐惧之间的矛盾冲突，诱导焦虑样行为的产生。将小鼠的饮水行为和不确定的电击结合起来，在饮水时小鼠可能受到电击，也可能不受到电击。小鼠为了饮水的需要就可能会受到电击的伤害，由此造成动物在饮水和避免电击之间的趋避冲突，如果小鼠舔水次数明显减少，则提示出现了焦虑样的行为。

（二）分离模型

1. 社会分离模型　各种因素造成的长期社会分离可以诱发小鼠焦虑样行为。常用的社会分离模型是将成年雄性小鼠连续单独饲养2～8周，小鼠即可表现出焦虑样行为，同时攻击性行为也会增加。这种模型操作起来比较简单，一般而言社会分离2周后就会产生焦虑样行为，在隔离4周后可产生较为稳定的焦虑样行为。

2. 母婴分离模型 母鼠给仔鼠提供了早期环境中的重要成分，如营养、热量、躯体感觉、触觉、嗅觉及听觉刺激等重要资源。在生命早期进行母婴分离对小鼠的生长发育会产生不良影响，包括引起焦虑等精神疾病。母婴分离模型一般是将仔鼠和母亲长时间地（1～24小时）分开，是严重的早期社会环境剥夺。例如，有的研究在小鼠出生后第2～14天，将母鼠和同窝仔鼠分别放置在两个鼠笼中持续3个小时后，再将母鼠和同窝仔鼠放在一起，连续进行13天。经历早期母婴分离后的小鼠在成年时会表现出焦虑样行为。在不同的研究中，母婴分离的方案在分离时期（出生后第几天）和分离时间的长短不一样。

（三）药物诱发模型

1. 间氯苯基哌嗪诱发焦虑症模型 间氯苯基哌嗪（m-chlorophenyl-nylpiperarzine，m-CPP）是一种5-羟色胺（5-HT）受体激动剂，有诱导焦虑发生的作用。对小鼠应用1～2mg/kg的m-CPP，可诱导其产生焦虑样行为。m-CPP作为一种5-HT能神经元激动剂，它能够穿越血脑屏障，通过作用于5-HT的相关受体，使5-HT能神经元活动增强，进而导致焦虑样的行为。

2. 吗啡戒断反应诱发焦虑症模型 吗啡戒断反应诱发的小鼠焦虑也被认为是一种典型的药物焦虑症模型。常见造模方法是以吗啡2.95mg/kg为基础，按日递增原则对小鼠进行用药，连续用药5～6天，在最后1次用药2～3小时后腹腔注射2.0mg/kg的纳洛酮促进吗啡戒断。注射纳洛酮后，立即将其放入烧杯内，观察10分钟内小鼠的跳跃反应，跳跃反应明显增多证明小鼠吗啡成瘾，此时小鼠可以被检测出焦虑样的行为。

二、间氯苯基哌嗪（m-CPP）诱发焦虑症模型构建方法（案例介绍）

（一）主要试剂

1-（3-氯苯基）-哌嗪（也称为间氯苯基哌嗪或m-CPP）等。

（二）操作步骤

SPF级动物，雄性：C57/BL6J小鼠，6～8周龄，体重20～25g；雌性：C57/BL6J小鼠，6～8周龄，体重20g左右。实验环境保持12h/12h明暗交替，室温（25±1）℃，实验前1天将动物放在行为检测的环境中进行适应，动物可自由进食、进水。

实验操作从上午10时到下午3时。在小鼠皮下注射m-CPP（1～2mg/kg），对照组皮下注射等量的生理盐水，实验组和对照组小鼠注射的体积为10ml/kg。20分钟后将小鼠放于黑白箱的中央，记录5分钟内各组小鼠在黑箱和白箱中的活动次数，或在20分钟后将小鼠放于旷场实验、高架十字迷宫或者埋珠实验的笼子进行检测。

图9-8-1 高架十字迷宫实验

（三）结果判读

1. 旷场实验 将动物放置在旷场实验的中心或者任意一面墙边，让小鼠自由探索。分析小鼠5分钟内在旷场中心区域的时间和进入次数，如果发生时间缩短或次数降低，则提示出现焦虑样行为。

2. 高架十字迷宫实验 将小鼠放在高架十字迷宫装置的中间，让它们自由地探索迷宫。分析5分钟内小鼠在高架十字迷宫开臂区域的时间和进入次数，如果发生时间缩短或次数降低，则提示出现焦虑样行为（图9-8-1）。

3. 黑白箱实验　将小鼠放在黑暗的隔间中，让其在黑白箱中自由探索。分析 5 分钟内小鼠在白箱的时间和进入次数，如果减少在该区域中活动的时间或减少进入的次数被定义为一种焦虑样行为。

4. 埋珠实验　将 12 ～ 25 个玻璃弹珠（直径 1cm）均匀分布在木屑上，将小鼠放入埋珠实验的笼中，静置 15 ～ 30 分钟。之后，将小鼠拿出并计数埋藏的玻璃弹珠。埋藏玻璃弹珠的数量被视为衡量小鼠焦虑状态的一种方法，如果数量出现明显的降低，则提示出现焦虑症的症状。

（四）注意事项

1. 在进行焦虑样行为检测过程中，如旷场实验，为了避免刺激，在实验中尽量不直接接触小鼠，而是使用纸盒将小鼠轻轻放入中央区后立即录像，实验过程中，实验者保持安静。

2. 每只小鼠测试完成后要清理小鼠留下的粪便、尿液，并喷洒 75% 乙醇使气味消除，待实验装置完全干燥后再进行下一只小鼠的检测。

3. 每组有多只实验小鼠，为了避免干扰剩余没有检测的小鼠，建议将测试完的小鼠不要放回原本的饲养笼，而是先放置于一个新的笼子里。

（蔡国洪）

第九节　抑郁症小鼠模型

一、概　述

抑郁症（depression）是一种慢性、易复发的以情感低落、思维迟钝、言语动作减少、迟缓为典型症状的精神情志障碍性疾病，严重者伴有自杀倾向。抑郁症患病率高，在我国患病率为3% ～ 5%。对抑郁症的发病机制仍然不完全清楚，所以缺乏有效和安全的治疗方法。抑郁症动物模型可以模拟一种或多种抑郁症患者的症状，包括社交回避、快感缺乏、兴趣缺失、绝望和长期情绪低落等。通过基于抑郁症动物模型的研究能够揭示抑郁症发生的分子机制和病理变化基因，从而为抑郁症的防治提供有用的靶点。这里我们对常用的抑郁症动物模型的优缺点进行比较，期望对选择合适的抑郁症模型有所帮助。

二、模型种类

（一）慢性不可预知性轻度应激模型

慢性不可预知性轻度应激（chronic unpredictable mild stress，CUMS）模型是常用的一种诱发抑郁症的应激模型。该模型是让动物在 5 ～ 9 周的时间内接触温和的、不可预测的、不同类型和时限的应激，如昼夜节律的调整和光照性质的改变（昼夜颠倒、闪光、间断光照）、环境的改变（隔离、拥挤的环境、鼠笼倾斜、潮湿垫料、高温、噪声、束缚）、食物或水的剥夺、电击足底、强迫游泳等（图 9-9-1）。将几种不同的应激方式在模型制作全程中应用，顺序随机，使动物不能预料刺激的发生，这种应激模式可以避免动物对应激因素产生适应。CUMS 模型被认为可以模拟人类生活中应激的程度、多样性和慢性的特点，可以更接近地模拟出人类抑郁症的重要特征，如快感缺乏，同时模拟了其他重性抑郁障碍的症状表现，如运动能力及社会交往能力下降、探索行为能力下降、侵犯攻击能力缺陷、性行为能力下降等。此模型的缺点是实验操作慢性轻度应激过程的工作量大、持续时间长，因此我们和其他实验室把应激方式减少为 3 种（强迫游泳、避水应激、束缚应激，每天随机采用一种应激），应激时间缩短为 3 周，同样可以引起动物的抑郁样变化。

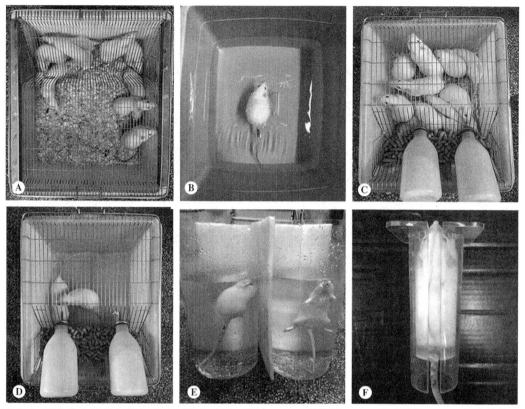

图 9-9-1　依次为大鼠禁水禁食（A）、避水（B）、拥挤（C）、无垫料（D）、强迫游泳（E）、束缚应激（F）

（二）社交挫败应激模型

社交挫败应激（social defeat stress，SDS）是模拟高等动物都会面临社会挫败应激的特性。人们经历社会挫败会发生抑郁，表现为焦虑、孤独、逃避社交、失去自尊感等。该模型是人为地将雄性啮齿类动物作为入侵者引入其他雄性动物的饲养环境，它会被原居雄性动物攻击，从而引起与人类抑郁症相似的行为变化，如社交活动下降、情绪低落、快感缺失等。抗抑郁药物对社会挫败应激模型产生的症状治疗作用明显，目前多用于抗抑郁药物的研发。社会挫败模型与慢性不可预知性轻度应激模型比较制作时间短、制作操作简单。不足之处是该模型主要针对雄性动物，雌性动物因攻击力较低所以不容易建模成功。

（三）早期生活压力应激（early life stress，ELS）模型

人类社会中，早年创伤性事件可能导致社会应激能力下降，成年后更容易罹患抑郁症。哺乳动物的母婴分离可模拟幼年创伤性应激，造成动物成年后的行为和神经内分泌变化，表现为下丘脑 - 垂体 - 肾上腺轴的响应性改变、皮质酮和促肾上腺皮质激素减少、运动活动减少、兴趣快感缺乏、产生绝望情绪，持续数月，能很好地模拟抑郁症的临床表现。母婴分离应激一般从出生后第 2 天开始到出生后 21 天，每天在固定时间段将母鼠和幼鼠分笼 3 小时（图 9-9-2），该模型常用于抗抑郁药物的初步筛选，以及早期压力经历引起成年期抑郁症个体的病因机制研究。

（四）习得性无助模型

习得性无助（learned helplessness，LH）模型指动物受到无法逃避（或不可阻挡）的厌恶应激刺激后，在同等的可以逃避的应激环境下产生逃避缺失的现象，可同时伴有食欲缺乏、体重减轻、运动性活动减少、攻击性降低等行为的改变。该模型由两部分组成：第一部分为习得性无助模型

的诱导期，即通过给予动物一定次数的无信号（无预警）、不可逃避的应激刺激（如足底电击）进行诱导；第二部分为条件性回避反应学习期，即给动物进行条件性回避反应训练，给予动物灯光（预警信号）和足底电击刺激，记录动物回避及逃避刺激的次数。临床上一些抑郁症患者的病因也属于这种习得性无助状态，因此该模型的可信度较高。而且该实验几乎模拟了严重抑郁状态的全部症状，是评价抑郁行为的理想实验方法，已广泛应用于抑郁症发病机制的研究以及抗抑郁药物的研发中。

图 9-9-2　母婴分离应激模型

（五）糖皮质激素模型

糖皮质激素模型是根据应激理论设计，反复皮下注射或口服氢化可的松，增加机体糖皮质激素（如氢化可的松）水平，模拟行为诱导的生物学变化，引起抑郁症的快感缺失和社会能力下降，大大缩短了造模周期，且可控性较好。

（六）利血平诱导模型

利血平可耗竭单胺类神经递质 5- 羟色胺和去甲肾上腺素，诱导小鼠出现僵住症、眼睑下垂、腹泻、心动过缓等与抑郁症类似的症状，而且可以被抗抑郁药物拮抗。此模型制作简单、可靠，应用较多且较成熟。

（七）嗅球损伤模型（olfactory bulbectomy model，OBX）

嗅球与边缘系统功能有关，可调控行为、情绪和内分泌。大鼠双侧嗅球切除后表现为嗅觉丧失、被动回避学习能力下降、应激反应增强、攻击行为增强、强迫游泳不动时间延长。该模型的抑郁效果明显，可靠性好，且抑郁动物的神经生化改变与人类抑郁症类似，常用于抗抑郁药物的筛选和作用机制的研究。该模型的缺点是实验中动物死亡率较高，对实验技术的要求较高，且建模成功与否存在种属差异。

（八）转基因动物模型

抑郁症与遗传密切相关，因此根据遗传背景制作的抑郁症模型近些年已被广泛应用。

1. Fawn-Hooded（FH）大鼠　FH 大鼠生长缓慢，喜好摄入大量乙醇，乙醇摄入量可作为抗抑郁实验的指标。FH 大鼠的特点是基础皮质酮水平偏高、胰岛素样生长因子Ⅰ水平偏低、下丘脑 - 垂体 - 肾上腺（HPA）轴和下丘脑 - 垂体 - 甲状腺（HSM）轴功能活动异常，常用于抗抑郁药物的筛选。

2. Wistar Kyoto（WKY）大鼠　WKY 对多种刺激敏感，在几个行为学测试中都表现为行为缺陷。在长期黑暗的环境中自主活动明显减少，对光反应迟钝，类似抑郁症表现；动物体内促肾上腺皮质激素、皮质酮、甲状腺激素释放激素分泌出现紊乱。WKY 大鼠是一个较好的抑郁症遗传行为学模型，也可用于抗抑郁药物的研究。

3. Flinder Resistant Line（FSL）**大鼠** FSL 大鼠适应力差，皮质边缘 5- 羟色胺受体含量及海马脑神经肽含量较低。胆碱能神经受体功能活跃，对胆碱受体激动剂敏感，与抑郁症的神经生物学类似，可用于检测抗抑郁药物。

4. Tryon Maze Dull（TMD）**大鼠** TMD 大鼠脑内 5- 羟色胺受体活性下降，表现为反应迟钝、活动减少、不思饮食等类似抑郁症的表现，该动物可用于抑郁症发病原因的研究。

除上述模型外，国内外报道的还有 TSC1/2、CHD8、POGZ、ANK2、MIR137、15q11 ～ q13 缺失和 15q13.3 微缺失、15q11 ～ 13 重复、22q11.2 缺失综合征、16p11.2 剪除和复制综合征等多种基因异常模型。

（九）疼痛抑郁共病模型

疼痛抑郁共病的发病率近年来逐年上升，临床上有 40% ～ 60% 的慢性疼痛患者会出现焦虑症状，而且治疗效果往往不尽如人意。临床资料和基础研究都证明疼痛和抑郁患者有共同的脑区结构变化及高级中枢神经可塑性机制。目前，国内外主流应用的疼痛抑郁共病动物模型有炎性疼痛致抑郁症模型和神经病理性疼痛致抑郁症模型，包括弗氏完全佐剂炎性痛模型、脊神经结扎模型、保留性神经损伤模型、慢性眶下神经缩窄环术等模型。疼痛抑郁共病动物模型可以为疼痛抑郁共病的发病机制和治疗提供有价值的信息，建立合适的动物模型是了解疼痛抑郁共病病理生理学机制并进行新药研发的重要环节。

三、慢性不可预知性轻度应激模型构建方法

（一）主要仪器设备

游泳桶（自制，透明树脂圆柱形桶）、避水箱（自制避水箱，正中间有一透明小台子，长 3cm，宽 3cm，高 8cm）、束缚桶（直径 3.5cm 圆柱形束缚桶，带有通气孔）等。

（二）操作步骤

SPF 级 C57BL/6 小鼠，雌性，8 ～ 10 周大。

选择 21 天复合应激进行抑郁症动物建模，复合应激方法为强迫游泳 6 分钟，避水应激 1 小时，束缚应激 2 小时。应激小鼠每天在同一时间段（上午 9：00 ～ 12：00）随机接受一种不同的刺激，相邻两天不能接受同一种刺激，注意长时间刺激与短时间刺激配合使用，慢性应激持续 3 周（图 9-9-3）。

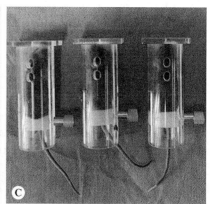

图 9-9-3　从左到右依次为强迫游泳应激（A）、避水应激（B）、束缚应激（C）

（三）结果判读

1. 强迫游泳 是一种行为绝望测试，绝望程度表示其抑郁水平。将动物放入一个装满水的容器中，开始时动物拼命挣扎试图逃脱，但是发现无法逃脱后就变成漂浮不动的状态，四肢偶尔划动以保持身体不至于沉下去，仅露出鼻孔保持呼吸，这时说明动物处于绝望状态。强迫游泳 6 分钟，摄像并记录后 4 分钟小鼠在水中被动漂浮的不动时间（immobility time）（仅有轻微运动保持头部露出水面），不动时间增加则视为小鼠出现抑郁样行为（图 9-9-4）。

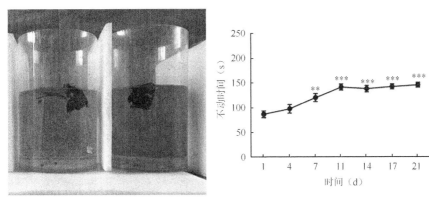

图 9-9-4　21 天慢性不可预知性轻度应激引起小鼠强迫游泳不动时间增加

, * 分别表示与第 1 天比较（$P < 0.01$, $P < 0.001$）

2. 糖水偏好实验 评估快感缺失的行为学方法，蔗糖消耗率的下降反映动物对奖励性刺激的敏感性降低或缺乏。糖水偏好实验前对所有动物进行 3 天的适应性训练，单笼饲养，每个笼子放置两个饮水瓶，一瓶为 1% 的蔗糖溶液，一瓶为自来水，动物可自由饮用，每隔 12 小时互换两个瓶子的位置以排除位置偏好。测试前一天禁水禁食 12 ~ 24 小时，然后给予已称重的蔗糖水和自来水各一瓶（图 9-9-5），以及充足的食物，称重记录 24 小时或固定时间的饮水量。记录 1% 的蔗糖水在 24 小时内的消耗量和总液体的消耗量，计算动物的糖水偏好度（糖水偏好度 = 糖水消耗 / 总液体消耗 ×100%）。糖水偏好度下降被视为抑郁样行为（图 9-9-5）。

总之，制作抑郁症动物模型的方法较多，且各有优缺点，研究者可以根据研究的目的和实验条件选择合适的抑郁症动物模型。

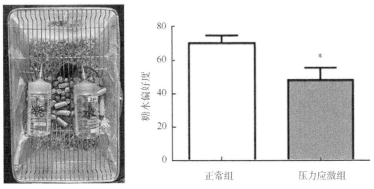

图 9-9-5　21 天慢性不可预知性轻度应激引起小鼠糖水偏好度下降

* 表示与对照组比较（$P < 0.05$）

（曹东元）

第十节　裸鼠移植脑肿瘤模型

一、模型概述

　　脑肿瘤是指生长于颅内的肿瘤，其发病机制复杂，至今仍未明确。肿瘤发生自脑、脑膜、脑垂体、脑神经、脑血管和胚胎残余组织者，称为原发性脑瘤；由身体其他脏器组织的恶性肿瘤转移至颅内者，称为继发性脑瘤。颅内肿瘤的发生部位往往与肿瘤类型有明显关系，胶质瘤好发于大脑半球、垂体瘤多发生于鞍区、听神经瘤多发生于小脑脑桥角、血管网织细胞瘤发生于小脑半球者较多、小脑蚓部好发髓母细胞瘤等。各个类型脑瘤的性别比例不尽相同，任何年龄均可发病，但 2 岁以下的婴儿及年龄超过 60 岁的老年人发病较少。在全身恶性肿瘤中，恶性脑肿瘤约占 1.5%，居第 11 位，其中胶质瘤（glioma）是最常见的颅内恶性肿瘤，约占所有恶性脑肿瘤的 80%，具有发病率高、复发率高、死亡率高和治愈率低等特点。为了研究脑肿瘤的生长、转移及治疗情况，通常采用动物肿瘤移植瘤模型和人肿瘤异体移植模型，移植部位分为皮下和脑原位。动物皮下成瘤模型具有操作简单、肿瘤易观察、成功率高等优点，然而，动物皮下移植瘤模型并不能模仿人脑肿瘤的生长环境及发生、发展过程，也不能充分反映药物的特性和疗效。另外，常见的脑肿瘤模型通常需要处死荷瘤小鼠，这样不能实时准确地反映肿瘤在裸鼠体内的生长状况。因此，需建立理想的、可靠的、重复性好的原位脑肿瘤动物模型，以研究胶质瘤颅内生长的特征及治疗方法。本节以裸鼠为例，分别介绍动物皮下成瘤和脑原位成瘤模型的建立方法。

二、主要仪器设备、试剂及耗材

　　1. 仪器设备　无菌手术室（21～25℃）、麻醉仪、脑立体定位仪、颅骨钻、眼科剪、镊子、动脉夹等。

　　2. 试剂　75% 乙醇、碘伏、酒精棉球、无菌生理盐水、0.25% 胰蛋白酶 -EDTA、无血清 DMEM、PBS（0.01mol/L，pH 7.4）、异氟烷或戊巴比妥钠、人工石蜡等。

　　3. 耗材　微量注射器、（颅骨钻）钻头、医用小棉签、医用缝合线、乙醇棉球等。

三、操作步骤

（一）裸鼠皮下成瘤

　　1. 细胞悬液接种法　取对数生长期细胞，经 0.25% 胰蛋白酶 -EDTA 消化，离心去上清液，而后用无血清培养液（无血清 DMEM）离心洗涤 2 次，计数细胞数，调整细胞浓度，将细胞悬浮于 PBS（0.01mol/L，pH 7.4）中，细胞浓度为 5×10^9/L。然后用带 6 号针头的注射器抽取细胞悬液 200μl，接种于裸鼠腋窝中部外侧的皮下组织（该处靠近心脏，血管丰富，且皮肤较为松弛，肿瘤生长空间大）。种植时动作要快，进针部位、深浅一致。整个种植过程必须在无菌条件下进行，以免造成污染引起动物感染死亡。

　　2. 组织块接种法　经细胞接种而成功的移植瘤，进行裸鼠肿瘤异体移植。在无菌条件下，切取适当大小的肿瘤组织，立即放入无血清培养液中，修剪肿瘤组织，去除脂肪和坏死肿瘤组织，并用无血清培养液洗涤，将其剪成 1mm³ 大小的瘤组织块，加适量无菌 PBS（0.01mol/L，pH7.4）待接种用。接种前，用碘酊和乙醇消毒接种部位的皮肤，先用消毒的 12 号针头在要接种的裸鼠腋窝中部外侧皮肤处刺破，而后用无菌套管针抽吸一小瘤块，沿刺破的皮肤处进入皮下接种（图 9-10-1）。

图 9-10-1　裸鼠皮下成瘤

（二）裸鼠原位成瘤

1. 手术前一天，将裸鼠禁食，手术当天，裸鼠称重。

2. 将裸鼠麻醉（持续性异氟烷吸入：3% 诱导麻醉，1% 维持；或者 40mg/kg 腹腔注射戊巴比妥钠），待进入完全麻醉状态时（仰卧时心跳与呼吸均匀、肌肉松弛、四肢无活动，胡须无触碰反应，踏板反射消失），头部待手术区剃毛，将裸鼠平稳固定于脑立体定位仪上。具体操作为裸鼠上门齿卡入横杆，调节旋钮压紧鼻杆；将耳杆插入裸鼠耳道，平衡左、右耳杆，使裸鼠两耳间连线与耳杆在同一直线上，保证左、右耳杆的"-"刻度位置相同后调节旋钮锁紧耳杆。裸鼠固定完好的评判标准：鼻对正中，头部不动，提尾不掉，目测大脑放置水平。

3. 依次使用 75% 乙醇、碘伏清理消毒待手术处，眼科剪纵向剪开裸鼠头部皮肤约 1cm，用镊子沿颅骨表面剥离骨膜结缔组织并剪除，用无菌棉球蘸去浸出的血液。将颅骨表面清理干净，暴露前、后囟。

4. 调节脑定位仪上的横、纵坐标旋钮使牙科微孔钻位于前囟点上方并轻触该点（Bregma 点），以 Bregma 点作为三维坐标系的参考点（零点）。

5. 根据脑立体定位仪解剖图谱确定对应于右侧尾状核的位置，前囟点前 1.0mm，中线右 1.0mm，深度为硬膜下 3.0mm，以颅骨钻钻孔，颅骨钻穿时有明显落空感，应注意勿损伤硬脑膜。

6. 使用 10μl 微量注射器吸入 5μl 含 1×10^5 个待种植细胞的细胞悬液，注射细胞悬液 3 分钟，留针 2 分钟（图 9-10-2）。钻孔用人工石蜡封闭，用 5 号线缝合，切口涂莫匹罗星以防术后感染。

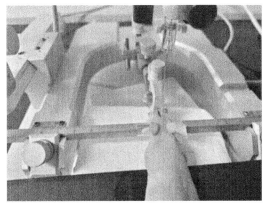

图 9-10-2　裸鼠脑原位成瘤注射

7. 术后护理　裸鼠苏醒后放入新更换的 IVC 鼠盒，并给予适当保温，每天观察小鼠状态，碘伏擦拭伤口，涂莫匹罗星，连续 3 天，整个过程动作轻柔，保证充足的饮水和饲料。

四、结果判读

1. 裸鼠皮下成瘤

（1）绘制肿瘤生长曲线：定期观察裸鼠精神、饮食和排便，用游标卡尺测量肿瘤结节的较长径 a 和较短径 b，根据公式计算肿瘤体积，$V = 1/6\pi\ (ab^2)$，求其平均值，绘制肿瘤生长曲线。

（2）病理组织学检查：处死裸鼠，详细观察移植瘤的大体形态，并取肿瘤组织做组织病理检查（图 9-10-3）。

（3）免疫组化检测蛋白质的表达：裸鼠移植瘤组织常规应用免疫组化检测蛋白质的表达。

2. 裸鼠脑原位成瘤

（1）小动物活体成像观察：对于萤光素酶（luciferase）基因标记的细胞，可将荷瘤小鼠腹腔注射荧光素底物（150mg/kg）异氟烷麻醉 5 分钟后，放入小动物活体成像系统进行检测。裸鼠脑内接种后分别于第 14、第 21、第 28、第 35、第 42 进行小动物活体成像检查（图 9-10-4）。

（2）体重变化观察：接种前称重 1 次，之后每周称量 1 次，观察体重变化。

（3）裸鼠原位移植瘤的病理形态学观察：第 42 天解剖取出整个脑组织，进行组织病理学检查。

（4）免疫组化检测蛋白质的表达：裸鼠移植瘤组织常规应用免疫组化检测蛋白质的表达。

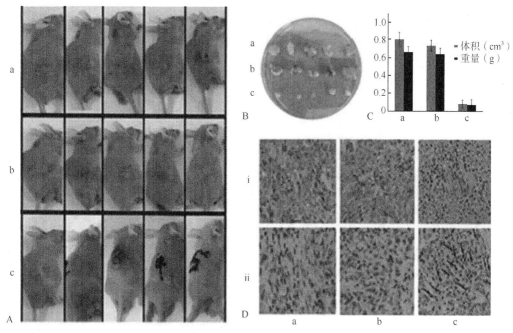

图 9-10-3　裸鼠皮下成瘤成瘤观测指标

A. 裸鼠成瘤；B. 肿瘤提取；C. 对肿瘤的重量、体积测量；D. 肿瘤切片染色

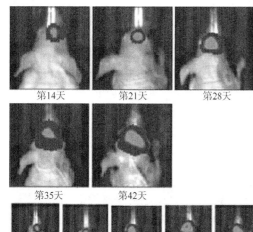

第14天　第21天　第28天

第35天　第42天

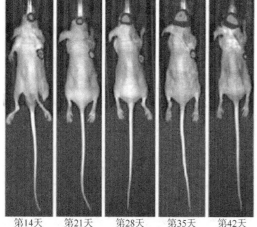

第14天　第21天　第28天　第35天　第42天

图 9-10-4　裸鼠活体成像示意图

五、注意事项

1. 裸鼠皮下成瘤

（1）首先确定所需细胞能否成瘤，或者成瘤效果好不好，需要多查阅文献。

（2）接种于背部、腋下、颈部均可以，腋下和颈部效果最好。

（3）大胆地接种，要勤观察记录肿瘤生长情况以及裸鼠情况，成瘤很快。

（4）一些细胞易成瘤，但是肿瘤易溃烂，可能是肿瘤生长过快、营养缺乏所致，需要在接种时酌情减少接种量。

2. 裸鼠脑原位成瘤

（1）实验鼠术前禁食，否则容易引起大鼠肠胀气。

（2）注意去除颅骨表面结缔组织时钻孔位置，尽量去除干净，否则钻孔时容易缠绕到钻头上。

（3）颅骨穿孔时注意不要损伤硬脑膜，打孔过程会发热，途中用棉签蘸 PBS 涂抹进行降温。

（4）注射完成后，一般需要留针让细胞悬液充分吸收。

（王　佳）

参 考 文 献

白珊珊，莫思怡，徐啸翔，等. 2020. 大鼠咬合干扰致口颌面痛敏的自我赏罚实验行为学特点. 北京大学学报 (医学版), 52(1): 51-57.

陈世坚，李舸，张钰，等. 2022. MPTP 诱导帕金森病小鼠亚急性与慢性模型的比较及评价. 中国组织工程研究，26(8): 1304-1308.

陈哲. 2020. 跑台运动负调控 Akt-mTOR 信号维持骨骼肌卫星细胞稳态的机制研究. 重庆：重庆大学.

丁明孝，梁凤霞，洪健，等. 2021. 生命科学中的电子显微镜技术. 北京：高等教育出版社.

何仁可，鲁程，陈薇，等. 2022. 疼痛抑郁共病动物模型及评价方法研究进展. 实验动物与比较医学，42(1): 68-73.

李和，周德山. 2021. 组织化学与细胞化学技术. 3 版. 北京：人民卫生出版社.

李桑，吴海涛. 2020. 孤独症谱系障碍实验动物模型研究进展. 中国药理学与毒理学杂志，34(2): 133-141.

林曼娜. 2021. 荧光显微镜的成像原理及其在生物医学中的应用. 电子显微学报，40(1): 90-93.

林泽璇. 2020. 重组人粒细胞集落刺激因子对缺氧缺血新生大鼠运动功能的改善作用. 广州：南方医科大学.

王卓，赵若琳，张立波. 2021. 裸鼠脑胶质瘤原位移植模型的建立. 药学研究，40(12).

卫红萍，任衍钢. 2021. 荧光显微技术与生命科学发现. 生物学通报，56(8): 9-12.

张子龙，刘思含，姚继红，等. 2020. 帕金森病小鼠 CatWalk 行为学研究. 中国比较医学杂志，30(1): 8-11.

AHN E H, KANG S S, LIU X, et al. 2020. Initiation of Parkinson's disease from gut to brain by δ-secretase. Cell Res, 30(1): 70-87.

ALVEZ F L, BONA N P, PEDRA N S, et al. 2022. Effect of thiazolidin-4-one against lipopolysaccharide-induced oxidative damage, and alterations in adenine nucleotide hydrolysis and acetylcholinesterase activity in cultured astrocytes. Cell Mol Neurobiol, 43(1): 283-297.

AN J, ZHANG Y, FUDGE A D, et al. 2021. G protein-coupled receptor GPR37-like 1 regulates adult oligodendrocyte generation. Dev Neurobiol, 81(8): 975-984.

AN K, ZHAO H, MIAO Y, et al. 2020. A circadian rhythm-gated subcortical pathway for nighttime-light-induced depressive-like behaviors in mice. Nat Neurosci, 23(7): 869-880.

BJÖRKBLOM B, JONSSON P, TABATABAEI P, et al. 2020. Metabolic response patterns in brain microdialysis fluids and serum during interstitial cisplatin treatment of high-grade glioma. British Journal of Cancer, 122(2): 221-232.

CAO D Y, HU B, XUE Y, et al. 2021. Differential activation of colonic afferents and dorsal horn neurons underlie stress-induced and comorbid visceral hypersensitivity in female rats. J Pain, 22(10): 1283-1293.

CIZERON M, QIU Z, KONIARIS B, et al. 2020. A brainwide atlas of synapses across the mouse life span. Science, 369(6501): 270-275.

COHEN S P, VASE L, HOOTEN W M. 2021. Chronic pain: an update on burden, best practices, and new advances. Lancet, 397(10289): 2082-2097.

ELYAHOODAYAN S, LARSON C, COBO A M, et al. 2020. Acute in vivo testing of a polymer cuff electrode with integrated microfluidic channels for stimulation, recording, and drug delivery on rat sciatic nerve. J Neurosci Methods, 336: 108634.

FAN Z, ZHU H, ZHOU T, et al. 2019. Using the tube test to measure social hierarchy in mice. Nat Protoc, 14(3): 819-831.

FESTA M, MINICOZZI V, BOCCACCIO A, et al. 2022. Current methods to unravel the functional properties of lysosomal ion channels and transporters. Cells, 11(6).

FORTIN J S, CHLIPALA E A, SHAW D P, et al. 2020. Methods optimization for routine sciatic nerve processing in general toxicity studies. Toxicol Pathol, 48(1): 19-29.

GAO L, WANG X. 2020. Intracellular neuronal recording in awake nonhuman primates. Nat Protoc, 15 (11): 3615-3631.

GÜLER B E, KRZYSKO J, WOLFRUM U. 2021. Isolation and culturing of primary mouse astrocytes for the analysis of focal adhesion dynamics. STAR Protoc, 2(4): 100954.

HE Y Y, RUGANZU J B, JIN H, et al. 2020. LRP1 knockdown aggravates Aβ1-42-stimulated microglial and astrocyticneuroinflammatory responses by modulating TLR4/NF-κB/MAPKs signaling pathways. Exp Cell Res, 394(2): 112166.

HIRAI S, MIWA H, TANAKA T, et al. 2021. High-sucrose diets contribute to brain angiopathy with impaired glucose uptake and psychosis-related higher brain dysfunctions in mice. Sci Adv, 12;7(46): eabl6077.

LECLAIR K B, CHAN K L, KASTER M P, et al. 2021. Individual history of winning and hierarchy landscape influence stress susceptibility in mice. Elife, 10: e71401.

LEMMERMAN L R, HARRIS H N, BALCH M H H, et al. 2022. Transient middle cerebral artery occlusion with an intraluminal suture enables reproducible induction of ischemic stroke in mice. Bio Protoc, 12(3): e4305.

LI J H, YANG J L, WEI S Q, et al. 2020. Contribution of central sensitization to stress-induced spreading hyperalgesia in rats with orofacial inflammation. Mol Brain, 13(1): 106.

LI X H, MATSUURA T, XUE M, et al. 2021. Oxytocin in the anterior cingulate cortex attenuates neuropathic pain and emotional anxiety by inhibiting presynaptic long-term potentiation. Cell reports, 36 (3): 109411.

LI Z, ZHU Y X, GU L J, et al. 2021. Understanding autism spectrum disorders with animal models: applications, insights, and perspectives. Zool Res, 42(6): 800-824.

LI Z Z, HAN W J, SUN Z C, et al. 2021. Extracellular matrix protein laminin beta1 regulates pain sensitivity and anxiodepression-like behaviors in mice. The Journal of clinical investigation, 131 (15): e146323.

LIANG L, WEI J, TIAN L, et al. 2020. Paclitaxel induces sex-biased behavioral deficits and changes in gene expression in mouse prefrontal cortex. Neuroscience, 426: 168-178.

LIANG L, WU S, LIN C, et al. 2020. Alternative splicing of nrcam gene in dorsal root ganglion contributes to neuropathic pain. J Pain, 21(7-8): 892-904.

LIU H, HUANG X, XU J, et al. 2021. Dissection of the relationship between anxiety and stereotyped self-grooming using the Shank3B mutant autistic model, acute stress model and chronic painmodel. Neurobiol Stress, 15: 100417.

LIU H, WANG X, CHEN L, et al. 2021. Microglia modulate stable wakefulness via the thalamic reticular nucleus in mice. Nat Commun, 12(1): 4646.

LIU K L, YU X J, SUN T Z, et al. 2020. Effects of seawater immersion on open traumatic brain injury in rabbit model. Brain Res, 1743: 146903.

LUO W, AI L, WANG B F, et al. 2020. Eccentric exercise and dietary restriction inhibits M1 macrophage polarization activated by high-fat diet-induced obesity. Life Sci, 243: 117246.

MA S B, XIAN H, WU W B, et al. 2020. CCL2 facilitates spinal synaptic transmission and pain via interaction with presynaptic CCR2 in spinal nociceptor terminals. Mol Brain, 13(1): 161.

MAHAJAN S, HERMANN J K, BEDELL H W, et al. 2020. Toward standardization of electrophysiology and computational tissue strain in rodent intracortical microelectrode models. Frontiers in Bioengineering and Biotechnology, 8: 416.

MARTINEZ-GARCIA, ROSA I. 2020. Two dynamically distinct circuits drive inhibition in the sensory thalamus. Nature vol, 583(7818): 813-818.

MARTÍN-GARCÍA E, DOMINGO-RODRIGUEZ L, MALDONADO R. 2020. An operant conditioning model combined with a chemogenetic approach to study the neurobiology of food addiction in mice. Bio Protoc, 10(19): e3777.

MUSTO E, GARDELLA E, MØLLER R S. 2020. Recent advances in treatment of epilepsy-related sodium channelopathies. Eur J Paediatr Neurol, 24: 123-128.

PARDO I D, RAO D P, MORRISON J P, et al. 2020. Nervous system sampling for general toxicity and neurotoxicity studies in rabbits. Toxicol Pathol, 48(7): 810-826.

PERKEL J M. 2021. Ten computer codes that transformed science. Nature, 589 (7842): 344-348.

RAJA S N, CARR D B, COHEN M, et al. 2020. The revised international association for the study of pain definition of pain: concepts, challenges, and compromises. Pain, 161(9): 1976-1982.

REIN B, MA K, YAN Z. 2020. A standardized social preference protocol for measuring social deficits in mouse models of autism. Nat Protoc, 15(10): 3464-3477.

RESSLER R L, GOODE T D, KIM S, et al. 2021. Covert capture and attenuation of a hippocampus-dependent fear memory. Nat Neurosci, 24(5): 677-684.

RUGANZU J B, PENG X Q, WU X Y, et al. 2022. Downregulation of TREM2 expression exacerbates neuroinflammatory responses through TLR4-mediated MAPK signaling pathway in a transgenic mouse model of Alzheimer's disease. Mol Immunol, 142: 22-36.

SASAGURI H, HASHIMOTO S, WATAMURA N, et al. 2022. Recent advances in the modeling of alzheimer's disease. Front Neurosci, 16: 807473.

SONG J, KIM Y K. 2021. Animal models for the study of depressive disorder. CNS NeurosciTher, 27(6): 633-642.

SONG Y, CHU R, CAO F, et al. 2022. Dopaminergic neurons in the ventral tegmental-prelimbic pathway promote the emergence of rats from sevoflurane anesthesia. neurosci. Bull, 38: 417-428.

SOUTH K, SALEH O, LEMARCHAND E, et al. 2022. Robust thrombolytic and anti-inflammatory action of a constitutively active ADAMTS13 variant in murine stroke models. Blood, 139(10): 1575-1587.

SUN Z, SCHNEIDER A, ALYAHYAY M, et al. 2021. Effects of optogenetic stimulation of primary somatosensory cortex and its projections to striatum on vibrotactile perception in freely moving rats. eNeuro, 8 (2): ENEURO.

TECALCO-CRUZ A C, ZEPEDA-CERVANTES J, LOPEZ-CANOVAS L, et al. 2021. Cellular senescence and apoe4: their repercussions in alzheimer's disease. CNS Neurol Disord Drug Targets, 20(9): 778-885.

VO B N, de Velasco E M F, ROSE T R, et al. 2021. Bidirectional influence of limbic GIRK channel activation on innate avoidance behavior. J Neurosci, 41(27): 5809-5821.

WANG J, LI J, YANG Q, et al. 2021. Basal forebrain mediates prosocial behavior via disinhibition of midbrain dopamine neurons. Proc Natl Acad Sci USA, 118(7): e2019295118.

WANG M, LIAO X, LI R, et al. 2020. Single-neuron representation of learned complex sounds in the auditory cortex. Nat Commun, 11(1): 4361.

WANG Y, DAI G, GU Z, et al. 2020. Accelerated evolution of an Lhx2 enhancer shapes mammalian social hierarchy. Cell Res, 30(5): 408-420.

WU X, MORISHITA W, BEIER K T, et al. 2021. 5-HT modulation of a medial septal circuit tunes social memory stability. Nature, 599(7883): 96-101.

WU Z, LIN D, LI Y. 2022. Pushing the frontiers: tools for monitoring neurotransmitters and neuromodulators. Nature Reviews Neuroscience, 23(5): 257-274.

XIE R G, CHU W G, LIU D L, et al. 2022. Presynaptic NMDARs on spinal nociceptor terminals state-dependently modulate synaptic transmission and pain. Nat Commun, 13(1): 728.

XIE Z, LI D, CHENG X, et al. 2022. A brain-to-spinal sensorimotor loop for repetitive self-grooming. Neuron, 110(5): 874-890, e7.

XUE Y, WEI S Q, WANG P X, et al. 2020. Down-regulation of spinal 5-HT2A and5-HT2C receptors contributes to somatic hyperalgesia induced by orofacial inflammation combined with stress. Neuroscience, 440: 196-209.

YANG R, BENNETT V. 2021. Use of primary cultured hippocampal neurons to study the assembly of axon initial segments. J Vis Exp, (168).

ZHANG J, HE Y, LIANG S, et al. 2021. Non-invasive, opsin-free mid-infrared modulation activates cortical neurons and accelerates associative learning. Nat Commun, 12(1): 2730.

ZHU X, TANG H D, DONG WY, et al. 2021. Distinct thalamocortical circuits underlie allodynia induced by tissue injury and by depression-like states. Nat Neurosci, 24(4): 542-553.

附录一

常用不同类型神经细胞和结构的标记物

细胞类型		标记物	备注
神经干细胞		Nestin、CD133	
神经元	突触结构蛋白	Synaptophysin、SAP102、PSD95、Homer1	Synaptophysin 标记突触前 SAP102、PSD95 和 Homer1 标记突触后，其中 SAP102 和 PSD95 标记大部分兴奋性突触的突触后
	兴奋性突触	Vesicular glutamate transporter1/2（vGlut1/2）、Bassoon	Bassoon 是通用兴奋性突触前标记物
	抑制性突触	Vesicular GABA transporter（vGAT）、Gephyrin	Gephyrin 是通用抑制性突触后标记物
	轴突	Tau、Growth associated protein-43（GAP-43）	GAP-43 常被用作轴突生长发育和再生的标记物
	树突	Microtubule-associated protein-2（MAP2）	
	早期神经元	Doublecortin（DCX）、β-tubulin Ⅲ、Polysialic acid-neural cell adhesion molecule（PSA-NCAM）	
	成熟神经元	NeuN、Neurofilament（NF）、Neuronal specific enolase（NSE）	NeuN 主要标记神经细胞核；NF 有不同分子量大小的蛋白质 NF160 和 NF200；NSE 标记神经元细胞体
	GABA 能神经元	GAD65（GAD2）、GAD67（GAD1）	
	多巴胺能神经元	DAT、FOXA2、GIRK2、Nurr1	
	胆碱能神经元	ChAT、VAChT、Acetylcholinesterase	
	5-羟色胺能神经元	TPH2、SERT、PET1	
	运动神经元	HB9、Neurogenin-2	
	中间神经元	Parvalbumin（PV）、Somatostatin（SST）、Vasoactive intestinal polypeptide（VIP）、NOS1、CCK、PKCγ	PV、SST、VIP 分别是三类 GABA 能中间神经元的标记物，NOS1、CCK 和 PKCγ 为其亚型标志分子
少突胶质细胞	少突胶质细胞谱系标记物	Olig2、Sox10	Olig2 在部分星形胶质细胞中也表达
	少突前体细胞	Platelet-derived growth factor α-receptor（PDGFR-α）、Chondroitin sulfate proteoglycan（NG2）	
	未成熟少突胶质细胞	CNPase、RIP、Galactocerebroside（GalC）、CC1	CNPase 也可以用来标记外周施万细胞 CC1 可标记细胞体，常用于组织染色
	成熟少突胶质细胞	Myelin basic protein（MBP）、Myelin/oligodendrocyte glycoprotein（MOG）、Myelin-associated glycoprotein（MAG）	MBP 和 MAG 也可以用来标记外周施万细胞形成的髓鞘
星形胶质细胞		Glial fibrillary acidic protein（GFAP）、ALDH1L1、Vimentin、S-100β、EAAT2/GLT-1、EAAT1/GLAST	神经干细胞也表达 GFAP，GFAP 在外周神经系统的卫星细胞和部分施万细胞中也有少量表达
小胶质细胞		TMEM119、Iba1、CD11b（OX42）、ED-1（CD68）、F4/80	除了 TMEM119 可以特异性标记小胶质细胞以外，其他标记物都将标记小胶质细胞／巨噬细胞
施万细胞		p75 Neurotrophin receptor（p75 NTR）、Myelin protein zero（MPZ，P0）	p75 NTR 识别未髓鞘化的细胞，也可以用来标记神经干细胞和嗅鞘细胞

相关抗体的数据库网址：https://www.citeab.com/; https://www.biocompare.com/Antibodies/
细胞类型及其标志分子的注释网址：https://panglaodb.se/; http://xteam.xbio.top/CellMarker/index.jsp

（赵湘辉　胡能渊）

附录二

常见工具鼠模型

1. 兴奋性神经元相关

序号	品系名称	具体组织或细胞类型	相关信息
1	vGlut1-IRES2-Cre-D	Vglut1 表达神经元	https://www.jax.org/strain/023527
2	vGlut2-IRES-cre	兴奋性谷氨酸能神经元	https://www.jax.org/strain/016963
3	vGlut3-IRES2-Cre-D	Vglut3- 表达神经元	https://www.jax.org/strain/028534

2. 抑制性神经元相关

序号	品系名称	具体组织或细胞类型	相关信息
1	vGAT-IRES-Cre	抑制性 GABAergic 神经元	https://www.jax.org/strain/028862
2	Gad2-IRES-Cre	Gad2 阳性神经元	https://www.jax.org/strain/019022
3	PV-IRES-Cre	小清蛋白表达神经元	https://www.jax.org/strain/008069
4	Sst-IRES-Cre	生长抑素表达神经元	https://www.jax.org/strain/013044

3. 胶质细胞相关

序号	品系名称	具体组织或细胞类型	相关信息
1	Aldh1l1-cre/ERT2	星形胶质细胞	https://www.jax.org/strain/029655
2	GFAP-cre/ERT2	星形胶质细胞	https://www.jax.org/strain/012849
3	Glast-Cre/ERT2	星形胶质细胞	https://www.jax.org/strain/012586
4	Fgfr3-iCre/ERT2	星形胶质细胞	https://www.jax.org/strain/025809
5	Tmem119-2A-Cre/ERT2	小胶质细胞	https://www.jax.org/strain/031820
6	Olig1-Cre	少突胶质细胞	https://www.jax.org/strain/011105

4. 各种神经递质相关

序号	品系名称	具体组织或细胞类型	相关信息
1	ChAT-IRES-Cre	胆碱能神经元	https://www.jax.org/strain/006410
2	CRH-IRES-Cre	促肾上腺皮质释放激素神经元	https://www.jax.org/strain/012704
3	DAT-IRES-Cre	多巴胺能神经元	https://www.jax.org/strain/006660
4	Oxytocin-IRES-Cre	催产素表达神经元	https://www.jax.org/strain/024234
5	Sert-Cre	血清素神经元	https://www.jax.org/strain/014554
6	Vip-IRES-Cre	血管活性肠肽表达神经元	https://www.jax.org/strain/010908

5. 脑区特异性

序号	品系名称	具体组织或细胞类型	相关信息
1	Amigo2-cre	海马 CA2 锥体神经元	https://www.jax.org/strain/030215
2	Camk2a-Cre	海马锥体细胞层	https://www.jax.org/strain/005359
3	Emx1-Cre	大脑皮质和海马的神经元以及大脑皮质的胶质细胞	https://www.jax.org/strain/005628
4	Nes-Cre	中枢及外周神经系统	https://www.jax.org/strain/003771
5	RGS9-Cre	纹状体特异性表达	https://www.jax.org/strain/020550
6	Six3-Cre	发育中的视网膜神经元	https://www.jax.org/strain/019755

6. 其他常用工具鼠

序号	品系名称	具体组织或细胞类型	相关信息
1	Ai9	cre 介导下表达 tdTomato 荧光	https://www.jax.org/strain/007909
2	Ai14	cre 介导下表达 tdTomato 荧光	https://www.jax.org/strain/007914
3	CAG-Cre	全身广谱表达	https://www.jax.org/strain/004302
4	Calb2-IRES-Cre	钙结合蛋白中间神经元	https://www.jax.org/strain/010774
5	Fos2A-iCreER	Fos 表达的细胞 / 组织中	https://www.jax.org/strain/030323
6	Mnx1-Cre	运动神经元	https://www.jax.org/strain/006600

（李　燕　孙　欢）

附录三

各类显微镜的使用

1590年荷兰眼镜制造商 Hans Janssen 和 Zacharias Janssen 父子发明了显微镜，1665年荷兰人 Antoni van Leeuwenhoek 制成了一个直径只有0.3cm的小透镜，并用其第1次观察了活细胞，如细菌、酵母以及野生水滴中的微生物。1665年英国物理学家 Robert Hooke 用自己制造的显微镜第1次观察了植物细胞结构，并出版了《显微镜》一书，首次对"细胞"（cell）一词进行命名，自此打开了人类探索微观世界的大门。19世纪70年代，Zeiss 建厂生产显微镜，使其迅速成为生命科学研究的基本工具。显微镜技术在20世纪得到了迅速发展，各种显微镜技术陆续被研发出来。

显微镜包括光学显微镜和电子显微镜两大类，每类显微镜中又有许多功能不同的显微镜。生命科学研究中应用最多的是光学显微镜，包括相差显微镜、体视显微镜和荧光显微镜，后者又包括普通荧光显微镜、超分辨荧光显微镜、激光扫描共聚焦显微镜及双（多）光子激光扫描荧光显微术。以下依次介绍常用光学显微镜的应用。

一、相差显微镜

1. 相差显微镜的原理 1935年荷兰科学奖 Frits Zemike 发明了相差显微镜（phase contrast microscope），用来研究无色和透明的生物样品。相差显微镜又称相衬显微镜，是以光的干涉和衍射现象为原理制成的，是利用被检测物体的光程（折射率与厚度之乘积）之差进行镜检的方法。

当光源发出的光通过标本时，如果标本为微小的透明物体时，一部分光可透过物体，为直射光；另一部则被物体中所含的折射率不同的物质折射而向周围散射，为衍射光。衍射光的振幅（暗），相位慢。当两个相同波长的光波相遇时，由于相位不同，振幅产生加强或减弱（明或暗）的变化，称为光的干涉现象。

直射光和衍射光同时到达一点时，两者叠加相互干涉形成合成波，其合成波的大小取决于两个光波的振幅与相位差。如振幅相等，相位差为零，为最亮状态；如果一个光波的波峰与另一个光波的波谷相遇，两个振幅相互抵消，为黑暗状态。因此利用光的干涉现象，将人眼不可辨的相位差变为可分辨的振幅差，使无色透明的物质清晰可见，实现了对活体无标记细胞或组织的观察。

2. 相差显微镜的应用 相差显微镜常用于观察未经染色的标本和活细胞，如观察活细胞运动及内部结构的变化、细胞分裂、血液、骨髓、脓液、分泌物等标本，在细胞生物学、寄生虫学等方面有着广泛的应用。

二、体视显微镜（解剖显微镜）

体视显微镜也称为解剖显微镜或实体显微镜，属于低倍数的复式光学显微镜，它具有双通道光路，且左右两光束具有一定夹角，为左右两眼提供一个具有立体感的正立三维图像，用于观察活体标本或观察标本整体形态特征、立体结构或运动轨迹。目前已经有体视荧光显微镜，如徕卡 M165FC 和 M205FA，其提供了更高的分辨率和景深。体视显微镜虽然操作简单，但用途广泛，凡是需要观察标本大体形态或从组织上分离细胞、解剖细微组织结构等都可以应用体视显微镜。尤其是近年来对发育生物学的研究，早已超出了对细胞微细结构和独立发育进程的研究，且需要揭示细胞或分子网络的相互作用，如斑马鱼胚胎的血管解剖、果蝇神经系统的解剖等都可以在体视显微镜下进行操作和取图。

三、荧光显微镜

荧光显微镜出现于 20 世纪初，Carl Zeiss 和 Carl Reichert 两个公司制造出了第一台荧光显微镜。1957 年 Marvin Minsky 提出了一个以白光为光源的激光扫描共聚焦显微镜技术并注册了专利。1985 年后激光扫描共聚焦显微镜开始广泛应用于固定生物样品的荧光成像，同时绿色荧光蛋白（GFP）的发现极大地推动了体内荧光成像的发展。

1. 荧光显微镜的原理　本部分介绍的荧光显微镜指的是普通荧光显微镜，超分辨荧光显微镜、激光扫描共聚焦显微镜及双（多）光子激光扫描荧光显微术将分别单独介绍。

荧光显微镜是利用一定波长的光使样品受到激发，产生不同颜色的荧光，以用来观察和分辨样品中某些物质及其性质的一种显微镜，它在生物学和医学中有着广泛的用途。

普通荧光显微镜的光源一般是汞灯，汞灯发出全波段激发光，先通过激发滤色片形成特定波长的激发光，再由分光镜反射到物镜上，物镜将光汇聚到标本上，标本受其激发后产生荧光。标本发射的部分荧光和未被吸收的激发光通过物镜抵达分光镜，分光镜滤掉大部分剩余的激发光，激发的荧光则到达阻挡滤色镜，选择性透过所需要的荧光以备观察。

2. 荧光显微镜的应用　普通荧光显微镜一般应用于组织、细胞的荧光成像观察。如组织或细胞内的蛋白质、糖分子、酶类、神经递质、核酸、亚细胞结构、细胞骨架等的荧光标记的定量、定性（组织结构和空间分布）检测。

四、超分辨荧光显微镜

激光扫描共聚焦显微镜技术虽然提高了荧光成像的分辨率，但并没有突破光学显微镜的极限。为了使光学显微镜能够显示纳米量级的细胞内结构，2000 年以来，科学家一直在致力于开发超分辨显微成像技术，其中一些技术已经取得重大进展。目前用于商品化的超分辨显微镜技术主要有 PALM、SSIM、STED 和 STORM，其中 STED 和 SSIM 是基于模式照明的超分辨荧光显微镜，而 PALM 和 STORM 是基于单分子定位的超分辨荧光显微镜。超分辨荧光显微镜主要应用于亚细胞器等微小结构的成像，下面简要介绍几种超分辨荧光技术的原理。

1. PALM　2006 年 Betzig 和 Lippincott-Schwartz 等首次提出了光激活定位显微成像（photo activation localization microscopic imaging，PALM）的概念，其基本原理是用 PA-GFP 来标记蛋白质，通过调节 405nm 激光器的能量，低能量照射细胞表面，一次仅激活出视野下稀疏分布的几个荧光分子，然后用 488nm 激光照射，通过高斯拟合来精确定位这些荧光单分子。在确定这些分子的位置后，再长时间使用 488nm 激光照射来漂白这些已经定位正确的荧光分子，使它们不能够被下一轮的激光再激活出来，之后，分别用 405nm 和 488nm 激光来激活和漂白其他的荧光分子，进入下一次循环。这个循环持续上百次后，我们将得到细胞内所有荧光分子的精确定位。将这些分子的图像合成到一张图上，其分辨率比传统光学显微镜至少高 10 倍。2007 年，Betzig 等进一步将 PALM 技术应用于记录两种蛋白质的相对位置，并于次年开发出可应用于活细胞上的 PALM 来记录细胞黏附蛋白的动力学过程。PALM 的成像方法只能用来观察外源表达的蛋白质，而对于内源性蛋白质的定位无法观察，因此又出现了用于研究内源性蛋白质定位的超分辨方法 STORM，该技术是由美国霍华德 - 休斯研究所的华裔科学家庄晓薇课题组在 2006 年底研发的。

2. STORM　应用特定波长的激光来激活探针，然后应用另一个波长激光来观察、精确定位及漂白荧光分子，此过程循环上百次后就可以得到最后的内源性蛋白质的高分辨率影像，被他们命名为随机光学重构显微术（stochastic optical reconstruction microscopy，STORM）。不同的波长可以控制化学荧光分子 Cy5 在荧光激发态和暗态之间切换，如红色 561nm 的激光可以激活 Cy5 发射荧光，同时长时间照射可以将 Cy5 分子转换成暗态不发光。之后，用绿色的 488nm 激光照射 Cy5 分子时，可以将其从暗态转换成荧光态，而此过程的长短依赖于第 2 个荧光分子 Cy3 与 Cy5

之间的距离。因此，当 Cy3 和 Cy5 交联成分子对时，即具备了特定的激发光转换荧光分子发射波长的特性。将 Cy3 和 Cy5 分子对交联到特异的蛋白质抗体上，就可以用抗体来标记细胞的内源性蛋白质。不管是 PALM 还是 STORM 的超分辨率成像方法，其点扩散函数成像仍然与传统显微成像一致。由于需要反复激活 - 猝灭荧光分子，所以使得实验大多数在固定的细胞上完成，即使是在活细胞上进行的实验，其时间分辨率也较低。

3. STED   2000 年，德国科学家 Stefan Hell 开发了另一种超高分辨率显微技术，其基本原理是通过物理过程来减少激发光的光斑大小，从而直接减少点扩散函数的半高宽来提高分辨率。当特定的荧光分子被比激发波长长的激光照射时，可以被强行猝灭回到基准态。利用这个特性，Hell 等开发出了受激发射损耗显微术（stimulated emission depletion microscopy，STED）。其基本的实现过程就是用一束激发光使荧光物质（既可以是化学合成的染料也可以是荧光蛋白）发光的同时，用另外的高能量脉冲激光器发射一束紧挨着的、环形的、波长较长的激光将第一束光斑中大部分的荧光物质通过受激发射损耗过程猝灭，从而减少荧光光点的衍射面积，显著地提高了显微镜的分辨率。STED 的最大优点是可以快速地观察活细胞内实时变化的过程，因此在生命科学中应用更加广泛。

目前，对于生物样品，使用有机染料时，STED 分辨率可达 20nm；使用荧光蛋白染料时，分辨率也可达到 50 ～ 70nm。

4. SSIM   改变光学的点扩散函数来突破光学极限的另一个方法是利用饱和结构照明显微术（saturated structured-illumination microscopy，SSIM）。早在 1963 年，Lukosz 和 Marchand 就提出了特定模式侧向入射的光线可以用来增强显微镜分辨率的理论。SSIM 的原理是将多重相互衍射的光束照射到样本上，然后从收集到的发射光模式中提取高分辨率的信息。

五、激光扫描共聚焦显微镜

激光扫描共聚焦显微镜（laser scanning confocal microscope，LSCM）技术的发明人或专利持有人是美国科学家"人工智能之父"Marvin Minsky，他于 1957 年提出了共聚焦显微技术的基本原理，并获得了美国专利。Egger 和 Petran 在 1967 年成功应用共聚焦显微镜产生了一个光学横断切面，1977 年，Sheppard 和 Wilson 首次描述了光与被照明物体之间的非线性关系和激光扫描器的拉曼光谱学，1987 年，White 和 Amos 发表了《共聚焦显微镜时代的到来》一文，标志着 LSCM 已成为科学研究的重要工具。

1. LSCM 的工作原理   激光扫描共聚焦显微镜的主要原理是利用激光扫描束通过光栅针孔形成点光源，在荧光标记标本的焦平面上逐点扫描，采集点的光信号通过探测针孔到达光电倍增管，再经过信号处理，在计算机监视屏上形成图像。由于激光光源的光栅针孔和探测针孔对物镜焦平面是共轭的，焦平面上的点同时聚焦于光栅针孔和探测针孔，进行点扫描时，扫描点以外的点不会成像，经逐点扫描后才形成整个标本的光学切片图像。

2. LSCM 在生物医学中的应用

（1）组织、细胞荧光标记物的测定：LSCM 可进行光子计数、活细胞或组织荧光定量分析，因此能对单细胞或细胞群的各种细胞器、结构蛋白、DNA、RNA、酶和受体分子等细胞特异性结构的含量、组分及分布进行荧光定量分析，同时还可测定膜电位、氧化 - 还原状态和配体结合等生化反应变化程度。

（2）定量或半定量测量 Ca^{2+} 和 pH 等细胞内离子浓度及变化：利用 Fluo-3、Fura-2 等荧光探针可以测量 Ca^{2+} 在活细胞内的浓度及变化。一般来说，电生理记录装置加摄像技术检测细胞内离子量变化的速度相对较快，但其图像本身的价值较低，而激光扫描共聚焦显微镜可以提供更好的亚细胞结构中钙离子浓度动态变化的图像，这对于研究钙离子等细胞内动力学有意义。

（3）三维图像重建：应用 LSCM 的光学切片功能，可获得标本真正意义上的三维数据，经计算机图像处理及三维重建软件，沿 X、Y 和 Z 轴或其他任意角度来观察标本的外形及剖面，还可以借助改变照明角度来突出其特征，产生更生动逼真的三维效果，从而能灵活、直观地进行形态学观察，并揭示亚细胞结构的空间关系。

（4）光漂白荧光恢复技术（FRAP）：光漂白荧光恢复技术（fluorescence recovery after photobleaching，FRAP）是指借助高强度脉冲式激光照射细胞的某一区域，造成该区域荧光分子的光猝灭，该区域周围的非猝灭分子以一定速率向受照区域扩散，可通过低强度激光扫描对此扩散速率进行检测，由此揭示细胞结构和各种变化的机制，因而可用于研究细胞骨架构成、核膜结构和大分子组装等。在细胞生物学领域的主要应用有研究生物膜脂质分子的侧向扩散、细胞间通信的研究、细胞质及细胞器内小分子物质转移性的观测等。

（5）荧光共振能量转移（FRET）技术：荧光共振能量转移（fluorescence resonance energy transfer，FRET）是指两个荧光基团在距离足够近时，当供体荧光基团吸收一定频率的光子后被激发到更高的电子能态，在该电子回到基态前，通过偶极子相互作用，将能量转移向邻近的受体分子，即发生能量共振转移。这样供体荧光强度下降，而受体荧光可以发射更强的荧光（敏化荧光），或者不发荧光（荧光猝灭），同时也伴随着荧光寿命的相应缩短或延长。要实现 FRET 现象，需要满足以下两个条件：①受体和供体的激发波长要足够分得开；②供体的发射波长要与受体的激发波长有重叠。因此，可以应用 FRET 技术，研究活细胞生理状态下蛋白质之间的相互作用，研究分子间的构象变化和折叠等。

（6）质膜流动性测定：细胞膜荧光探针受到偏振光线激发后，其发射光偏振度依赖于荧光分子的旋转，而这种有序的运动自由度依赖于荧光分子周围的膜流动性。因此，通过计算机软件，LSCM 可对细胞膜的流动性进行定量和定性分析。这种膜流动性测定在膜的磷脂酸组成分析、药物效应和作用位点、温度反应测定及物种比较等方面有重要作用。

（7）激光细胞显微外科及光"陷阱"技术：LSCM 可将激光作"光刀"使用，完成细胞膜瞬间穿孔、线粒体、溶酶体等细胞器烧灼、染色体切割、神经元突起切除等一系列细胞外科手术。光"陷阱"又称为光钳技术，是利用激光的力学效应，用高能光束的梯度力将一个微米级大小的细胞器或其他结构钳制于激光束的焦平面，实现细胞微小颗粒和结构（如染色体、细胞器）的移动、细胞融合、机械刺激及细胞骨架的弹性测量等。激光光钳可以无损伤地操纵生物粒子，可以对活体进行研究。

LSCM 与光刀、光钳的组合运用将有助于在分子水平、细胞水平研究生物医学课题，如染色体微切割、活体细胞的染色体俘获、特定活体细胞生理状态检测、免疫细胞作用方式等。

（8）光活化技术：许多重要的生物活性物质和化合物（如神经递质、细胞内第二信使、核苷酸、Ca^{2+} 及某些荧光素等）均可形成笼锁化合物。当处于笼锁状态时，其功能被封闭，一旦被特定波长的瞬间光照射，则因光活化而解笼锁，其原有活性和功能得以恢复，从而在细胞增殖、分化等生物代谢过程中发挥作用。LSCM 即具有光活化测定功能，可以控制使笼锁探针分解的瞬间光波长和照射时间，从而人为地控制多种生物活性产物及其他化合物发挥作用的时间和空间。

在生物医学上主要应用于肌肉生理，如细胞内 cAMP 和 Ca^{2+} 对心肌钙流的调控；肌细胞的钙引起钙释放等；钙和膜电位对神经递质释放的调节作用；钙振荡的机制；微管和微丝的动力学。

六、双（多）光子激光扫描荧光显微术

双光子技术的发展最早可以追溯到 1931 年，德裔美国理论物理学家 Maria Goeppert Mayer 提出了双光子吸收理论，这是双光子成像技术的理论基础。大约 30 年后，美国科学家梅曼发明了世界上第一台激光器，也因此才能够对双光子理论进行首次验证。1990 年，康奈尔大学的 Winfried Denk 和 James Strickler 结合双光子吸收理论和激光技术，制造了世界上第一台双光子激光扫描显微镜。1997 年，美国伯乐公司首次制造出商业化的双光子显微镜。

1.双光子成像原理　双光子成像技术是基于双光子吸收理论，即一个分子同时（间隔在飞秒级，1e-15 秒）吸收两个相同频率或不同频率的光量子，从而由一个低能态（通常是基态）激发跃迁到高能电子态，在电子回到基态时，发出荧光。在激发同一种荧光分子时，如果用两个相同波长的光子进行双光子激发，则该光子所需能量理论上是单光子激发能量的 1/2，因此，在激光绿色荧光分子的时候，可以由单光子的蓝色波段红移到双光子的近红外波段。

相比于单光子显微镜，双光子技术有以下优点：①荧光分子的能量吸收仅发生在焦点处一个极小的范围内，加上激发光为（近）红外波段，有效降低了对组织样品的光漂白及光毒性，同时也得到了极高的 Z 轴分辨率；②不需要共聚焦针孔，有利于荧光信号的收集，有效提高了图像信噪比；③长波长有利于穿透更深更厚的样本；④适合对活细胞以及活体动物成像，适合长时程观测；⑤可以用同一波长激光同时激发不同荧光分子。

2. 双（多）光子激光扫描荧光显微术应用　双（多）光子激光扫描荧光显微术除了可以实现单光子（激光扫描共聚焦显微镜）对荧光标记的组织、细胞（活细胞或固定细胞）进行荧光检测的功能外，其区别于单光子的功能在于能够对厚样本、透明化样本或活体小动物的体内荧光标记检测，还可实现样品的三维高分辨成像观察、蛋白质的共定位研究、活细胞或活体组织静态和实时动态的荧光定量检测、生物结构三维重构分析、大样本拼接全景扫描、FRAP 及 FRET 实验等。

除以上功能外，双光子还具有二次谐波发生（second harmonic generation，SHG）技术。SHG 是一种非线性光学现象，可以进行处于非中心对称环境中的分子功能的研究，以及有序界面或细胞膜、结构蛋白序列等的研究。因此，SHG 检测的样本或组织不需要荧光标记。

SHG 成像采用近红外的飞秒激光作为光源，具有探测深度深、对生物体损伤小、分辨率高的优点。大多数胶原体，包括胶原体 I、II、III、V 和 XI 可以组成胶原纤维，这些胶原纤维呈螺旋结构，因而具有非中心对称性，可以产生 SHG 信号，它们广泛分布于骨骼、肌腱、皮肤、角膜、韧带和内脏器官中。值得注意的是，胶原体 IV 不能组成胶原纤维，因此不具备非中心对称结构，不能产生 SHG 信号。此外，组织中的另一种结构——微管也能产生强二次谐波信号，如细胞分裂过程中的纺锤体。

细胞膜是细胞之间或细胞与外界环境之间的分界，维持着细胞内外环境的差别，细胞膜作为界面的突变处，具有二次谐波特性。应用 SHG 技术对活细胞进行成像尤其适用于研究发生在细胞膜上的生理活动，甚至可以用来对病变细胞进行诊断。同时，SHG 成像技术还可以避免荧光成像中的光漂白、光损伤等问题，这对于长时间成像非常理想。但一般细胞膜本身的 SHG 信号比较弱，所以在研究过程中通过使用一些无毒或低毒害的染料对细胞膜进行标记来增强其 SHG 信号。

（刘利英）